测量不确定度评定案例

刘元新　宋晓辉　主编

中国建材工业出版社

图书在版编目（CIP）数据

测量不确定度评定案例 / 刘元新，宋晓辉主编. --北京：中国建材工业出版社，2021.11
ISBN 978-7-5160-3305-0

Ⅰ. ①测… Ⅱ. ①刘… ②宋… Ⅲ. ①测量-不确定度-评定-案例-汇编 Ⅳ. ①TB9

中国版本图书馆CIP数据核字(2021)第186564号

测量不确定度评定案例
Celiang Buquedingdu Pingding Anli
刘元新　宋晓辉　**主编**

出版发行：中国建材工业出版社
地　　址：北京市海淀区三里河路1号
邮　　编：100044
经　　销：全国各地新华书店
印　　刷：北京雁林吉兆印刷有限公司
开　　本：787mm×1092mm　1/16
印　　张：18
字　　数：440千字
版　　次：2021年11月第1版
印　　次：2021年11月第1次
定　　价：98.00元

本社网址：www.jccbs.com，微信公众号：zgjcgycbs

前　言

检验检测机构应保证检验检测数据、结果可靠和准确，但在检验检测活动中，“人、机、料、法、环、测”等因素都会产生测量误差。在经典的误差理论中，真值的不可知性，使得测量误差修正与测量误差评定的可靠性难以准确评估。为了解决误差评定存在的问题，国际标准化组织（ISO）根据概率论与数理统计理论，起草了《测量不确定度评定导则文件》（guide to the expression of uncertainty in measurement，简称 GUM），用测量不确定度评定代替以往的误差评定。1993 年，国际标准化组织（ISO）、国际电工委员会（IEC）、国际计量局（BIPM）等多个国际组织联合发布了此导则文件，我国随后也发布了 JJF 1059《测量不确定度评定与表示》。

测量不确定度的优点在于，它是一个合理表征测量结果的分散性的参数，报告测量不确定度就是对测量结果质量的定量表征，具有明确的概率信息数据。在 ISO/IEC 17025：2017《检测和校准实验室能力的通用要求》中，明确要求实验室“当作出与规范或标准符合性声明时，实验室应考虑与所用判定规则相关的风险水平（如错误接受、错误拒绝以及统计假设），将所使用的判定规则制定成文件，并应用判定规则”。测量不确定度评定是判定规则考虑的主要内容。《检验检测机构资质认定评审准则》中也规定“检验检测机构应建立和保持应用评定测量不确定度的程序。当需对检验检测结果进行说明时，检验检测报告或证书中还应包括评定测量不确定度的声明”。

同时，考虑到各方对测量不确定度的关注，以及测量不确定度对测量、试验结果的可信性、可比性和可接受性的影响，特别是这种影响和关注可能会引起消费者、工业界、政府和市场对检测活动提出更高的要求，因此在实验室管理体系运行中应给予测量不确定度评估以足够的重视，以满足客户、消费者和其他有关方的需求。

因此，测量不确定度评定是检验检测活动中的重点之一，是检验检测人员必须掌握的基本功。但是检验检测人员在初次进行测量不确定度评定的时候，往往会感到十分困难，主要是因为他们对如何建立适于进行测量不确定度评定的数学模型，如何选择测量不确定度分量，如何处理各分量之间的相关性等都比较困惑。

中国建材检验认证集团组织了以“测量不确定度评定与应用”为主题的检验检测人员岗位能力提升活动。本书从参加活动的众多案例中优选出 68 个案例，分为物理性能不确定度评定及化学性能不确定度评定两部分，涉及力学、热学、成分分析、环境等多个领域。此书可供本集团工作人员参考。

因编者水平有限，书中难免存在缺点和不足之处，敬请读者不吝指正。

编者

2021 年 5 月

目　录

第二部分　化学性能 …… (135)

第一部分　物理性能

第1章　力　　学

案例1　混凝土路面砖抗折强度测量不确定度评定

中国建材检验认证集团江苏有限公司　谢飞飞

1　概述

1）评定依据：JJF 1059.1—2012《测量不确定度评定与表示》。

2）测量方法：GB 28635—2012《混凝土路面砖》附录D。

3）环境条件：温度24℃。

4）试验仪器：万能试验机、钢直尺。

5）被测对象：公称尺寸为400mm×200mm×60mm混凝土路面砖。

6）测量过程：用钢直尺测量10块路面砖抗折支距l，之后沿长度方向将其放置于试验机支座上；开启试验机，以0.05MPa/s的加荷速度进行加载，直至路面砖破坏，记录破坏荷载P；用钢直尺测量路面砖断裂面的宽度b和厚度h，按公式计算出路面砖抗折强度。这里对试验结果的不确定度进行评估。

2　建立数学模型

由GB 28635—2012《混凝土路面砖》（以下简称规范）附录D可知，路面砖抗折强度应按下式计算：

$$C_{\mathrm{f}} = \frac{3Pl}{2bh^2}$$

因此依据试验过程，以及采用的试验器具，路面砖抗折强度校准结果的数学模型满足公式：

$$C_{\mathrm{f}} = \frac{3(P-\Delta_{\mathrm{p}})(l-\Delta_{\mathrm{l}})}{2(b-\Delta_{\mathrm{b}})(h-\Delta_{\mathrm{h}})^2} - C_{\mathrm{repeat}}$$

式中　C_{f}——校准结果真值估计值，MPa；

P——万能试验机的读数，N；

l——直尺测量的抗折支距，mm；

b——直尺测量的宽度，mm；

h——直尺测量的厚度，mm；

Δ_{P}——万能试验机的示值误差；

Δ_{l}——直尺测量抗折支距的示值误差；

Δ_b——直尺测量宽度的示值误差；

Δ_h——直尺测量厚度的示值误差；

C_{repeat}——试验重复性引起的误差。

3 计算灵敏系数

对数学模型中的各项影响量求偏导数，得到各项影响量的灵敏系数：

$$c_P = \frac{\partial C_f}{\partial P} = \frac{3(l - \Delta_l)}{2(b - \Delta_b)(h - \Delta_h)^2} \approx \frac{3l}{2bh^2}$$

$$c_{\Delta_P} = \frac{\partial C_f}{\partial \Delta_P} = \frac{-3(l - \Delta_l)}{2(b - \Delta_b)(h - \Delta_h)^2} \approx \frac{-3l}{2bh^2}$$

$$c_l = \frac{\partial C_f}{\partial l} = \frac{3(P - \Delta_P)}{2(b - \Delta_b)(h - \Delta_h)^2} \approx \frac{3P}{2bh^2}$$

$$c_{\Delta_l} = \frac{\partial C_f}{\partial \Delta_l} = \frac{-3(P - \Delta_P)}{2(b - \Delta_b)(h - \Delta_h)^2} \approx \frac{-3P}{2bh^2}$$

$$c_b = \frac{\partial C_f}{\partial b} = \frac{-3(P - \Delta_P)(l - \Delta_l)}{2(b - \Delta_b)^2(h - \Delta_h)^2} \approx \frac{-3Pl}{2b^2h^2}$$

$$c_{\Delta_b} = \frac{\partial C_f}{\partial \Delta_b} = \frac{3(P - \Delta_P)(l - \Delta_l)}{2(b - \Delta_b)^2(h - \Delta_h)^2} \approx \frac{-3Pl}{2b^2h^2}$$

$$c_h = \frac{\partial C_f}{\partial h} = \frac{-3(P - \Delta_P)(l - \Delta_l)}{(b - \Delta_b)(h - \Delta_h)^3} \approx \frac{-3Pl}{bh^3}$$

$$c_{\Delta_h} = \frac{\partial C_f}{\partial \Delta_h} = \frac{3(P - \Delta_P)(l - \Delta_l)}{(b - \Delta_b)(h - \Delta_h)^3} \approx \frac{3Pl}{bh^3}$$

$$c_{repeat} = \frac{\partial C_f}{\partial C_{repeat}} = -1$$

4 评估不确定度分量

4.1 测量重复性

依据规范要求，对 10 块路面砖进行测量及抗折破坏，采用贝塞尔公式计算试验重复性标准差，见表 1。

表 1 标准差

次数	1	2	3	4	5	6	7	8	9	10	标准差
P（N）	7150	7220	7720	6890	7110	7740	7210	7950	7080	7870	
l（mm）	300	301	300	299	300	301	300	299	300	300	
b（mm）	200	200	199	199	201	199	200	200	201	200	
h（mm）	60	61	61	60	61	61	60	60	61	61	
C_f（MPa）	4.47	4.38	4.69	4.31	4.28	4.72	4.51	4.95	4.26	4.76	0.24

$$u(C_{repeat}) = s(C_{repeat}) = \sqrt{\frac{\sum_{i=1}^{10}(C_i - \bar{C})}{10 - 1}} = 0.24\text{MPa}$$

由于规范要求采用10次试验结果的平均值，因此本书评估平均值的重复性标准差：

$$u(C_{\text{repeat}}) = \frac{s(C_{\text{repeat}})}{\sqrt{10}} = 0.08\text{MPa}$$

由于直接评估了路面砖抗折强度的试验重复性，因此无须重复分析直尺示值的测量重复性。

4.2　万能试验机示值误差的标准不确定度

根据万能试验机的检定证书，示值误差 $\Delta_P = 24\text{N}$，其不确定度 $U_P = 16\text{N}$，包含因子 $k = 2$，因此，试验机示值误差的标准不确定度

$$u(\Delta_P) = \frac{U_P}{k} = 8\text{N}$$

4.3　直尺示值误差的标准不确定度

根据直尺的校准证书，测量抗折支距、宽度和厚度的示值误差 Δ_l、Δ_b 和 Δ_h 分别为 -0.07mm、-0.06mm 和 -0.05mm，其不确定度 U_l、U_b、U_h 均为0.05，包含因子 $k = 2$，因此，直尺示值误差的标准不确定度为

$$u(\Delta_l) = \frac{U_l}{k} = 0.025\text{mm}$$

$$u(\Delta_b) = \frac{U_b}{k} = 0.025\text{mm}$$

$$u(\Delta_h) = \frac{U_h}{k} = 0.025\text{mm}$$

5　不确定度合成与扩展

将上述评定的不确定度分量内容逐项填入不确定度分量明细表（表2）：

表2　不确定度分量明细表

序号	影响量	符号	灵敏系数	影响量的不确定度	不确定度分量
1	试验机示值误差	Δ_P	c_{Δ_P}	$u(\Delta_P)$	$c_{\Delta_P} \cdot u(\Delta_P)$
2	直尺测量抗折支距示值误差	Δ_l	c_{Δ_l}	$u(\Delta_l)$	$c_{\Delta_l} \cdot u(\Delta_l)$
3	直尺测量宽度示值误差	Δ_b	c_{Δ_b}	$u(\Delta_b)$	$c_{\Delta_b} \cdot u(\Delta_b)$
4	直尺测量厚度示值误差	Δ_h	c_{Δ_h}	$u(\Delta_h)$	$c_{\Delta_h} \cdot u(\Delta_h)$
5	测量重复性	C_{repeat}	c_{repeat}	$u(C_{\text{repeat}})$	$c_{\text{repeat}} \cdot u(C_{\text{repeat}})$

其中，已知 $P = 7550\text{N}$，$l = 300\text{mm}$，$b = 200\text{mm}$，$h = 60\text{mm}$，可依据第3节的灵敏系数公式计算所有影响量的灵敏系数数值：

$$c_{\Delta_P} = \frac{\partial C_f}{\partial \Delta_P} = \frac{-3l}{2bh^2} = -0.000625$$

$$c_{\Delta_l} = \frac{\partial C_f}{\partial \Delta_l} = \frac{-3P}{2bh^2} = -0.016$$

$$c_{\Delta_b} = \frac{\partial C_f}{\partial \Delta_b} = \frac{3Pl}{2b^2h^2} = 0.024$$

$$c_{\Delta_h} = \frac{\partial C_f}{\partial \Delta_h} = \frac{3Pl}{bh^3} = 0.16$$

$$c_{repeat} = \frac{\partial C_f}{\partial C_{repeat}} = -1$$

合成标准不确定度：

$$u_c(y) = \sqrt{[c_{\Delta_P} \cdot u(\Delta_P)]^2 + [c_{\Delta_l} \cdot u(\Delta_l)]^2 + [c_{\Delta_b} \cdot u(\Delta_b)]^2 + [c_{\Delta_h} \cdot u(\Delta_h)]^2 + [c_{repeat} \cdot u(C_{repeat})]^2}$$
$$= 0.04\text{MPa}$$

取置信概率95%，$k=2$，计算扩展不确定度：

$$U = k \cdot u_c(y) = 0.08\text{MPa}$$

则路面砖抗折强度的测量不确定度 $U=0.08$MPa；$k=2$。

案例2　汽车车窗玻璃遮阳膜拉伸伸长率测量不确定度评定

中国建材检验认证集团秦皇岛有限公司　韩　影

1　概述

1）评定依据：JJF 1059.1—2012《测量不确定度评定与表示》。

2）测量方法：GA/T 744—2013《汽车车窗玻璃遮阳膜》。

3）环境条件：温度22℃，相对湿度50%。

4）试验仪器：电子万能试验机（0.5级）、电子数显卡尺。

5）被测对象：遮阳膜拉伸伸长率。

6）测量过程：准备一块尺寸为25mm×150mm边部整齐、无裂口、表面无划痕、无点状缺陷的试样。撕去中间100mm的离型膜，将两端留有离型膜的部分装入电子拉力试验机夹紧装置中，在遮阳膜宽度方向上负载应均匀分布，开启试验机以300mm/mim的速度拉伸试样。两夹具之间100mm的长度为原始标距L_0。试样在温度22℃、相对湿度50%的环境条件下放置24h后，在相同的环境条件下进行试验。这里对拉伸伸长率测量结果的不确定度进行评估。

2　建立数学模型

根据GA/T 744—2013《汽车车窗玻璃遮阳膜》规定的分析方法，进行拉伸伸长率的测量，计算公式如下：

$$R_s = \frac{L_1 - L_0}{L_0} \times 100\% \tag{1}$$

式中　R_s——拉伸伸长率；

L_0——待测试样的原始标距，mm，由电子数显卡尺测量得到；

L_1——拉伸试验结束时试样断后标距，mm。

考虑各个量的影响量，拉伸伸长率的真值估计值满足公式：

$$R_s = \frac{L_1 - \Delta_1 - (L_0 - \Delta_0)}{L_0 - \Delta_0} \times 100\% = \left(\frac{L_1 - \Delta_1}{L_0 - \Delta_0} - 1\right) \times 100\% \tag{2}$$

式中　Δ_0——电子数显卡尺的示值误差；

Δ_1——电子万能试验机的拉伸变形示值误差。

R_s、L_0、L_1 同式（1）。

3　灵敏系数计算

对各影响量求偏导数，得到各影响量的灵敏系数：

$$c_{R_s} = 1$$

$$c_{L_0} = \frac{\partial 伸长率}{\partial L_0} = \frac{-(L_1 - \Delta_1 - \Delta_2)}{(L_0 - \Delta_0)^2} \times 100\% \approx -\frac{L_1}{L_0^2} \times 100\%$$

$$c_{\Delta_1} = \frac{\partial 伸长率}{\partial \Delta_1} = \frac{-1}{(L_0 - \Delta_0)} \times 100\% \approx -\frac{1}{L_0} \times 100\%$$

$$c_{\Delta_0} = \frac{\partial 伸长率}{\partial \Delta_0} = \frac{-(L_1 - \Delta_1 - \Delta_2)}{(L_0 - \Delta_0)^2} \times 100\% \approx -\frac{L_1}{L_0^2} \times 100\%$$

4　不确定度分量预估和来源分析

拉伸伸长率测量结果不确定度来源包括以下几个方面：

1）L_0试样在电子万能试验机两夹具间原始标距，转换为 R_s 的测量重复性引入的不确定度，采用A类方法评定，由卡尺的示值误差引入的不确定度，采用B类法评定；

2）断后标距 L_1 引入的不确定度，由拉伸试验机示值误差引入，采用B类法评定；

3）测量结果的数值修约引入的不确定度。

由于拉伸速率固定，本试验不需要评估拉伸速率带来的影响。另外，在同一条件下测量，环境温度、人员读数误差引起的不确定度很小，可以不予考虑，测量结果的数值修约及拉伸引起的不确定度分量很小，也不予考虑。影响不确定度来源，由试样原始标距重复测量引起的不确定度分量 $u(R_s)$、断后标距引入的不确定度分量 $u(L_1)$，电子万能试验机的示值误差、电子数显卡尺的示值误差引起的不确定度。

5　不确定度分量的评定

1）$u(R_s)$ ——由测量重复引入的标准不确定度

在同一试验条件下，测量遮阳膜原始标距 L_0 10 次，得到测量结果见表1。采用贝塞尔公式计算拉伸伸长率的重复性标准差。

拉伸伸长率 R_s标准差根据贝塞尔公式计算：$s = \sqrt{\frac{1}{n}\sum_{i=1}^{n}(x_i - \bar{x_i})^2} = 0.0794\%$。GA/T 744—2013《汽车车窗玻璃遮阳膜》中拉伸伸长率为每一个试样的单次测量结果均应≥50%。因此本评定过程不需要考虑伸长率平均值的重复性标准差。

2）在测量原始标距 L_0时由卡尺示值误差引入的标准不确定度 u（B_0）

根据电子数显卡尺的证书，示值误差 $\Delta_0 = \pm 0.03\text{mm}$，其半宽 $a = 0.03\text{mm}$，被测量可能值服从均匀分布，包含因子 $k = \sqrt{3}$，由此引起的标准不确定度 $u(B_0) = \frac{a}{\sqrt{3}} = \frac{0.03}{\sqrt{3}} = 0.0173\text{mm}$。

表 1　由遮阳膜原始标距 L_0 重复测量引入的标准差

测量次数	原始标距 L_0 测量结果（mm）	断后标距 L_1（mm）	R_s 拉伸伸长率（%）
1	100.02	155.85m	55.82
2	100.05		55.77
3	100.07		55.74
4	99.96		55.91
5	99.98		55.88
6	99.95		55.93
7	100.03		55.80
8	100.06		55.76
9	99.96		55.91
10	100.09		55.71
平均值	—	—	55.82
标准差 s	—	—	0.0794

3）断后标距 L_1 引入的标准不确定度 $u(B_1)$

遮阳膜的断后标距 $L_1=155.85\text{mm}$。根据电子万能试验机的检定证书，在变形为 150mm 时其变形示值误差 $\Delta_1=-0.36\%$，其半宽 $a=0.18\%$，被测量可能值服从均匀分布，包含因子 $k=\sqrt{3}$，所以由此引起的相对标准不确定度 $u(B_1)=\dfrac{a}{\sqrt{3}}=\dfrac{0.18\%}{\sqrt{3}}=0.1039\%$。其标准不确定度为 $150\text{mm}\times0.1039\%=0.1558\text{mm}$，校准证书中变形不同示值误差不同，需要时应根据样品的变形量重新评定对应的不确定度。

6　合成相对标准不确定度

其中，已知 $\overline{L}_0=100.02\text{mm}$，$L_1=155.85\text{mm}$，$R_s=55.82\%$，可以根据第 3 节的灵敏系数公式计算所有影响量的灵敏系数数值：

$$c_{R_s}=1$$

$$c_{L_0}=\frac{\partial\text{伸长率}}{\partial L_0}=\frac{-(L_1-\Delta_1-\Delta_2)}{(L_0-\Delta_0)^2}\times100\%\approx-\frac{L_1}{L_0^2}\times100\%=-\frac{2\%}{\text{mm}}$$

$$c_{\Delta_1}=\frac{\partial\text{伸长率}}{\partial\Delta_1}=\frac{-1}{(L_0-\Delta_0)}\times100\%\approx-\frac{1}{L_0}\times100\%=-\frac{1\%}{\text{mm}}$$

$$c_{\Delta_0}=\frac{\partial\text{伸长率}}{\partial\Delta_0}=\frac{-(L_1-\Delta_1-\Delta_2)}{(L_0-\Delta_0)^2}\times100\%\approx-\frac{L_1}{L_0^2}\times100\%=-\frac{2\%}{\text{mm}}$$

将上述评定的不确定度分量逐项填入不确定分量明细表 2。

三个不确定度分量 $u(A_0)$、$u(B_0)$、$u(B_1)$ 互不相关，采用方根方法合成标准不确定度：

$$u_c(y)=\sqrt{[c_{R_s}u(A_0)]^2+[c_{\Delta_0}u(B_0)]^2+[c_{\Delta_1}u(B_1)]^2}=0.1782\%$$

表2 不确定度分量明细表

序号	不确定度来源	类型	分布	符号	数值	灵敏系数
1	R_s测量重复性	A	正太	$u(A_0)$	0.0794%	1
2	卡尺示值误差	B	均匀	$u(B_0)$	0.0173mm	-2%/mm
3	断后标距L_1	B	均匀	$u(B_1)$	0.1558mm	-1%/mm

7 扩展不确定度与测量结果的表示

取置信概率95%，$k=2$，计算扩展不确定度，满足：

$$U = k \cdot u_c(y) = 0.4\%$$

一块试样的汽车车窗遮阳膜的拉伸伸长率测量不确定度$U=0.4\%$，$k=2$。

案例3 陶瓷砖断裂模数测量不确定度评定

中国建材检验认证集团西安有限公司 罗鹏辉

1 概述

1）评定依据：JJF 1059.1—2012《测量不确定度评定与表示》。

2）测量方法：GB/T 3810.4—2016《陶瓷砖试验方法 第4部分：断裂模数和破坏强度的测定》。

3）环境条件：室温。

4）试验仪器：微机控制电子万能试验机，符合0.5级；
钢直尺，量程500mm、分度值1mm；
游标卡尺，量程150mm、分度值0.02mm。

5）被测对象：陶瓷砖（规格：300mm×300mm）。

6）测量过程：测量样品的宽度、断面厚度，采用三点弯曲试验方法，调整试验机跨距为280mm，将样品放在试验机上试验，试验加载速率1MPa/s直至样品破坏，得到破坏载荷后经计算后得到断裂模数。

2 建立数学模型

断裂模数数学模型：

$$R = \frac{3Fl}{2bh^2} = \frac{3}{2}Flb^{-1}h^{-2}$$

式中 R——断裂模数，MPa；
F——破坏载荷，N；
l——跨距，mm；
b——样品宽度，mm；
h——样品断面厚度，mm。

3 不确定度分量的来源

1）测量重复性引入的相对标准不确定度 $u_r(R_{repeat})$；

2）测量样品宽度引入的相对标准不确定度 $u_r(b)$；

3）测量样品断面厚度引入的相对标准不确定度 $u_r(h)$；

4）测量样品破坏载荷引入的相对标准不确定度 $u_r(F)$；

5）测量样品跨距引入的相对标准不确定度 $u_r(l)$。

4 评定测量不确定度分量

1）测量重复性引入的相对标准不确定度 $u_r(R_{repeat})$

依据测量方法，被测样品的测量结果见表 1。

表 1 样品的测量结果

样品	1	2	3	4	5	6	7	平均值
破坏载荷 F（N）	1133	1104	1168	1095	1157	1142	1170	1138
宽度 b（mm）	300	300	301	301	301	300	300	300
断面厚度 h（mm）	8. 42	8. 20	8. 12	8. 24	8. 36	8. 20	8. 32	8. 27
跨距 l（mm）	280	280	280	280	280	280	280	280
断裂模数 R（MPa）	22. 4	23. 0	24. 7	22. 5	23. 1	23. 8	23. 7	23. 3

断裂模数平均值：$\bar{R} = \frac{1}{7}\sum_{i=1}^{7} R_i = 23.3\text{MPa}$

由于断裂模数的测定结果取平均值，因此评定样品重复性测量不确定度分量采用 A 类评定，则样品测量重复性的标准不确定度：

$$u(R_{repeat}) = \sqrt{\frac{\sum_{i=1}^{7}(R_i - \bar{R})}{7 \times (7-1)}} = 0.31\text{MPa}$$

相对标准不确定度：

$$u_r(R_{repeat}) = \frac{0.31}{23.3} \times 100\% = 1.33\%$$

2）测量样品宽度的相对标准不确定度 $u_r(b)$

样品宽度测量使用钢直尺（量程 500mm、分度值 1mm），钢直尺经计量机构检定合格，采用 B 类评定，估计其为均匀分布，则样品宽度的标准不确定度：

$$u(b) = \frac{1}{2\sqrt{3}} = 0.29\text{mm}$$

相对标准不确定度：

$$u_r(l) = \frac{0.29}{300} \times 100\% = 0.10\%$$

3）测量样品断面厚度的相对标准不确定度 $u_r(h)$

样品断面厚度测量使用游标卡尺（量程 150mm、分度值 0. 02mm），游标卡尺经计量机构检定合格，采用B类评定，估计其为均匀分布，则样品断面厚度的标准不确定度：

$$u(h) = \frac{0.02}{2\sqrt{3}} = 0.006\text{mm}$$

相对标准不确定度：

$$u_r(h) = \frac{0.006}{8.27} \times 100\% = 0.07\%$$

4）测量样品破坏载荷的相对标准不确定度 $u_r(F)$

破坏载荷的测量使用微机控制电子万能试验机，微机控制电子万能试验机经计量机构检定符合0.5级，采用B类评定，估计其为均匀分布，破坏载荷的相对标准不确定度：

$$u_r(F) = \frac{0.5\%}{2\sqrt{3}} = 0.29\%$$

5）测量跨距的相对标准不确定度 $u_r(l)$

跨距测量相对标准不确定度 $u_r(l)$ 与样品宽度测量相对标准不确定度 $u_r(b)$ 类似，则样品宽度的标准不确定度：

$$u(l) = \frac{1}{2\sqrt{3}} = 0.29$$

相对标准不确定度：

$$u_r(l) = \frac{0.29}{280} \times 100\% = 0.10\%$$

5　测量不确定度的合成及拓展

1）各测量不确定度分量见表2

表2　测量不确定度分量

序号	影响量	符号	标准不确定度 $u(x)$	相对标准不确定度 $u_r(x)$
1	测量重复性	R_{repeat}	0.31MPa	1.33%
2	测量样品宽度	b	0.29mm	0.10%
3	测量样品断面厚度	h	0.006mm	0.07%
4	测量样品破坏载荷	F	/	0.29%
5	测量样品跨距	l	0.29mm	0.10%

2）计算相对合成标准不确定度

$$\begin{aligned} u_{cr}(R) &= \sqrt{u_r^2(R_{repeat}) + u_r^2(b) + [2u_r(h)]^2 + u_r^2(F) + u_r^2(l)} \\ &= \sqrt{(1.33\%)^2 + (0.10\%)^2 + (2 \times 0.07\%)^2 + (0.29\%)^2 + (0.10\%)^2} \\ &= 1.4\% \end{aligned}$$

3）确定相对扩展不确定度

取包含因子 $k=2$，则相对扩展不确定度：$U_r = k \cdot u_{cr}(R) = 2 \times 1.4\% = 2.8\%$。

6　报告结果

陶瓷砖断裂模数的测量结果：$\overline{R}=23.3\text{MPa}$，$U_r=2.8\%$；$k=2$。

案例 4　天然石材干燥弯曲强度测量不确定度评定

中国建材检验认证集团股份有限公司　钟文波

1　概述

1）评定依据：JJF 1059. 1—2012《测量不确定度评定与表示》。

2）测量方法：GB/T 9966. 2—2020《天然石材试验方法 第 2 部分：干燥、水饱和、冻融循环后弯曲强度试验》方法 A。

3）环境条件：室温。

4）试验仪器：CMT4204 微机控制电子万能试验机、数显游标卡尺（2 把）。

5）被测对象：福建白麻花岗石。

6）测量过程：将样品干燥后冷却至室温，然后置于调整好跨距的试验机下支撑的中心部位，匀速施加荷载直至样品破坏，记录最大破坏载荷，测量样品断裂部分中心点的宽度和厚度，精确到 0. 01mm，根据公式计算弯曲强度。

2　建立数学模型

弯曲强度可以用式（1）来计算（在温度和其他条件不变时）

$$P = \frac{3FL}{4KH^2} \tag{1}$$

式中　P——弯曲强度，MPa；

F——最大破坏力，N；

L——支点跨距，mm；

K——试样的宽度，mm；

H——试样的厚度，mm。

不确定度数学模型式（2）：

$$u_{\mathrm{crel}}^2 = u_{\mathrm{rel}}^2(P) + u_{\mathrm{rel}}^2(F) + u_{\mathrm{rel}}^2(L) + u_{\mathrm{rel}}^2(K) + 4u_{\mathrm{rel}}^2(H) \tag{2}$$

式中　$u_{\mathrm{rel}}(P)$——重复性试验所引起的不确定度；

$u_{\mathrm{rel}}(F)$——最大破坏力的测量不确定度；

$u_{\mathrm{rel}}(L)$——支点跨距的测量所引起的不确定度；

$u_{\mathrm{rel}}(K)$——宽度的测量所引起的不确定度；

$u_{\mathrm{rel}}(H)$——厚度的测量所引起的不确定度。

3　不确定度分量的评估

试验数据如表 1 所示。

表1　干燥弯曲强度试验数据

序号	宽度 K（mm）	厚度 H（mm）	破坏力 F（N）	弯曲强度 P（MPa）
1	99.85	20.11	5213	19.36
2	99.86	20.08	5012	18.67
3	99.91	19.84	4897	18.68
4	99.84	19.92	4956	18.76
5	100.01	19.87	4765	18.10
6	100.03	19.88	4887	18.54
7	99.88	19.84	5005	19.10
8	99.92	19.95	4963	18.72
9	99.94	19.89	4869	18.47
10	99.99	19.97	4923	18.52
平均值（$\bar{x}$）	99.92	19.94	4949	18.69
偏差（s）	—	—	—	0.34
标准不确定度（U_1）	—	—	—	0.1091
相对标准不确定度（U_r）	—	—	—	0.58%

3.1　计算重复性试验所引起的相对不确定度 u_{rel}（P）

10个样品的弯曲强度 P 的平均值为 $\bar{x}=18.69$MPa，标准偏差 $s=\sqrt{\frac{1}{n-1}\sum_{i=1}^{n}(X_i-\bar{x})^2}=0.34$MPa，以上述10个样品弯曲强度试验的算术平均值作为测量结果，其测量结果的标准不确定度为 $U_1=\frac{0.34}{\sqrt{10}}=0.1091$MPa。因此，由测量重复性引入的相对不确定度为：

$$U_{rel}(P)=U_1/\bar{x}=0.1091/18.69=0.58\%$$

3.2　最大破坏力的相对测量不确定度 u_{rel}（F）

最大破坏力 F 的测量不确定度来源于仪器的测量不确定度和仪器校准的不确定度两个方面。

（1）仪器的相对测量不确定度 u_{1rel}（F）

若仪器的测量不确定度为 $U_{95}=1.0\%$，以正态分布估计，相对标准不确定度为：

$$u_{1rel}(F)=1.0\%/2=0.5\%(k=2)$$

（2）仪器的校准不确定度 u_{2rel}（F）

查证书知仪器校准不确定度为 $U_{95}=0.3\%$，以正态分布估计，相对标准不确定度为：

$$u_{2rel}(F)=0.3\%/2=0.15\%(k=2)$$

因此最大破坏力 F 的测量不确定度为：

$$u_{rel}(F)=\sqrt{u_{1rel}^2(F)+u_{2rel}^2(F)}=0.52\%$$

3.3　支点跨距的测量所引起的不确定度 $u_{rel}(L)$

（1）支点跨距的测量值精确到2mm，以矩形分布估计，则

$$u_1(L)=2/\sqrt{3}=1.155\text{mm}(k=\sqrt{3})$$

（2）由操作者引入的测量误差在 ±2mm，以矩形分布估计，则

$$u_2(L) = 2/\sqrt{3} = 1.155\text{mm}(k = \sqrt{3})$$

合成后支点跨距测量的标准不确定度为

$$u(L) = \sqrt{1.155^2 + 1.155^2} = 1.633\text{mm}$$

相对不确定度为

$$u_{rel}(L) = 1.633/200 = 0.82\%$$

3.4 宽度的测量所引起的不确定度 u_{rel}（K）

（1）宽度的测量值精确到 0.01mm，以矩形分布估计，因此

$$u_1(K) = 0.01/\sqrt{3} = 0.00577\text{mm}(k = \sqrt{3})$$

（2）由操作者引入的测量误差在 ±0.01mm，以矩形分布估计，因此

$$u_2(K) = 0.01/\sqrt{3} = 0.00577\text{mm}(k = \sqrt{3})$$

合成后长度测量的标准不确定度为

$$u(K) = \sqrt{0.00577^2 + 0.00577^2} = 0.00816\text{mm}$$

因此相对不确定度为

$$u_{rel}(K) = 0.00816/99.92 = 0.0082\%$$

3.5 厚度的测量所引起的不确定度 $u_{rel}(H)$

（1）厚度的测量值精确到 0.01mm，以矩形分布估计，因此

$$u_1(H) = 0.01/\sqrt{3} = 0.00577\text{mm}(k = \sqrt{3})$$

（2）由操作者引入的测量误差在 ±0.01mm，以矩形分布估计，因此

$$u_2(H) = 0.01/\sqrt{3} = 0.00577\text{mm}(k = \sqrt{3})$$

合成的厚度测量的标准不确定度为

$$u(H) = \sqrt{0.00577^2 + 0.00577^2} = 0.00816\text{mm}$$

因此相对不确定度为

$$u_{rel}(H) = 0.00816/19.94 = 0.041\%$$

4 合成相对标准不确定度

不确定度分量汇总如表 2 所示。

表 2 不确定度分量汇总表

	测量不确定来源	误差限（%）	分布	u（x）（mm）	$u_{rel}(x)$(%)	c_i	u_{irel}（y）（%）
1	重复性				0.58	1	0.58
	压力测量				0.52	1	0.52
2	仪器测量	1.0	正态		0.50		
	仪器标准	0.3	正态		0.15		

续表

	测量不确定来源	误差限（%）	分布	u（x）（mm）	$u_{rel}(x)(\%)$	c_i	u_{irel}（y）（%）
	跨距测量				0.82	1	0.82
3	规定	2	矩形	1.155			
	人员测量	2	矩形	1.155			
	宽度测量				0.0082	1	0.0082
4	实际测量	0.01	矩形	0.00577			
	人员测量	0.01	矩形	0.00577			
	厚度测量				0.041	2	0.082
5	实际测量	0.01	矩形	0.00577			
	人员测量	0.01	矩形	0.00577			
合成标准不确定度：u_{crel} =1.13%							

合成标准不确定度 u_{crel}

$$u_{crel} = \sqrt{u_{rel}^2(P) + u_{rel}^2(F) + u_{rel}^2(L) + u_{rel}^2(K) + 4u_{rel}^2(H)} = 1.13\%$$

5　扩展不确定度与测量结果的表示

（1）测量结果

$$P(\bar{x}) = 18.69\text{MPa}$$

（2）合成标准不确定度为

$$u_c = 18.69\text{MPa} \times 1.13\% = 0.21\text{MPa}$$

（3）扩展不确定度

取包含因子 $k=2$，$U=ku_c=0.42\text{MPa}$

（4）测量结果的表示

弯曲强度 $P=(18.69\pm0.42)\text{MPa}$，其中扩展不确定度 $U=0.42\text{MPa}$ 是由标准不确定度 $u_c=0.21\text{MPa}$ 乘以包含因子 $k=2$ 得到的。

案例5　高强度螺栓连接摩擦面的抗滑移系数测量不确定度评定

中国建材检验认证集团股份有限公司　郭宝峰

1　概述

通过对高强度螺栓连接摩擦面抗滑移系数性能测试，分析其抗滑移系数测定过程中影响不确定度的诸多因素，建立了数学模型，对不确定度进行计算，以达到最终对不确定度的评定。

1）评定依据：JJF 1059.1—2012《测量不确定度评定与表示》。

2）测量方法：GB 50205—2020《钢结构工程施工质量验收标准》附录B紧固件连接工程检验项目，B.0.7高强度螺栓连接摩擦面的抗滑移系数检验。

3）环境条件：温度23℃。

4）试验仪器：高强螺栓轴力智能检测仪、电液伺服万能试验机。

5）被测对象：大六角头螺栓，规格 M20，螺栓级别 10.9S。摩擦面处理方式为喷砂。

6）测量步骤：采用双摩擦面的二栓拼接的拉力试件，每批 3 组试件。紧固高强度螺栓分初拧、终拧。初拧应达到螺栓预拉力标准值的 50% 左右；终拧后，每个螺栓的预拉力值应在 $0.95P \sim 1.05P$（P 为高强度螺栓设计预拉力值）范围内。试件组装好后，应在其侧面画出观察滑移的直线。试件置于拉力试验机上，试件的轴线应与试验机夹具中心严格对中。加载时，应先加 10% 的抗滑移设计荷载值，停 1min 后，再平稳加载，加荷速度为 2kN/s，直拉至滑动破坏，测得滑移荷载 N_v。最后应根据试验测得滑移荷载 N_v 和螺栓预拉力 P 的实测值，计算出抗滑移系数 μ。

2 建立数学模型

1）仪器结果输出模型：

$$\mu = \frac{N_v}{n_f \cdot \sum_{i=1}^{m} P_i} \tag{1}$$

式中 N_v——由试验测得的滑移荷载，kN；

n_f——摩擦面面数，取 $n_f = 2$；

$\sum_{i=1}^{m} P_i$——试件滑移一侧高强度螺栓预拉力实测值之和，kN；

m——试件一侧螺栓数量，取 $m = 2$。

2）不确定度评估数学模型：

由于 $\sum_{i=1}^{m} P_i$ 为滑移一侧两个高强度螺栓预拉力实测值 P_1 和 P_2 之和，为相加关系，可将 $\sum_{i=1}^{m} P_i$ 视为一个变量 $P_{总}$，先评估其不确定度 u_{rel}（$P_{总}$），再将其作为一个变量参与 μ 的不确定度评估。简化的数学模型为：

$$\mu = \frac{N_v}{2 \cdot P_{总}} \tag{2}$$

式中，$P_{总} = P_1 + P_2$，为滑移一侧两个高强度螺栓预拉力实测值 P_1 和 P_2 之和（kN）。

3 计算灵敏系数

由于数学模型只有乘除法运算，根据 JJF 1059.1—2012 中的 4.4.2.2，采用相对不确定度合成方法。

4 评定输入量（影响量）的不确定度

高强度螺栓连接摩擦面的抗滑移系数不确定度来源主要有：重复性测量引入的不确定度；螺栓预拉力用的高强度螺栓轴力智能检测仪、测抗滑移系数用的电液伺服万能试验机测力系统示值误差引入的不确定度等。因检测数据已进行数值修约，故不考虑数值修约引入的不确定度。因在标准要求环境条件下进行测试，试验环境对抗滑移系数测量结果的影响可以忽略，故认为试验环境影响测量结果引入的不确定度影响忽略不计。因试验机预设固定应变速率，故认为应变速率在标准允许范围内对不确定度影响忽略不计。

4.1　对试样进行重复性测量引入的A类相对标准不确定度分量 u_{rel}（rep）的评定

该不确定度分量用A类方法评定。用1000kN万能试验机对抗滑移试件进行试验。从同一批次中制成10个试样分别测试10次。在重复性测量条件下按照GB 50205—2020 B.0.7进行试验，按贝塞尔公式计算测量重复性标准差，测量和计算结果见表1。

表1　重复性试验测量结果

编号	螺栓预拉力 P_1（kN）	螺栓预拉力 P_2（kN）	螺栓预拉力 P_1 和 P_2 之和 $P_总$（kN）	滑移荷载 N_v（kN）	抗滑移系数检验值 μ
1	156.4	155.7	312.1	333.5	0.53
2	155.2	155.2	310.4	330.1	0.53
3	155.3	154.5	309.8	320.4	0.52
4	155.6	155.7	311.3	343.2	0.55
5	155.2	155.1	310.3	322.8	0.52
6	155.1	155.5	310.6	334.5	0.54
7	155.4	155.5	310.9	344.3	0.55
8	155.4	154.9	310.3	326.4	0.53
9	155.1	155.5	310.6	334.8	0.54
10	155.3	155.7	311.0	342.4	0.55
平均值	155.4	155.3	310.7	333.2	0.54
标准差 s_i	/	/	/	/	0.01
相对标准偏差 s_{rel}	/	/	/	/	2.19

由于标准中要求测试3个试件，因此本例评定三个试样测量平均值的不确定度，故应除以 $\sqrt{3}$。

$$u_{rel}(\mu_{rep}) = \frac{s_{rel}(\mu)}{\sqrt{3}} = \frac{2.19\%}{\sqrt{3}} = 1.26\%$$

4.2　试验机测滑移载荷 N_v 示值误差引入的B类相对不确定度分量 u_{rel}（N_v）的评定

查万能试验机校准证书，相对扩展不确定度为0.5%，包含因子 $k=2$，则滑移载荷 N_v 的相对标准不确定度分量：

$$u_{rel}(N_v) = 0.5\%/2 = 0.25\%$$

4.3　滑移一侧两个高强度螺栓预拉力实测值 P_1、P_2 之和 $P_总$ 引入的B类相对不确定度分量 u_{rel}（$P_总$）的评定

4.3.1　P_1 测量值155.4，查高强螺栓轴力智能检测仪校准证书，相对扩展不确定度为0.3%，包含因子 $k=2$，则预拉力 P_1 示值误差引入的标准不确定度满足：

$$u(P_1) = \frac{U_{rel}}{k} \cdot P_1 = \frac{0.3\%}{2} \times 155.4 = 0.23\text{kN}$$

4.3.2　P_2 测量值155.4，查高强螺栓轴力智能检测仪校准证书，相对扩展不确定度为

0.3%，包含因子 $k=2$，则预拉力 P_2示值误差引入的标准不确定度满足：

$$u(P_2) = \frac{U_{\rm rel}}{k} \cdot P_2 = \frac{0.3\%}{2} \times 155.4 = 0.23\text{kN}$$

4.3.3 $P_{总}$引入的 B 类相对标准不确定度分量 $u_{\rm rel}$（$P_{总}$）的评定

由于 P_1、P_2都是通过同一台高强度螺栓轴力智能检测仪测得的，因此其示值误差的不确定度具有正相关特性，设相关系数为 1。

$$u_{\rm c}(P_{总}) = \sqrt{\left[\sum_{i=1}^{2} \frac{\partial P_{总}}{\partial P_i} u(x_i)\right]^2} = |u(P_1) + u(P_2)| = 0.46\text{kN}$$

$P_{总}$测得值为 310.7kN，故 $P_{总}$引入的 B 类相对不确定度分量：

$$u_{\rm rel}(P_{总}) = \frac{u_{\rm c}(P_{总})}{P_{总}} \cdot 100\% = \frac{0.46}{310.7} \times 100\% = 0.15\%$$

5 不确定度合成与扩展

1）不确定度分量表格

抗滑移系数相对标准不确定度分量汇总表见表 2。

表 2 相对标准不确定度分量汇总表

序号	影响量	符号	影响量的相对不确定度	灵敏系数	相关性	相对标准不确定度分量（%）
1	测量重复性	$\mu_{\rm rep}$	$u_{\rm rel}$（$\mu_{\rm rep}$）	1		1.26
2	滑移荷载	$N_{\rm v}$	$u_{\rm rel}$（$N_{\rm v}$）	1		0.25
3	螺栓预拉力 P_1 和 P_2 之和	$P_{总}$	$u_{\rm rel}$（$P_{总}$）	-1		0.15

2）不确定度的合成计算

表 2 中各项影响量相对标准不确定度分量互不相关，故相对合成不确定度满足：

$$u_{\rm rel}(\mu) = \sqrt{u_{\rm rel}^2(\mu_{\rm rep}) + u_{\rm rel}^2(N_{\rm v}) + u_{\rm rel}^2(P_{总})}$$
$$= \sqrt{1.26^2 + 0.25^2 + 0.15^2} = 1.30\%$$

取置信概率95%，$k = 2$，计算相对扩展不确定度，满足：

$$U_{\rm rel}(\mu) = k \times u_{\rm rel}(\mu) = 2.60\%$$

3）扩展不确定度的表达

高强度螺栓连接摩擦面的抗滑移系数相对扩展不确定度：$U_{\rm rel}$（μ）$=3\%$；$k=2$。

6 应用（适用时）

结果报告：

高强度螺栓连接摩擦面的抗滑移系数：$\mu=0.54$（$1 \pm 3 \times 10^{-2}$）；$k=2$。

案例6　金属材料拉伸试验测量不确定度评定

中国建材检验认证集团股份有限公司　郭宝峰

1　概述

通过对金属材料拉伸性能测试，分析金属材料拉伸性能测定过程中影响不确定度的诸多因素，建立了数学模型，对不确定度进行计算，以实现对不确定度的评定。

1）评定依据：JJF 1059.1—2012《测量不确定度评定与表示》。

2）测量方法：GB/T 228.1—2010《金属材料 拉伸试验　第一部分：室温试验方法》。

3）环境条件：实验室温度23℃，湿度49%RH。

4）试验仪器：微机控制电液伺服万能试验机，数显游标卡尺。

5）被测对象：HRB400E热轧带肋钢筋，公称直径10mm。

6）测量步骤：将试件置于拉力试验机上，试件的轴线应与试验机夹具中心严格对中。加载时，应平稳加载，加荷速度为10mm/s，直拉至破坏。最后应根据试验测得下屈服力F_{eL}的实测值和原始横截面积计算出下屈服强度R_{eL}，根据试验测得最大力F_m和原始横截面积计算出抗拉强度R_m。根据试验测得断后标距L_u和原始标距L_0计算出断后伸长率A。

2　建立数学模型

仪器结果输出模型：

1. 下屈服强度的计算公式

$$R_{eL} = \frac{F_{eL}}{S_0} \tag{1}$$

式中　R_{eL}——下屈服强度，MPa；

F_{eL}——下屈服力，N；

S_0——原始横截面积，mm^2。

2. 抗拉强度的计算公式

$$R_m = \frac{F_m}{S_0} \tag{2}$$

式中　R_m——抗拉强度，MPa；

F_m——最大力，N；

S_0——原始横截面积，mm^2。

3. 断后伸长率的计算公式

$$A = \frac{L_u - L_0}{L_0} = \frac{\Delta L}{L_0} \times 100\% \tag{3}$$

式中　A——断后伸长率，%；

L_0——原始标距，mm；

L_u——断后标距，mm；

ΔL——断后伸长量，mm。

3 计算灵敏系数

由于数学模型只有乘除法运算，根据 JJF 1059. 1—2012 中的 4. 4. 2. 3，各输入量不相关时采用相对不确定度合成方法。

4 评定输入量（影响量）的不确定度

金属材料拉伸试验不确定度的来源主要有：重复性测量引入的不确定度；试样尺寸测量引入的不确定度；试验机测力系统示值误差引入的不确定度；标距测量误差引入的不确定度；数值修约引入的不确定度等。因在标准要求环境条件下进行测试，试验环境对测量结果的影响可以忽略，故认为试验环境影响测量结果引入的不确定度影响忽略不计。因试验机预设固定应变速率，故认为应变速率在标准允许范围内对不确定度影响忽略不计。

4.1 对试样进行重复性测量引入的 A 类相对标准不确定度分量 $u_{rel}(rep)$ 的评定

该不确定度分量用 A 类方法评定。用 1000kN 万能试验机对 HRB400E 热轧带肋钢筋进行拉伸试验。从同一批次中制成 10 个试样分别测试 10 次。在重复性测量条件下按照 GB/T 228. 1—2010《金属材料拉伸试验 第 1 部分：室温试验方法》进行试验，按贝塞尔公式计算测量重复性标准差，测量和计算结果见表 1。

表 1 重复性试验测量和计算结果

编号	试样直径 d_0（mm）	下屈服强度 R_{eL}（MPa）	抗拉强度 R_m（MPa）	断后伸长率 A（%）
1	10	422. 1	619. 1	31. 0
2	10	421. 4	628. 1	31. 3
3	10	425. 8	615. 4	31. 9
4	10	427. 6	628. 8	31. 9
5	10	420. 9	616. 2	31. 4
6	10	421. 4	618. 3	31. 4
7	10	427. 9	618. 5	31. 0
8	10	429. 7	619. 9	31. 9
9	10	429. 6	621. 6	31. 6
10	10	426. 1	628. 1	31. 3
平均值	/	425. 3	621. 4	31. 5
标准差 s_i	/	3. 51	5. 09	0. 35
相对标准偏差 s_{rel}	/	0. 83	0. 82	1. 10

4.2 下屈服强度测量不确定度 $U_{rel}(R_{eL})$ 的评定

4.2.1 对试样进行重复性测量引入的 A 类相对标准不确定度分量 $u_{rel}(rep)$ 的评定

为了能与能力验证的评定结果比较，本例评定三个试样测量平均值的不确定度，故应除以 $\sqrt{3}$。

$$u_{rel}\ (R_{eL}rep) = \frac{s_{rel}(R_{eL})}{\sqrt{3}} = \frac{0.83\%}{\sqrt{3}} = 0.476\%$$

4.2.2 试验机测力示值误差引入的 B 类相对不确定度分量 $u_{rel}(F_{eL})$ 的评定

万能试验机为 1. 0 级，查校准证书，相对扩展不确定度 0. 5%，包含因子 $k=2$，则下屈服力 F_{eL}的相对标准不确定度分量：

$$u_{rel}(F_{eL}) = 0.5\%/2 = 0.25\%$$

4.2.3 原始横截面积S_0引入的B类相对标准不确定度分量$u_{rel}(S_0)$的评定

GB/T 228.1—2010《金属材料拉伸试验　第1部分：室温试验方法》第D.4规定，对于圆形横截面和四面机加工的矩形截面试样，本示例的10mm热轧带肋钢筋在满足试样直径与公称直径之差不超过0.03mm时，可以用名义尺寸计算原始横截面积，故本示例中试样采用名义尺寸计算原始横截面积。

对于所有其他类型的试样，GB/T 228.1—2010《金属材料拉伸试验　第1部分：室温试验方法》第D.4规定，应根据测量的原始试样尺寸计算原始横截面积。

1）横截面积S_0的计算公式

$$S_0 = \frac{1}{4}\pi d^2$$

2）试样尺寸的不确定度

（1）游标卡尺测量试样尺寸示值误差引入的相对标准不确定度

查游标卡尺校准证书，相对扩展不确定度为0.1%，包含因子$k=2$，则游标卡尺示值误差的相对标准不确定度分量：

$$u_{rel1}(d) = 0.1\%/2 = 0.05\%$$

（2）尺寸偏差引入的相对标准不确定度

GB/T 228.1—2010《金属材料拉伸试验　第1部分：室温试验方法》第D.4规定，试样直径与公称直径之差不超过0.03mm，按均匀分布考虑，$k=\sqrt{3}$，则

$$u_{rel2}(d) = \frac{0.03}{10\times\sqrt{3}}\times 100\% = 0.173\%$$

3）试样尺寸的相对标准不确定度分量

$$u_{rel}(d) = \sqrt{u_{rel1}^2(d) + u_{rel2}^2(d)} = \sqrt{0.05\%^2 + 0.173\%^2} = 0.180\%$$

（3）S_0的相对标准不确定度分量

$$u_{rel}(S_0) = 2\times u_{rel}(d) = 0.360\%$$

4.2.4 数值修约引入的B类相对不确定度分量$u_{rel}(off)$的评定

根据GB/T 1499.2—2018《钢筋混凝土用钢　第2部分：热轧带肋钢筋》第8.6节规定，修约间隔5MPa，在下屈服强度425.3MPa水平，按均匀分布考虑，$k=\sqrt{3}$，修约带来的相对标准不确定度分量：

$$u_{rel}(off) = \frac{5}{2\times\sqrt{3}\times 425.3}\times 100\% = 0.339\%$$

4.2.5 下屈服强度的不确定度合成与扩展

1）不确定度分量表格

下屈服强度的相对标准不确定度分量汇总表见表2。

2）不确定度的合成计算

因表2中各项影响量相对标准不确定度分量互不相关，故下屈服强度的相对合成不确定度

$$u_{rel}(R_{eL}) = \sqrt{u_{rel}^2(R_{eL}rep) + u_{rel}^2(F_{eL}) + u_{rel}^2(off) + u_{rel}^2(S_0)}$$
$$= \sqrt{0.476\%^2 + 0.250\%^2 + 0.339\%^2 + 0.360\%^2} = 0.731\%$$

表 2　下屈服强度的相对标准不确定度分量汇总表

序号	影响量	影响量的相对不确定度	灵敏系数	相对标准不确定度分量/%
1	测量重复性	$u_{rel}(R_{eL}rep)$	1	0.522
2	下屈服力	$u_{rel}(F_{eL})$	1	0.250
3	修约	$u_{rel}(off)$	1	0.339
4	试样原始横截面积	$u_{rel}(S_0)$	−1	0.360

取置信概率95%，$k=2$，计算相对扩展不确定度，则下屈服强度的相对扩展不确定度满足：

$$U_{rel}(R_{eL})=k\times u_{rel}(R_{eL})=1.5\%$$

下屈服强度的相对扩展不确定度：$U_{rel}(R_{eL})=1.5\%$；$k=2$。

4.3　抗拉强度测量不确定度 $U_{rel}(R_m)$ 的评定

4.3.1　对试样进行重复性测量引入的 A 类相对标准不确定度分量 $u_{rel}(rep)$ 的评定

为了能与能力验证的评定结果可比较，本例评定三个试样测量平均值的不确定度，故应除以 $\sqrt{3}$。

$$u_{rel}(R_m\ rep)=\frac{s_{rel}(R_m)}{\sqrt{3}}=\frac{0.82\%}{\sqrt{3}}=0.473\%$$

4.3.2　试验机测力示值误差引入的 B 类相对不确定度分量 $u_{rel}(F_{eL})$ 的评定

查万能试验机校准证书，相对扩展不确定度 0.5%，包含因子 $k=2$，则最大力 F_m 的相对标准不确定度分量：

$$u_{rel}(F_m)=0.5\%/2=0.25\%$$

4.3.3　原始横截面积 S_0 引入的 B 类的相对标准不确定度分量 $u_{rel}(S_0)$ 的评定

GB/T 228.1—2010《金属材料拉伸试验　第 1 部分：室温试验方法》第 D.4 规定，对于圆形横截面和四面机加工的矩形截面试样，本示例的 10mm 热轧带肋钢筋在满足试样直径与公称直径之差不超过 0.03mm 时，可以用名义尺寸计算原始横截面积，故本示例中试样采用名义尺寸计算原始横截面积。

对于所有其他类型的试样，GB/T 228.1—2010《金属材料拉伸试验　第 1 部分：室温试验方法》第 D.4 规定，应根据测量的原始试样尺寸计算原始横截面积。

1）横截面积 S_0 的计算公式：$S_0=\frac{1}{4}\pi d^2$

2）试样尺寸的不确定度

（1）游标卡尺测量试样尺寸示值误差引入的不确定度

查游标卡尺校准证书，相对扩展不确定度 0.1%，包含因子 $k=2$，则游标卡尺示值误差的相对标准不确定度分量：

$$u_{rel1}(d)=0.1\%/2=0.05\%$$

（2）GB/T 228.1—2010《金属材料拉伸试验　第 1 部分：室温试验方法》第 D.4 规定，试样直径与公称直径之差不超过 0.03mm，按均匀分布考虑，$k=\sqrt{3}$，则

$$u_{rel2}(d)=\frac{0.03}{10\times\sqrt{3}}\times 100\%=0.173\%$$

（3）试样尺寸的相对标准不确定度分量：

$$u_{\mathrm{rel}}(d)=\sqrt{u_{\mathrm{rel1}}^{2}(d)+u_{\mathrm{rel2}}^{2}(d)}=\sqrt{0.05\%^{2}+0.173\%^{2}}=0.180\%$$

3）S_0的相对标准不确定度分量：

$$u_{\mathrm{rel}}(S_0)=2\times u_{\mathrm{rel}}(d)=0.360\%$$

4.3.4 数值修约引入的相对不确定度分量 u_{rel}（off）的评定

根据 GB/T 1499.2—2018《钢筋混凝土用钢 第2部分：热轧带肋钢筋》第8.6节规定，修约间隔5MPa，在抗拉强度621.4MPa水平，按均匀分布，$k=\sqrt{3}$，修约带来的相对标准不确定度分量

$$u_{\mathrm{rel}}(off)=\frac{5}{2\times\sqrt{3}\times 621.4}\times 100\%=0.232\%$$

4.3.5 抗拉强度的不确定度合成与扩展

1）不确定度分量表格

抗拉强度的相对标准不确定度分量汇总表见表3。

表3 抗拉强度的相对标准不确定度分量汇总表

序号	影响量	影响量的相对不确定度	灵敏系数	相对标准不确定度分量(%)
1	测量重复性	$u_{\mathrm{rel}}(R_{\mathrm{m}}\,rep)$	1	0.473
2	最大力	$u_{\mathrm{rel}}(F_{\mathrm{m}})$	1	0.250
3	修约	$u_{\mathrm{rel}}(off)$	1	0.232
4	试样原始横截面积	$u_{\mathrm{rel}}(S_0)$	−1	0.360

2）不确定度的合成计算

表3中各项影响量相对标准不确定度分量互不相关，故抗拉强度的相对合成不确定度：

$$u_{\mathrm{rel}}(R_{\mathrm{m}})=\sqrt{u_{\mathrm{rel}}^{2}(R_{\mathrm{m}}rep)+u_{\mathrm{rel}}^{2}(F_{\mathrm{m}})+u_{\mathrm{rel}}^{2}(off)+u_{\mathrm{rel}}^{2}(S_0)}$$
$$=\sqrt{0.473^{2}+0.250^{2}+0.232^{2}+0.360^{2}}=0.685\%$$

取置信概率95%，$k=2$，计算相对扩展不确定度，则抗拉强度的相对扩展不确定度满足：

$$U_{\mathrm{rel}}(R_{\mathrm{m}})=k\times u_{\mathrm{rel}}(R_{\mathrm{m}})=1.4\%$$

抗拉强度的相对扩展不确定度：$U_{\mathrm{rel}}(R_{\mathrm{m}})=1.4\%$；$k=2$。

4.4 断后伸长率测量不确定度 $U_{\mathrm{rel}}(A)$ 的评定

4.4.1 对试样进行重复性测量引入的A类相对标准不确定度分量 $u_{\mathrm{rel}}(rep)$ 的评定

为了能与能力验证的评定结果比较，本例评定三个试样测量平均值的不确定度，故应除以$\sqrt{3}$。

$$u_{\mathrm{rel}}(Arep)=\frac{s_{\mathrm{rel}}(A)}{\sqrt{3}}=\frac{1.10\%}{\sqrt{3}}=0.636\%$$

4.4.2 游标卡尺引入的B类相对不确定度分量 $u_{\mathrm{rel}}(L)$ 的评定

查游标卡尺校准证书，相对扩展不确定度0.1%，包含因子 $k=2$，则游标卡尺示值误

差的相对标准不确定度分量：

$$u_{rel}(L)=0.1\%/2=0.05\%$$

4.4.3 原始标距 L_0 引入的 B 类相对标准不定度分量 $u_{rel}(L_0)$ 的评定

GB/T 228.1—2010《金属材料　拉伸试验　第 1 部分：室温试验方法》第 8 条规定，原始标距的标记应精确到 ±1% 。按均匀分布考虑，$k=\sqrt{3}$，则

$$u_{rel}(L_0)=\frac{1\%}{\sqrt{3}}=0.577\%$$

4.4.4 断后伸长量 ΔL 引入的 B 类相对不确定度分量 $u_{rel}(\Delta L)$ 的评定

GB/T 228.1—2010《金属材料　拉伸试验　第 1 部分：室温试验方法》第 20.1 规定，断后伸长量的测量应精确到 ±0.25mm。按均匀分布考虑，$k=\sqrt{3}$，则

$$u(\Delta L)=\frac{0.25}{\sqrt{3}}=0.144\text{mm}$$

$$u_{rel}(\Delta L)=\frac{u(\Delta L)}{\Delta L}=\frac{u(\Delta L)}{L_0\cdot A}=\frac{0.144}{50\times 31.5\%}\times 100\%=0.914\%$$

4.4.5 数值修约引入的相对不确定度分量 $u_{rel}(off)$ 的评定

GB/T 228.1—2010《金属材料　拉伸试验　第 1 部分：室温试验方法》第 22 节规定，断后伸长率修约间隔 0.5%，按均匀分布考虑，$k=\sqrt{3}$，修约带来的相对标准不确定度分量

$$u(off)=\frac{0.5\%}{2\times\sqrt{3}}=0.144\%$$

$$u_{rel}(off)=\frac{u(off)}{A}=\frac{0.144\%}{31.5\%}\times 100\%=0.459\%$$

4.4.6 断后伸长率的不确定度合成与扩展

1）不确定度分量表格

断后伸长率的相对标准不确定度分量汇总表见表 4。

表 4　断后伸长率的相对标准不确定度分量汇总表

序号	影响量	符号	灵敏系数	相对标准不确定度分量（%）
1	测量重复性	$u_{rel}(Arep)$	1	0.636
2	游标卡尺示值	$u_{rel}(L)$	1	0.050
3	原始标距 L_0	$u_{rel}(L_0)$	-1	0.577
4	断后伸长量 ΔL	$u_{rel}(\Delta L)$	1	0.914
5	修约	$u_{rel}(off)$	1	0.459

2）不确定度的合成计算

因表 4 中各项影响量相对标准不确定度分量互不相关，故断后伸长率的相对合成不确定度：

$$u_{rel}(A)=\sqrt{u_{rel}^2(Arep)+u_{rel}^2(L)+u_{rel}^2(L_0)+u_{rel}^2(\Delta L)+u_{rel}^2(off)}$$

$$=\sqrt{0.636\%^2+0.050\%^2+0.577\%^2+0.914\%^2+0.459\%^2}=1.336\%$$

取置信概率95% ，$k=2$，计算相对扩展不确定度，则断后伸长率的相对扩展不确定

度满足：

$$U_{rel}(A) = k \times u_{rel}(A) = 2.67\%$$

断后伸长率的相对扩展不确定度 $U_{rel}(A) = 2.67\%$；$k=2$。

4.4.7 扩展不确定度的表达

下屈服强度：$R_{eL} = 425.3(1 \pm 1.5 \times 10^{-2})$ MPa；$k=2$；

抗拉强度：$R_m = 621.4(1 \pm 1.4 \times 10^{-2})$ MPa；$k=2$；

断后伸长率：$A = 31.5(1 \pm 3 \times 10^{-2})\%$；$k=2$。

案例7　玻璃弯曲强度（四点弯）测量不确定度评定

中国建材检验认证集团股份有限公司　杨平平

1　概述

1）评定依据：JJF 1059.1—2012《测量不确定度评定与表示》。

2）测量方法：将玻璃按照EN 1288-3：2000《建筑玻璃　玻璃弯曲强度的测定（四点弯曲）两点支撑的试样的试验》的要求，用电子万能拉伸试验机测量弯曲强度。

3）环境条件：无。

4）试验仪器：电子万能拉伸试验机。

5）被测对象：玻璃。

6）测量步骤：测量样品的宽度和厚度、放置样品于试验机上、调节支撑辊弯心距离和加载辊中心距离、施加力至样品破坏、计算弯曲强度。

2　建立数学模型

按照EN 1288-3：2000《建筑玻璃　玻璃弯曲强度的测定（四点弯曲）两点支撑的试样的试验》的规定，弯曲强度可用下面的公式表示：

$$\sigma_{bB} = k\left[F_{max}\frac{3(L_s - L_b)}{2Bh^2} + \frac{3\rho g L_s^2}{4h}\right]$$

式中　σ_{bB}——弯曲强度，N/mm^2；

k——常数，本次取值为1；

F_{max}——玻璃破坏时的力，N；

L_s——支撑辊弯心距离，为常量1000mm；

L_b——加载辊弯心距离，为常量200mm；

B——样品宽度，本次测量值为360mm；

h——样品厚度，本次测量值为4.9mm；

ρ——玻璃密度，取值0.0025g/mm^3；

g——重力加速度，取值0.0098N/g。

3　计算灵敏系数

根据数学模型，对各项影响量求偏导数，得到各项影响量的灵敏系数：

$$c_{repeat} = \frac{\partial \sigma_{bB}}{\partial \sigma_{bB}} = 1$$

$$c_{F_{max}} = \frac{\partial \sigma_{bB}}{\partial F_{max}} = \frac{3k(L_s - L_b)}{2Bh^2}$$

$$c_h = \frac{\partial \sigma_{bB}}{\partial h} = -\frac{3kF_{max}(L_s - L_b)}{Bh^3} - \frac{3k\rho g L_s^2}{4h^2}$$

$$c_B = \frac{\partial \sigma_{bB}}{\partial B} = -\frac{3kF_{max}(L_s - L_b)}{2h^2B^2}$$

4 评定影响量的不确定度

4.1 测量重复性带来的 A 类标准不确定度分量 u_{repeat}

对同一批次的 10 块玻璃样品进行测试，得到 10 个弯曲强度值，采用贝塞尔公式计算测量重复性标准差；弯曲强度的 10 次重复测量结果，见表 1。

表 1 弯曲强度的 10 次重复测量结果

编号	1	2	3	4	5	6	7	8	9	10	平均值	标准差
F_{max} (N)	1714. 5	1543. 3	1242. 6	1757. 7	1853. 3	1760. 7	1244. 3	1817. 5	1446. 0	1972. 7	1635. 3	241. 4
弯曲强度 (N/mm^2)	169. 3	152. 4	122. 7	165. 5	174. 5	168. 6	121. 2	171. 7	142. 3	192. 8	158. 1	22. 0

测量重复性引入的不确定度 $u_{repeat} = 22.0N/mm^2$。

4.2 加载力的测量引起的 B 类标准不确定度 $u_{F_{max}}$

查询万能拉伸试验机的校准证书可知，试验力的不确定度为 $U_{rel} = 0.4\%$ （$k=2$），则加载力的测量引起的 B 类标准不确定度：

$$u_{F_{max}} = 1635.3N \times 0.2\% = 3.27N$$

4.3 厚度测量示值引起的标准不确定度 u_h

根据千分尺的校准证书可知，千分尺的示值误差扩展不确定度 $U = 0.0008mm$ （$k = 2$），则厚度测量示值的不确定度：

$$u_h = \frac{0.0008mm}{2} = 0.0004mm$$

4.4 宽度测量示值引起的标准不确定度 u_B

根据钢卷尺的校准证书可知，钢卷尺的示值误差扩展不确定度 $U = 0.2mm$ （$k=2$），则宽度测量示值的不确定度：

$$u_B = \frac{0.2mm}{2} = 0.1mm$$

5 合成标准不确定度 u

已知 L_s 为 1000mm、L_b 为 200mm、B 为 360mm、h 为 4.9mm、ρ 为 $0.0025g/mm^3$、g 为 0.0098N/g，则 $c_{F_{max}} = 0.139/mm^2$、$c_h = -93.4N/mm^3$、$c_B = 0.631N/mm^3$。

将上述评定的不确定度分量内容逐项填入不确定分量汇总表，见表 2。

表 2　不确定分量汇总表

序号	影响量	不确定度类型	灵敏系数	影响量的标准不确定度	不确定度分量	相关性
1	测量重复性	A	1	22.0N/mm²	22.0N/mm²	不相关
2	加载力的测量引起的不确定度	B	0.139/mm²	3.27N	0.45453N/mm²	不相关
3	厚度测量引起的不确定度	B	-93.4N/mm³	0.0004mm	-0.03736N/mm²	不相关
4	宽度测量引起的不确定度	B	-0.631N/mm³	0.1mm	-0.0631N/mm²	不相关

合成相对标准不确定度：

$$u=\sqrt{22.0^2+0.45453^2+0.03736^2+0.0631^2}=22.013\text{N/mm}^2$$

6　扩展不确定度与测量结果的表示

取置信概率 95%，$k=2$ 计算弯曲强度测量扩展不确定度：

$$U=2\times u=2\times 22.0\text{N/mm}^2=44\text{N/mm}^2$$

测量结果表示为：

$$158.1\text{N/mm}^2\pm 44\text{N/mm}^2;\ (k=2)$$

案例 8　玻璃弹性模量测量不确定度评定

中国建材检验认证集团股份有限公司　李俊杰

1　概述

1）评定依据：JJF 1059.1—2012《测量不确定度评定与表示》。

2）测量方法：依据 GB/T 37880—2019《玻璃材料弹性模量、剪切模量和泊松比试验方法》。

3）环境条件：室温条件（无特殊要求）。

4）试验仪器：固体材料动态弹性性能测试仪。

5）被测对象：玻璃。

6）测量过程：将样品置于仪器样品悬置架上，对样品施加刺激振动时，通过捕捉分析材料本体产生的机械振动频率与尺寸、质量信息即可计算出弹性模量。

2　建立数学模型

玻璃弹性模量的计算结果满足公式：

$$E=0.9465\frac{mf^2}{b}\left(\frac{L}{t}\right)^3\left[1+6.585\left(\frac{t}{L}\right)^2\right]$$

可化简为

$$E = 0.9465\frac{mf^2L^3}{bt^3} + 6.233\frac{mf^2L}{bt}$$

式中　E——弹性模量，Pa；

m——试样质量，g；

f——试样共振频率，Hz；

L——试样长度，mm；

b——试样宽度，mm；

t——试样厚度，mm。

3　灵敏系数计算

根据该数学模型分析可知，弹性模量测量不确定度主要包括测量重复性以及试样的长度、厚度、宽度、质量、共振频率。因此，可对各分量求偏导数计算灵敏系数。

$$\frac{\partial E}{\partial E} = 1$$

$$\frac{\partial E}{\partial m} = 0.9465\frac{f^2L^3}{bt^3} + 6.233\frac{f^2L}{bt} = E/m$$

$$\frac{\partial E}{\partial f} = 2 \times 0.9465\frac{mfL^3}{bt^3} + 2 \times 6.233\frac{mfL}{bt} = 2E/f$$

$$\frac{\partial E}{\partial L} = 3 \times 0.9465\frac{mf^2L^2}{bt^3} + 6.233\frac{mf^2}{bt}$$

$$\frac{\partial E}{\partial b} = -0.9465\frac{mf^2L^3}{b^2t^3} - 6.233\frac{mf^2L}{b^2t} = -E/b$$

$$\frac{\partial E}{\partial t} = -3 \times 0.9465\frac{mf^2L^3}{bt^4} - 6.233\frac{mf^2L}{bt^2}$$

4　不确定度分量的评估

4.1　不确定度因素分析

玻璃弹性模量不确定度影响因素分析如图 1 所示。

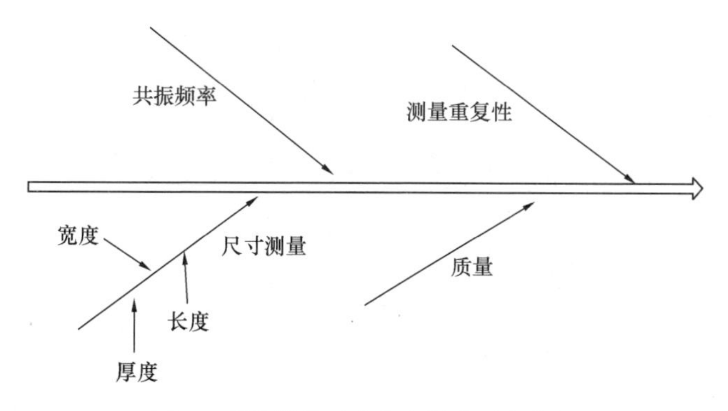

图 1　弹性模量不确定度影响因素分析

4.2 测量重复性

分别对一组10个样品进行重复测量，并且通过上述公式计算得出弹性模量重复性的标准不确定度，如表1所示。

表1 弹性模量实测结果

样品编号	1	2	3	4	5	6	7	8	9	10	平均值	标准差
弹性模量（$\times 10^9$ Pa）	72.2	72.8	72.9	72.6	73.1	72.3	72.2	72.6	73.3	72.1	72.6	0.41

测量重复性引入的不确定度为 $u_{\text{repeat}} = 0.41 \times 10^9 \text{Pa}$。

4.3 质量测量误差不确定度

根据电子天平证书，质量测量扩展不确定度：$U = 0.0003\text{g}$（$k = 2$），则质量测量不确定度 $u(w) = U/k = 0.00015\text{g}$。

4.4 共振频率测量不确定度

根据固体材料动态弹性性能测量仪校准证书可知，共振频率测量拓展不确定度 $U_{\text{rel}} = 0.2\%\ \text{Hz}$（$k = 2$），则共振频率测量不确定度为 $u(f) = 2\text{Hz}$。

4.5 长度、宽度、厚度的测量误差不确定度

试样的外观尺寸(长度、宽度、厚度)均采用同一个卡尺进行测量。根据卡尺的证书，尺寸测量相对扩展不确定度：$U = 0.015\text{mm}(k = 2)$，则卡尺测量试样长度、宽度和厚度测量误差的不确定度 $u(L) = u(d) = u(t) = U/k = 0.0075\text{mm}$。

5 合成相对标准不确定度

已知试样长度为120mm，宽度为24mm，厚度为6mm，质量为42.24g，共振频率为2345Hz，弹性模量为72.6GPa。

可根据第三节灵敏度计算公式计算出灵敏度系数：

$$\frac{\partial E}{\partial E} = 1$$

$$\frac{\partial E}{\partial m} = 0.9465\frac{f^2L^3}{bt^3} + 6.233\frac{f^2L}{bt} = E/m = 1.719\text{GPa/g}$$

$$\frac{\partial E}{\partial f} = 2 \times 0.9465\frac{mfL^3}{bt^3} + 2 \times 6.233\frac{mfL}{bt} = 2E/f = 0.62\text{GPa/Hz}$$

$$\frac{\partial E}{\partial L} = 3 \times 0.9465\frac{mf^2L^2}{bt^3} + 6.233\frac{mf^2}{bt} = 1.842\text{GPa/mm}$$

$$\frac{\partial E}{\partial b} = -0.9465\frac{mf^2L^3}{b^2t^3} - 6.233\frac{mf^2L}{b^2t} = -E/b = -3.025\text{GPa/mm}$$

$$\frac{\partial E}{\partial t} = -3 \times 0.9465\frac{mf^2L^3}{bt^4} - 6.233\frac{mf^2L}{bt^2} = -36.84\text{GPa/mm}$$

将上述评定的不确定度分量内容逐项填入不确定度分量汇总表，见表2。

表 2　不确定度分量汇总表

序号	影响量	灵敏系数	影响量的不确定度	不确定度分量 GPa	相关性
1	测量重复性	1	0.41GPa	0.41	不相关
2	质量测量误差	1.719GPa/g	0.00015g	0.0003	不相关
3	共振频率测量误差	0.62GPa/Hz	2Hz	1.24	不相关
4	长度测量误差	1.842GPa/mm	0.0075mm	0.0138	
5	宽度测量误差	-3.025GPa/mm	0.0075mm	-0.0151	具有相关性
6	厚度测量误差	-36.84GPa/mm	0.0075mm	-0.2763	

则合成不确定度满足：

$$u_e = \sqrt{0.41^2 + (0.0138 - 0.0151 - 0.2763)^2 + 0.0003^2 + 1.24^2} = 1.335\text{GPa}$$

合成相对标准不确定度 $u_{rel} = (1.335/72.6) \times 100\% = 1.84\%$。

6　扩展不确定度与测量结果的表示

扩展不确定度需要考虑应用需求选择包含因子，选 $k=2$ 时，置信概率 95%。

弹性模量的扩展不确定度为：$U = 2u_e = 2.67\text{GPa}$，取整后 $U = 3\text{GPa}(k=2)$。

弹性模量的相对扩展不确定度为：$U_{rel} = 2u_{rel} = 3.68\%\ (k=2)$，取整后 $U_{rel} = 4\%\ (k=2)$。弹性模量测量结果及不确定度表达如表 3 所示。

表 3　弹性模量测量及不确定度表达

弹性模量测量结果	扩展不确定度 U	相对扩展不确定度 U_{rel}	包含因子 k
72.6GPa	3GPa	4%	2

案例 9　压缩强度测量不确定度评定

北京玻钢院检测中心有限公司　魏海星

1　概述

1）评定依据：JJF 1059.1—2012《测量不确定度评定与表示》。

2）测量方法：GB/T 1448—2005《纤维增强塑料压缩性能试验方法》。

3）环境条件：温度 24℃；湿度 55%。

4）试验仪器：INSTRON-5982 万能材料试验机。

5）被测对象：FRP 试样。

6）测量步骤：按照 GB/T 1448—2005《纤维增强塑料压缩性能试验方法》，选择 I 型试样，以 2mm/min 的速度沿 FRP 试样轴向进行压缩，直至 FRP 试样破坏。在整个过程中，测量施加在 FRP 试样上的载荷。测定压缩应力，最大载荷时的压缩应力即为试样的压缩强度。

2　建立数学模型

纤维增强塑料压缩强度按如下公式计算：

$$\sigma_c = \frac{P}{F} \tag{1}$$

Ⅰ型试样　　$F = b \cdot d$

即

$$\sigma_c = \frac{P}{b \cdot d} \tag{2}$$

式中　σ_c——压缩强度，MPa；

P——载荷，N；

F——试样横截面积，mm^2；

b——试样宽度，mm；

d——试样厚度，mm。

3　计算灵敏系数

对各项影响量求偏导数，得到各项影响量的灵敏系数：

$$c_{\sigma_c} = \frac{\partial \sigma_c}{\partial \sigma_c} = 1 \tag{3}$$

$$c_P = \frac{\partial \sigma_c}{\partial P} = \frac{1}{bd} \tag{4}$$

$$c_b = \frac{\partial \sigma_c}{\partial b} = -\frac{P}{db^2} \tag{5}$$

$$c_d = \frac{\partial \sigma_c}{\partial d} = -\frac{P}{bd^2} \tag{6}$$

4　不确定度的来源

对于FRP试样压缩强度的检测，当温度变化为21～25℃时，温度对试验结果的影响可以忽略不计。另外，只要试验速度按照标准要求进行，速度的影响也可以忽略不计。根据式（2）可知，在检测过程中主要有试样压缩强度的测量重复性引起的不确定度，称为A类标准不确定度；还有破坏载荷、数显卡尺引起的不确定度，称为B类标准不确定度。

5　不确定度的评定

5.1　不确定度的评定方法

A类标准不确定度分量是用统计分析法来评定的，用平均值的标准差S与测量次数的开方$\sqrt{n}$的比值来计算，即

$$u_A = \frac{S}{\sqrt{n}} = \sqrt{\frac{\sum_{i=1}^{n}(x_i - \bar{x})^2}{n(n-1)}} \tag{7}$$

B类标准不确定度分量不是用统计分析法评定的，而是基于其他方法估计概率分布或

分布假设来评定标准差并得到标准不确定度。若只是考虑仪器本身的误差，可以得到 B 类标准不确定度分量为：

$$u_{\mathrm{B}} = \frac{a}{c} \tag{8}$$

式中，a 是指仪器本身的误差值，即其误差范围为（$x-a$，$x+a$）；c 的取值与仪器误差分布的特性有关。

假设仪器的误差在区间内为均匀分布，则 $c=\sqrt{3}$。

设测试值 D 与直接测量值 x、y、z 之间存在函数关系 $D=f(x,\ y,\ z)$，并分别用 $u(x)$、$u(y)$、$u(z)$ 来表示各测得值的不确定度，则总不确定度 $u(D)$ 应是所有不确定度分量的合成。假设 x、y、z 各个量是相互独立的，则可得到：

$$u(D) = \sqrt{\left(\frac{\partial f}{\partial x}\right)u^2(x) + \left(\frac{\partial f}{\partial y}\right)u^2(y) + \left(\frac{\partial f}{\partial z}\right)u^2(z) + \cdots} \tag{9}$$

5.2 测量不确定度评定

5.2.1 压缩强度 σ_{c} 测量重复性的不确定度

选择 10 根 Ⅰ 型 FRP 试样按 GB/T 1448—2005《纤维增强塑料压缩性能试验方法》进行压缩强度测试。压缩强度重复测试结果如表 1 所示。

表 1 压缩强度重复测试结果

序号	宽度 b（mm）	厚度 d（mm）	破坏载荷 P（kN）	压缩强度 σ_{c}（MPa）
1	9.61	10.03	12.0	125
2	9.71	9.97	10.9	113
3	9.62	9.89	10.7	112
4	9.76	10.00	10.4	107
5	9.70	9.90	12.3	128
6	9.71	10.00	11.8	122
7	9.83	9.98	10.4	106
8	9.92	10.02	13.2	133
9	9.53	10.01	12.5	131
10	9.77	9.96	11.4	117
平均值	9.72	9.98	11.6	119
标准差	0.11	0.048	0.96	9.8

根据式（7），可得压缩强度重复测量引起的不确定度：

$$u(\overline{\sigma}_{\mathrm{c}}) = \frac{S}{\sqrt{n}} = \frac{9.8}{\sqrt{10}} = 3.10\mathrm{MPa} \tag{10}$$

即压缩强度的相对标准不确定度为：

$$u_{\mathrm{r}}(\sigma_{\mathrm{c}}) = \frac{u(\overline{\sigma}_{\mathrm{c}})}{\overline{\sigma}_{\mathrm{c}}} = \frac{3.10}{119} \times 100\% = 2.60\% \tag{11}$$

5.2.2 试样宽度 b 的不确定度

试样宽度引起的不确定度主要是由数显卡尺示值误差引起的，记为 $u(b)$，属于B类不确定度。

试验所用游标卡尺的示值误差为 ±0.01mm，其误差范围为［－0.01，＋0.01］，且仪器的误差在区间范围内均匀分布，根据式（8）可得数显卡尺引起的标准不确定度为：

$$u(b) = \frac{0.01}{\sqrt{3}} = 0.00577\text{mm} \tag{12}$$

即试样宽度的相对标准不确定度为：

$$u_r(b) = \frac{u(b)}{\bar{b}} = \frac{0.00577}{9.72} \times 100\% = 0.059\% \tag{13}$$

5.2.3　试样厚度 d 的不确定度

试样厚度的不确定度来源与宽度 b 的完全一致，因此计算方法也相同。

$$u(d) = \frac{0.01}{\sqrt{3}} = 0.00577\text{mm} \tag{14}$$

$$u_r(d) = \frac{u(d)}{\bar{d}} = \frac{0.00577}{9.98} \times 100\% = 0.058\% \tag{15}$$

5.2.4　破坏载荷 P 的不确定度

破坏载荷引起的不确定度主要分为两种，一种是由试验机示值误差引起的，记为 $u(P_1)$，属于B类不确定度；另一种是试验机系统的数值修约引起的不确定度，记为 $u(P_2)$，属于B类不确定度。

查阅INSTRON-5982型试验机的检定证书，可以得知该仪器的示值误差为0.5%，其中包含因子 $k=2$，所以：

$$u(P_1) = \frac{a}{k} = \frac{0.5\%}{2} = 0.25\% \tag{16}$$

按数值修约规则，其修约间隔为10N。按均匀分布考虑，$k=\sqrt{3}$，则对试样压缩强度测量数据修约引入的不确定度分量：

$$u(P_2) = \frac{10}{\sqrt{3}\bar{P}} = 0.0509\% \tag{17}$$

故破坏载荷的相对不确定度：

$$u_r(P) = \sqrt{u^2(P_1) + u^2(P_2)} = 0.255\% \tag{18}$$

6　合成标准不确定度

由上可知 $P=11600$N，$b=9.72$mm，$d=9.98$mm，根据式（3）～式（6）可得各个灵敏系数，填入不确定度分量明细表，见表2。

$$c_{\sigma_c} = \frac{\partial \sigma_c}{\partial \sigma_c} = 1$$

$$c_P = \frac{\partial \sigma_c}{\partial P} = \frac{1}{bd} = 0.0103$$

$$c_b = \frac{\partial \sigma_c}{\partial b} = -\frac{P}{db^2} = -12.30$$

$$c_d = \frac{\partial \sigma_c}{\partial d} = -\frac{P}{bd^2} = -11.98$$

表 2　不确定度分量明细表

序号	影响量	符号	灵敏系数	影响量的不确定度分量（%）	不确定度分量（%）	相关性
1	压缩强度测量重复性	$u(\sigma)$	1	2.60	2.60	不相关
2	试样宽度引起的不确定度	$u(b)$	−12.30	0.059	−0.726	与 3 相关
3	试样厚度的不确定度	$u(d)$	−11.98	0.058	−0.695	与 2 相关
4	破坏载荷引起的不确定度	$u(P)$	0.0103	0.255	0.00263	不相关

FRP Ⅰ型试样压缩强度相对不确定度为：

$$u_r = \sqrt{[c_{\sigma_c} u(\sigma)]^2 + [c_d u(d) + c_b u(b)]^2 + [c_P u(P)]^2} = 2.95\% \tag{19}$$

可计算得到 $u = 2.95\% \times 119 = 3.53\text{MPa}$。

取置信概率 95%，$k=2$，计算扩展不确定度，满足：

$$U = 2 \times 3.53 = 7\text{MPa}$$

故 FRP 试样压缩强度测试结果为：

$$\sigma_c = 119 \pm 7\text{MPa}, k = 2$$

7　总结

对 FRP Ⅰ型试样的压缩强度测量过程中可能引起的不确定度分类进行分析和评定，由重复测试引入的不确定度分量占主导地位，其他不确定度分量可以忽略不计。

案例 10　混凝土立方体抗压强度测量不确定度评定

上海众材工程检测有限公司　蒋咏敏

1　概述

1）评定依据：JJF 1059.1—2012《测量不确定度评定与表示》。

2）测量方法：GB/T 50081—2019《混凝土物理力学性能试验方法标准》。

3）环境条件：温度 22℃，相对湿度 66%。

4）试验仪器：YE－2000 液压式压力试验机（材-188）。

(0～300)mm 数显卡尺（材－233）。

5）被测对象：10 组同一配合比、同一成型工艺、同一养护条件、同一规格（150mm×150mm×150mm）、同一强度等级为 C40 的混凝土立方体试块，每组 3 块。

6）测量过程：

试件在温度（20±2）℃，相对湿度大于 95% 的标准养护室中养护 28d 取出，将试件表面与上下承压板面擦拭干净，立即检查试件尺寸及形状（测量混凝土试件边长、不平整度和不垂直度等），试件取出后应尽快试验。将符合要求的混凝土试件置于压力试验机上进行加荷试验，试验过程中应连续均匀加载，按混凝土强度等级要求在规定的加荷速率下进行加荷，直至试件破坏，记录试件破坏时的破坏载荷 F，计算出混凝土的抗压强度。试验采用同一台压力试验机，由同一检测人员进行试验。

2　建立数学模型

根据标准要求，混凝土抗压强度按式（1）计算

$$f_{CC} = \frac{F}{A} \tag{1}$$

式中　f_{CC}——抗压强度，MPa；

F——极限载荷，kN；

A——承压面积，mm^2。

3　被测量的不确定度来源分析

由上述分析可以看出，混凝土抗压强度的不确定度主要来源如下：

1）试件破坏载荷测量不准引起不确定度分量 u_F；

2）承压面积引起不确定度分量 u_A；

3）样品不均匀性引起不确定度分量 u_∂。

4　不确定度分量的评估

4.1　试件破坏载荷测量不准引起不确定度评定

影响试件破坏载荷结果的不确定度分量包括：

1）液压式压力试验机本身带来的不确定度分量；

2）人员读数引起的不确定度分量；

3）加荷速率引起的不确定度分量。

本次试验采用强度等级为C40的混凝土试块，按GB/T 50081—2019《混凝土物理力学性能试验方法标准》标准要求加荷速率应满足（0.5～0.8）MPa/s，此次加荷速率统一按0.8MPa/s进行，所以加荷速率引起的不确定度分量可以忽略不计；目前数据采集均为系统自动采集，所以人员读数引起的不确定度分量也可以忽略不计。

综上分析，试件破坏载荷结果的不确定度分量主要是由压力机本身的示值误差带来的，精度为1级的压力机最大允许误差为±1%，可认为均匀分布，又因其服从矩形分布，则试验的示值误差引起的不确定度按B类进行评定，其相对不确定度为：

$$u_{F,r} = \frac{1\%}{\sqrt{3}} = 0.577\% \tag{2}$$

4.2　承压面积引起的不确定度评定

混凝土试块为正方体，上下承压板满足GB/T 50081—2019《混凝土物理力学性能试验方法标准》标准规定，因此试块承压面即为正方形面积，而检测过程中实际测量的是试块边长，两个边长的乘积即为受压面的面积。

影响边长测量结果的不确定度分量包括：

1）样品的不平度与不垂直度引起的不确定度分量；

2）数显卡尺本身带来的不确定度分量；

3）人员读数引起的不确定度分量；

4）数值修约带来的不确定度分量。

混凝土试模按标准要求进行计量校准，结果满足 GB/T 50081—2019《混凝土物理力学性能试验方法标准》标准要求，且试块抗压检测前均测量每块试块的不平整度和不垂直度，满足要求才可进行抗压检测，因此试块不平整度和不垂直度所引起的不确定度分量可忽略不计。

GB/T 50081—2019《混凝土物理力学性能试验方法标准》标准规定试件边长与公称尺寸误差不超过 1mm 时，按公称尺寸计算，数显卡尺量程 300mm，精度为 0.01mm，标准要求边长测量精确至 0.1mm，因此人员读数引起的不确定度分量可以忽略不计。

边长测量采用 300mm 数显卡尺，示值误差为 ±0.01mm，服从均匀分布，则数显卡尺示值误差所引起的不确定度按 B 类进行评定，取 $k=\sqrt{3}$，则其标准不确定度为：

$$u_{l1}=\frac{0.01}{\sqrt{3}}=0.006\text{mm} \tag{3}$$

因试块为 150mm × 150mm × 150mm，则其相对标准不确定度：

$$u_{l,r}=\frac{0.006}{150}\times 100\%=0.004\% \tag{4}$$

由上述结果可看出，数显卡尺示值误差引起的不确定度也可忽略不计，因此边长测量的不确定度分量主要由数值修约引起。

数值修约引起的不确定度，按 GB/T 50081—2019《混凝土物理力学性能试验方法标准》的要求，混凝土的边长测量精确至 0.1mm，当试件边长与公称尺寸误差不超过 1mm，按公称尺寸计算面积，则数值修约引起的不确定度按 B 类评定：

$$u_{l2}=\frac{1}{2\sqrt{3}}=0.289\text{mm} \tag{5}$$

$$u_{l2,r}=\frac{0.289}{150}\times 100\%=0.193\% \tag{6}$$

由于承压面积为两个边长的乘积，两个边长测量过程有一定的相关性，为了避免确定相关系数，将其视为正相关，则面积的相对标准不确定度为

$$u_{A,r}=2\times 0.193\%=0.386\% \tag{7}$$

4.3　样品不均匀性引起的不确定度评定

10 组混凝土的抗压强度检测结果见表 1。

根据以上 10 组，每组 3 块抗压强度平均值的检测结果，样品不均匀性带来的不确定度可以按 A 类评定，根据贝塞尔公式，样品的标准偏差也即单次测量结果的标准不确定度：

$$s_F(x_k)=\sqrt{\frac{\sum_{j=1}^{m}\sum_{k=1}^{n}(x_{jk}-\bar{x}_j)}{m(n-1)}}=\sqrt{\frac{52.2}{10\times(3-1)}}=1.62\text{MPa} \tag{8}$$

$$s(\bar{x})=\frac{s_F(x_k)}{\sqrt{N}}=\frac{1.62}{\sqrt{3}}=0.94\text{MPa} \tag{9}$$

$$u_{sp} = \frac{s(\bar{x})}{\bar{x}} \times 100\% = \frac{0.94}{54.7} \times 100\% = 1.718\% \tag{10}$$

表1　10组混凝土的抗压强度检测结果表

序号	1#		2#		3#		单组试块抗压强度平均值（MPa）
	载荷（kN）	强度（MPa）	载荷（kN）	强度（MPa）	载荷（kN）	强度（MPa）	
1	1156.4	51.4	1334.6	59.3	1222.0	54.3	55.0
2	1144.6	50.9	1226.4	54.5	1287.1	57.2	54.2
3	1279.2	56.9	1215.4	54.0	1209.9	53.8	54.9
4	1213.2	53.9	1208.3	53.7	1532.2	68.1	53.9
5	1199.6	53.3	1223.9	54.4	1266.7	56.3	54.7
6	1225.2	54.5	1202.0	53.4	1266.4	56.3	54.7
7	1165.6	51.8	1213.0	53.9	1240.3	55.1	53.6
8	1186.8	52.7	1195.3	53.1	1223.3	54.4	53.4
9	1191.5	53.0	1221.9	54.3	1229.4	54.6	54.0
10	1370.4	60.9	1314.8	58.4	1268.3	56.4	58.6
10组试块抗压强度平均值							54.7

5　合成相对标准不确定度

不确定度分量明细表见表2。

表2　不确定度分量明细表

序号	输入量名称	符号	相对标准不确定度	不确定度分量
1	极限荷载	$u_{F,r}$	0.577%	压力试验机最大力允许误差
2	承压面积	$u_{A,r}$	0.386%	读数修约及公称尺寸
3	样品的不均匀性	u_{sp}	1.718%	/

按照抗压强度的数学模型，由于极限载荷和承压面积是乘除关系，因此合成可以采用绝对标准不确定度乘以灵敏系数的方法，也可以采用相对不确定度直接计算的方法。用相对不确定度进行合成更简单些，且各输入量之间可以视为不相关，则合成相对标准不确定度可以按下式计算：

$$u_r = \sqrt{0.577\%^2 + 0.386\%^2 + 1.718\%^2} = 1.85\% \tag{11}$$

绝对标准不确定度：

$$u = xu_r = 54.7 \times 1.85\% = 1.01\text{MPa} \tag{12}$$

6　扩展不确定度与测量结果的表示

取置信概率为95%，$k=2$，则扩展不确定度：

$$U = ku = 2u = 2 \times 1.01 = 2.0\text{MPa（取整）} \tag{13}$$

混凝土抗压强度的检测结果表示为：

$$R = x \pm U = (54.7 \pm 2.0)\text{MPa},\ k = 2 \tag{14}$$

案例 11　热轧带肋钢筋拉伸性能试验检测结果测量不确定度评定

云南合信工程检测咨询有限公司　陈　梅

1　概述

1）评定依据：JJF 1059.1—2012《测量不确定度评定与表示》。

2）测量方法：GB/T 228.1—2010《金属材料　拉伸试验　第 1 部分：室温试验方法》。

3）环境条件：根据标准 GB/T 228.1—2010《金属材料　拉伸试验　第 1 部分：室温试验方法》，试验一般在 10～35℃室温进行。本试验温度为 21℃，相对湿度 43%。

4）试验仪器：100t HUT106A 微机控制电液伺服万能试验机。

5）被测对象：HRB335 热轧带肋钢筋，公称直径 ϕ20mm，检测下屈服强度、抗拉强度和断后伸长率。

6）测量步骤：

根据 GB/T 228.1—2010《金属材料　拉伸试验　第 1 部分：室温试验方法》，在规定环境条件下（包括万能材料试验机处于受控状态），选用试验机的 300kN 量程，在标准规定的加载速率下，对试样施加轴向拉力，测试其试样的下屈服力和最大力，用计量合格的划线机和游标卡尺分别给出原始标距并测量出断后标距，最后通过计算得到断后伸长率 A。

2　建立数学模型

仪器结果输出模型如下：

$$A = \frac{\overline{L}_u - L_0}{L_0} \times 100\%$$

式中　$\overline{L}_u$——试样拉断后的标距均值，mm；

A——断后伸长率，%；

L_0——试样原始标距。

3　测量不确定度来源分析

对于钢筋的拉伸试验，根据其特点分析，测量结果不确定度的主要来源：钢筋直径允许偏差所引起的不确定度分量 $u(d)$；试样原始标距和断后标距长度测量所引起的不确定度分量 $u(L_0)$ 和 $u(L_u)$。分量中包括了检测人员测量重复性所带来的不确定度和测量设备或量具误差带来的不确定度。有的分量中还包括了钢筋材质不均匀性所带来的不确定度，这在以后的叙述中加以分析。另外，试验方法标准（GB/T 228.1—2010）规定，不管是强度指标，还是塑性指标，其结果都必须按标准的规定进行数值修约，所以还有数值修约所带来的不确定度分量 $u(A_{rou})$。

4　评定输入量（影响量）的不确定度

4.1　钢筋直径允许偏差引起的不确定度分量 $u(d)$

在钢筋的拉伸试验中，钢筋的直径是采用公称直径 d，对于满足 GB 1499.2—2018《钢筋混凝土用钢　第2部分：热轧带肋钢筋》的钢筋混凝土用热轧带肋钢筋不同的公称直径允许有不同的偏差，对于本书研究的 ϕ20mm 的钢筋，标准规定这个允许偏差为 ±0.5mm，即误差范围为（−0.5mm，+0.5mm），出现在此区间的概率是均匀的，所以服从均匀分布，它所引起的标准不确定度可用B类方法评定，即：

$$u(d)=\frac{a}{k}=\frac{0.5}{\sqrt{3}}=0.289\text{mm}$$

钢筋产品在满足 GB/T 1499.2—2018《钢筋混凝土用钢　第2部分：热轧带肋钢筋》的前提下，其直径允许偏差就是 ±0.5mm，所以由此决定的标准不确定度分量 $u(d)$ 十分可靠，一般认为其自由度 ν 为无穷大。

4.2　试样原始标距测量所引起的标准不确定度分量 $u(L_0)$

试样原始标距 L_0 = 100mm，是用10～250mm 的打点机一次性做出标记，打点机经政府计量部门检定合格，极限误差为 ±0.5%，且服从均匀分布，因此所给出的相对不确定度是：

$$u_{\text{rel}}(L_0)=\frac{0.5\%}{\sqrt{3}}=0.289\%$$

则有：

$$u(L_0)=|L_0|\,u_{\text{rel}}(L_0)=100\times\frac{0.289}{100}=0.289\text{mm}$$

自由度：

$$\nu=50$$

4.3　断后标距长度测量所引起的标准不确定度分量 $u(L_{u,1})$

断后标距 L_u 的测量数据见表1。表中每根试样的长度 L_u 分别由两位检测人员根据标准的规定测试3个数据，每根试样都得到了如表1所列的6个数据，因此，就数据而言，一根试样就具有一组数据，共10组数据。每组数据的标准差由贝塞尔公式求出，进而由下式求得合并样本标准差 s_p：

$$s_{p,L_u}=\sqrt{\frac{1}{m}\sum_{j=1}^{m}s_j^2}=\sqrt{\frac{1}{10}\times 0.02552305}=0.0505\text{mm}$$

经统计，标准差数列的标准差：

$$\sigma_{L_u}(s)=0.229$$

而

$$\sigma_{估,L_u}(s)=\frac{s_{p,Lu}}{\sqrt{2(n-1)}}=\frac{0.0505}{\sqrt{2\times(6-1)}}=0.0160\text{mm}$$

经判定测量状态不稳定，不可采用同一个 s_{p,L_u} 来评定测量 L_u 的不确定度，这是因为对于其测量，根据 GB/T 228.1—2010《金属材料　拉伸试验　第1部分：室温试验方法》的规定每次测量前需要重新将试样断裂处仔细配接，因为不同的人员，甚至同一人员每次配接的紧密程度、符合程度、两段试样的同轴度等都很难掌握得每次完全一样，所以导致

了 L_u 的测试不太稳定。从表 1 中各组数据的标准差可看出各组数据之间的标准差差异较大，一般各组数据的标准差之间差异就较小，说明测量状态稳定，经判定，可用高可靠度的合并样本标准差来评定测量不确定度。而对于 L_u 的测试，就只能用 S_j 中的 s_{max} 来进行评定，从表 1 中知，第 2 组数据（即第 2 根试样）的标准差为最大值 $s_{max}=0.0921\text{mm}$，由于在实际测试中以单次测量值（$k=1$）作为测量结果，所以：

表 1　断后标距的测量数据（单位：mm）

	组数 j	1	2	3	4	5	6	7	8	9	10
检测人员 i	第一人										
	第一次	120.66	121.32	121.62	122.38	120.16	119.86	123.36	121.08	122.12	120.56
	第二次	120.60	121.12	121.58	122.42	120.18	119.80	123.32	121.10	122.20	120.50
	第三次	120.56	121.22	121.56	122.38	120.20	119.88	123.38	121.16	122.16	120.52
	第二人										
	第一次	120.44	121.12	121.68	122.40	120.22	119.80	123.40	121.12	122.20	120.54
	第二次	120.52	121.08	121.70	122.44	120.26	119.82	123.42	121.16	122.24	120.50
	第三次	120.54	121.10	121.70	122.42	120.24	119.86	123.38	121.14	122.18	120.52
	平均值	120.55	121.16	121.64	122.41	120.21	119.84	123.38	121.13	122.18	120.52
标准差 S_j		0.0745	0.0921	0.0620	0.0242	0.0374	0.0345	0.0345	0.0327	0.0408	0.0234
L_u 的数学期望						121.30					

注：表中的每一个 L_u 值都是根据 GB/T 228.1—2010《金属材料　拉伸试验　第 1 部分：室温试验方法》中 11.1 的规定对 L_u 进行测量而得到的，但需指出的是表中每个 L_u 值测量前都必须重新将试样断裂部分仔细地配接在一起使其轴线处于同一直线上，然后用计量合格的游标卡尺进行测量，得到 L_u 值，经统计 L_u 的数学期望 $L_u=121.30\text{mm}$。

$$u(L_{u,1})=\frac{s_{max}}{\sqrt{k}}=0.0921\text{mm}$$

自由度：

$$\nu=n-1=6-1=5$$

4.4　测量断后标距 L_u 所用量具的误差引入的标准不确定度分量 $u(L_{u,2})$

试样断后标距 L_u，是用 0 ~ 150mm 的游标卡尺测量的，经计量合格，证书给出的极限误差为 ±0.02mm，也服从均匀分布，其标准不确定度分量为：

$$u(L_{u,2})=\frac{a}{\sqrt{3}}=\frac{0.02}{\sqrt{3}}=0.01155\text{mm}$$

自由度：

$$\nu=50$$

由于两分量独立无关，因此断后标距测量所引入的标准不确定度分量

$$u(L_u)=\sqrt{(u^2(L_{u,1})+u^2(L_{u,2})}=\sqrt{0.0921^2+0.01155^2}=0.09282\text{mm}$$

自由度：

$$\nu_{L_u}=5$$

5　合成标准不确定度计算

因钢筋试样直径允许偏差、试验力、原始标距和断后标距的测量所引入的不确定度以

及数值修约（最终结果经数值修约而得到，所以对最终结果而言，修约也相当于输入）所引入的不确定度之间彼此独立不相关。因此，由下式计算合成标准不确定度：

$$u_c^2(A) = c_{L_u}^2 u^2(L_u) + c_{L_0}^2 u^2(L_0) + u^2(A_{rou})$$

由以上测量模型对各输入量求偏导数，可得相应的不确定度灵敏系数：

$$c_{L_u} = \frac{\partial A}{\partial \overline{L}_u} = \frac{c_{L_0}}{L_0} = \frac{\partial A}{\partial L_0} = -\frac{\overline{L}_u}{L_0^2}$$

将各数据代入上式得：

$$c_{L_u} = \frac{1}{100} = 0.001\text{mm}^{-1}$$

$$c_{L_0} = \frac{-121.30}{100^2} = -0.01213\text{mm}^{-1}$$

计算所需的标准不确定度分量汇总于表2中。

表2 标准不确定度分量汇总表

分量	不确定度来源	标准不确定度分量 $u(x_i)$ 值	自由度 v
$u(d)$	钢筋公称直径的允许偏差	$u(d)=0.289$mm	∞
$u(L_0)$	打点机误差	$u(L_0)=0.289$mm	50
$u(L_u)$	断后标距长度测量	$u(L_u)=0.09282$mm	5
	测量重复性	$u(L_{u,1})=0.0921$mm	5
	量具误差	$u(L_{u,2})=0.01155$mm	50
$u(R_{eL},rou)$	数值修约（间隔为1N/mm²）	0.29N/mm²	∞
$u(R_m,rou)$	数值修约（间隔为1N/mm²）	0.29N/mm²	∞
$u(Arou)$	数值修约（间隔为0.5%）	0.14 %	∞

将各不确定度分量和不确定度灵敏度系数代入计算式有：

$$u_c^2(A) = \frac{1}{(1000\text{mm})^2} \times 0.9282\text{mm}^2 + [-0.01213]^2(\text{mm}^{-1})^2 \times 0.289\text{mm}^2 + (0.14\%)^2$$

经过计算可得：

$$u_c(A) = 0.3776\%$$

扩展不确定度的评定：

扩展不确定度采用 $U=ku_c$（y）的表示方法，即

对本例，包含因子 k 取2，因此有：

$$U(A) = 2 \times 0.3776(\%) = 0.7552(\%) \approx 0.8(\%)$$

用相对扩展不确定度来表示，则分别是：

$$U_{rel}(A) = \frac{U(A)}{A} = \frac{0.8\%}{21.5\%} = 3.7\%$$

6 测量不确定度的报告

本例所评定的钢筋混凝土用热轧带肋钢筋的下屈服强度、抗拉强度、断后伸长率测量结果的不确定度报告如下：

$$A=21.5\%;\ U=0.8\%;\ k=2$$

7　应用（适用时）

可以预期在符合正态分布的前提下，在（21.5% －0.8%）至（21.5% +0.8%）的区间包含了断后伸长率 A 测量结果可能值的 95%。如果以相对扩展不确定度的形式来报告，则可写为：

$$A=21.5\%;\ U_{\mathrm{rel}}(A)=3.7\%;\ k=2$$

案例 12　化学钢化玻璃表面应力测量不确定度评定

中国建材检验认证集团股份有限公司　李俊杰

1　概述

1）评定依据：JJF 1059.1—2012《测量不确定度评定与表示》。

2）测量方法：依据 ASTMC 1422/C1422M-20。

3）环境条件：室温条件（无特殊要求）。

4）试验仪器：FSM-6000LECN 表面应力仪。

5）被测对象：化学钢化玻璃。

6）测量过程：根据光波导效应及应力双折射原理。

2　建立数学模型

由于 FSM－6000LECN 表面应力仪能够实现表面应力的自动测量与计算，因此，表面应力的测定模型为：

$$Y=\delta \tag{1}$$

式中　Y——表面应力测量结果，MPa；

δ——仪器示值表面压应力，MPa。

3　灵敏系数计算

对数学模型式（1）中不确定度分量进行求偏导

$$\frac{\partial Y}{\partial Y}=1$$

$$\frac{\partial Y}{\partial \sigma}=1$$

4　不确定度分量的评估

4.1　测量重复性（A 类评定）

4.1.1　测量样品重复性

分别对一组 10 个样品进行重复测量，并且通过上述公式计算得出表面应力测量重复性的标准不确定度，如表1所示。

表1　表面应力实测结果

样品编号	1	2	3	4	5	6	7	8	9	10	平均值	标准差
表面应力 C_S/MPa	898.802	899.704	899.988	900.193	900.297	899.875	899.628	899.143	898.735	898.632	899.500	0.624

测量重复性引入的不确定度为 $u_1=0.624\text{MPa}$。

4.1.2　测量周期重复性

分别对同一样品分别以初始值、1个月、3个月、6个月以及12个月为时间间隔进行测量，评定其长期稳定性，如表2所示。

表2　表面应力长期稳定性实测结果

时间间隔（月）	初始	1	3	6	12
表面应力 C_S（MPa）	895.706	894.703	896.988	900.193	900.023

采用极差法计算原理可知，5次测量结果最大值与最小值之差 R 为5.49MPa，根据JJF 1059.1—2012《测量不确定度评定与表示》可知，测量次数为5时对应的极差系数 C 为2.33，自由度为3.6，因此可计算出测试周期重复性引入的不确定度为

$$u_2=\frac{R}{C\sqrt{n}}=\frac{5.49\text{MPa}}{2.33\sqrt{5}}=1.054\text{MPa}$$

综上可计算出测量重复性引入的不确定度为

$$u_{\text{repeat}}=\sqrt{u_1^2+u_2^2}=1.225\text{MPa}$$

4.2　测量仪示值误差（B类评定）

由测量仪标样证书数据可知，仪器测量精度为±20MPa。由于该证书未明示该精度的置信概率间和测量分布情况，假设置信概率为95%，则包含因子 $k=2$。

由此得出B类相对标准不确定度 $u_B=20\text{MPa}/2=10\text{MPa}$。

5　合成相对标准不确定度

不确定度分量汇总如表3所示。

表3　不确定度分量汇总表

影响量	影响量的不确定度（MPa）	灵敏系数	不确定度分量（MPa）	相关性
测量重复性	1.225	1	1.225	不相关
测量仪示值误差	10	1	10	不相关

合成标准不确定度：$u_e^2=c_{\text{repeat}}^2\mu_{\text{repeat}}^2+c_B^2u_B^2=1.225^2+10^2$。

表面压应力标准不确定度：$u_e=10.075\text{MPa}$，相对不确定度为 $u_{\text{rel}}=1.12\%$。

6　扩展不确定度与测量结果的表示

扩展不确定度需要考虑应用需求选择包含因子，选 $k=2$ 时置信概率95%。扩展不确定度 $U=u_e\cdot k=10.075\text{MPa}\times 2=20.150\text{MPa}$；扩展相对不确定度 $U_{\text{rel}}=u_{\text{rel}}\cdot k=1.12\%\times 2=2.24\%$。表面应力测量结果及不确定度表达如表4所示。

表 4　表面应力测量及不确定度表达

测量结果	扩展不确定度 U	相对扩展不确定度 U_{rel}	包含因子 k
899.500MPa	20MPa	2%	2

案例 13　预应力锚具洛氏硬度测量不确定度评定

上海众材工程检测有限公司　许盛洋

1　概述

1）评定依据：JJF 1059.1—2012《测量不确定度评定与表示》。

2）测量方法：GB/T 230.1—2018《金属材料　洛氏硬度试验　第 1 部分：试验方法》。

3）环境条件：

硬度计需在下列条件下检定并正常工作：

① 室温 10～35℃，本次预应力锚具洛氏硬度测量试验环境温度为 26℃；

② 环境清洁，无振动；周围无腐蚀性气体；

③ 安装在稳固的基础上，并调至水平。

4）　试验仪器：

HRS－150 型硬度计（结量－378），本次试验采用金刚石圆锥压头和 C 标尺。

5）被测对象：被检测试样为预应力锚具。

6）测量过程：

使用洛氏硬度计，按 GB/T 230.1—2018《金属材料　洛氏硬度试验　第 1 部分：试验方法》规定的方法，满足试验力保持时间、压痕间距、压痕中心与试样边缘距离的要求，对试样进行硬度试验，加载时间不超过 2s，初试验力保持时间为 3s，总试验力保持时间为 5s，初试验力保持 4s 后，进行最终读数。对满足标准的试样进行 5 次测试，每次测量选择不同的测点分别测量 3 次，测量值直接由仪器的示值得到，共取得 15 个数据。

2　建立数学模型

硬度计的压痕深度测量装置直接显示 C 标尺的硬度数值 HRC，所以每个压痕点的硬度直接由硬度计的示值给出，即：

$$HRC = X$$

式中　HRC——样品洛氏硬度的测量值，HRC；

X——洛氏硬度计的示值，HRC。

3　不确定度来源分析

在满足 GB/T 230.1—2018《金属材料　洛氏硬度试验　第 1 部分：试验方法》标准的条件下，在试样表面进行测量，分析该预应力锚具洛氏硬度评定的不确定度主要来源于以下因素引起的不确定度分量：

（1）温度效应引起的不确定度分量；

（2）试样位移和机架变形的不确定度分量；

（3）试样测量重复性的标准不确定度分量；

（4）硬度计允许误差的不确定度分量；

（5）标准硬度块的标准不确定度分量；

（6）用标准硬度块检定的平均值的标准不确定度分量；

（7）数据修约引入的不确定度分量。

假设本次评定在恒温条件下进行，即不考虑温度效应所引起的不确定度分量；本次测定已按规范进行，试样位移和机架变形属于不可控，不考虑试样位移和机架的不确定度分量。将本次测定考虑的不确定度来源列入表1中。

表1　不确定度来源

不确定度来源	评定方法	表示方法
试样测量重复性	A	u_H
硬度计允许误差	B	u_E
标准硬度块	B	u_{CRM}
硬度测量平均值	A	$u_{\bar{H}}$
数据修约	A	u_{rou}

4　不确定度分量的评估

4.1　试样测量重复性的标准不确定度分量 u_H

本次评定按GB/T 230.1—2018《金属材料　洛氏硬度试验　第1部分：试验方法》标准规定的方法，对满足标准的试样进行5次重复测定，每次为测定3个点，结果见表2。

表2　连续测量5次所得结果HRC值

测点位置			测点1	测点2	测点3	单次测量值
试样HRC值	测定次数 n	1	32.4	33.6	32.0	32.5
		2	30.9	33.1	32.2	32.0
		3	31.4	31.7	33.2	32.0
		4	31.9	31.1	34.4	32.5
		5	32.0	31.8	33.6	32.5
5次测量平均值：32.3（修约后32.5）						

本次按A类进行评定：

洛氏硬度平均值 $\bar{X}$：　$\bar{X} = \frac{1}{n}\sum_{i=1}^{n} X_i = 32.3$；

由于测定次数小于6，检定结果的标准偏差用极差法计算。

当 $n=5$ 时，极差系数 $C=2.33$，5次测定数据的极差 $R=0.5$，则：

标准偏差 $S_p = \frac{0.5}{2.33} = 0.215$；

标准不确定度分量：$u_H = s_p = 0.215$。

4.2 硬度计允许误差的不确定度分量 u_E

根据标准 GB/T 230.2—2012《金属材料 洛氏硬度试验 第2部分：硬度计（A、B、C、D、E、F、G、H、K、N、T标尺）的检验与校准》，洛氏硬度C标尺的硬度示值允许误差 E_{rel} 为 ±1.5HRC，因为最大允许相对误差 E_{rel} 出现在区间（$-E_{rel}$，E_{rel}）的概率是均匀的，服从均匀分布，则：

$$u_E = \frac{1.5}{\sqrt{3}} = 0.866$$

4.3 标准硬度块的标准不确定度 u_{CRM}

标准块证书给出 $U=0.3$，$k=2$

$$u_{CRM} = \frac{U}{k} = \frac{0.3}{2} = 0.15$$

4.4 用标准硬度块检定的平均值的标准不确定度分量 $u_{\bar{H}}$

由于在不确定度的分量 u_{CRM} 中已考虑了标准硬度块的不确定度，为避免重复计算，因此在此分量中主要考虑硬度计示值重复性产生的不确定度。对洛氏硬度值为24.5HRC的洛氏标准硬度块进行5个点的硬度测试，然后求硬度值的标准偏差，最后计算出硬度计的标准不确定度。标准块的测量值见表3。

表3 标准块硬度测量值

测点	1	2	3	4	5
测量值	24.9	24.5	24.8	24.0	24.1

$$\bar{X}_{CRM} = \frac{\sum_{i=1}^{n} X_{CRM}}{n}$$

测定的标准硬度块的平均值 $\bar{X}_{CRM} = 24.46$。

检定结果的标准偏差用极差法计算，当 $n=5$ 时，极差系数 $C=2.33$，极差 $R=0.9$，则：

标准偏差 $S_H = \dfrac{0.9}{2.33} = 0.386$。

其中测定次数 $n=5$，该分布符合T形分布，取 $t=1.15$，

$$u_{\bar{H}} = \frac{t \times S_H}{\sqrt{n}} = \frac{1.15 \times 0.386}{\sqrt{5}} = 0.199$$

4.5 数字修约引入的不确定度分量 u_{rou}

按照 GB/T 231.1—2018 标准规定 HRC 值的修约间隔为 0.5HRC，其半宽区间为 0.25，此分布为均匀分布，包含因子 $k=\sqrt{3}$，不确定度 u_{rou}：

$$u_{rou} = \frac{0.25}{\sqrt{3}} = 0.144$$

5 合成标准不确定度

将所有标准不确定度汇总，见表4。

表4 标准不确定度汇总表

标准不确定度分项	不确定度来源	标准不确定度
u_{H}	试样测量重复性	0.215
u_{E}	硬度计允许误差	0.866
u_{CRM}	标准硬度块	0.15
$u_{\overline{H}}$	硬度测量平均值	0.199
u_{rou}	数据修约	0.144

上述不确定度分享彼此独立不相关，所以合成标准不确定度可按下式计算：

$$u_{c} = \sqrt{u_{H}^{2} + u_{E}^{2} + u_{CRM}^{2} + u_{\overline{H}}^{2} + u_{rou}^{2}}$$

所以试样的合成不确定度为

$$u_{c} = \sqrt{0.215^{2} + 0.866^{2} + 0.15^{2} + 0.199^{2} + 0.144^{2}} = 0.933\text{HRC}$$

6 扩展不确定度与测量结果的表示

取置信概率 $p = 95\%$，按 $k = 2$；

扩展不确定度 $U = k \cdot u_{c}$；

即预应力锚具试样：$U = k \cdot u_{c} = 2 \times 0.933 = 1.866 \approx 2.0\text{HRC}$；

则预应力锚具的洛氏硬度结果可以表示如下：

$$X = (32.5 \pm 2.0)\text{HRC}, k = 2$$

第2章　热　　学

案例14　导热系数测量不确定度评定

苏州混凝土水泥制品研究院检测中心有限公司　王天琪

1　概述

1）评定依据：JJF 1059.1—2012《测量不确定度评定与表示》；

2）测量方法：GB/T 10294—2008/ISO 8302：1991《绝热材料稳态热阻及有关特性的测定　防护热板法》；

3）环境条件：温度：25℃，湿度：42%RH，露点温度：11℃；

4）试验仪器：平板导热仪；游标卡尺，0.02级；

5）被测对象：纤维增强硅酸钙板；

6）测量步骤：导热系数的校准过程中采用了游标卡尺、平板导热仪，对不同试件和同一试件不同温差条件下分别测定8次，分别得到了参数Φ、d、A、T_1、T_2，基于导热系数的测量原理计算出示值误差，并进一步开展不确定度的评估。这里对导热系数示值误差的不确定度进行评估表述。

2　建立数学模型

导热系数的输出结果满足公式：

$$\lambda = \frac{\Phi \cdot d}{A(T_1 - T_2)} = \frac{\Phi \cdot d}{A \cdot \Delta T}$$

因此依据校准过程，以及采用的游标卡尺、平板导热仪，导热系数的校准示值数学模型满足公式：

$$\lambda = \frac{\Phi \cdot (d - \Delta_{\mathrm{d}})}{A \cdot (\Delta T - \Delta_{\mathrm{T}})}$$

式中　λ——导热系数的测量示数，W/（m·K）；

Φ——平板导热仪测量的平均加热功率，W；

d——游标卡尺测量的平均厚度，m；

Δ_{d}——游标卡尺的示值误差；

A——计量面积，m^2；

ΔT——试件热面温度（T_1）和冷面温度（T_2）的温度差值，K；

Δ_{T}——平板导热仪测量温度差值的示值误差。

3　计算灵敏系数

对各项影响量求偏导数，得到各影响量的灵敏系数：

$$c_{\text{repeat}} = \frac{\partial\lambda}{\partial\lambda} = 1$$

$$c_{\Phi} = \frac{\partial\lambda}{\partial\Phi} = \frac{d - \Delta_{\text{d}}}{A(\Delta T - \Delta_{\text{T}})} \approx \frac{d}{A \cdot \Delta T}$$

$$c_{\text{d}} = \frac{\partial\lambda}{\partial d} = \frac{\Phi}{A(\Delta T - \Delta_{\text{T}})} \approx \frac{\Phi}{A \cdot \Delta T}$$

$$c_{\Delta_{\text{d}}} = \frac{\partial\lambda}{\partial\Delta_{\text{d}}} = -\frac{\Phi}{A(\Delta T - \Delta_{\text{T}})} \approx -\frac{\Phi}{A \cdot \Delta T}$$

$$c_{\text{A}} = \frac{\partial\lambda}{\partial A} = -\frac{\Phi(d - \Delta_{\text{d}})}{A^2(\Delta T - \Delta_{\text{T}})} \approx -\frac{\Phi \cdot d}{A^2 \cdot \Delta T}$$

$$c_{\Delta\text{T}} = \frac{\partial\lambda}{\partial\Delta T} = -\frac{\Phi(d - \Delta_{\text{d}})}{A(\Delta T - \Delta_{\text{T}})^2} \approx -\frac{\Phi \cdot d}{A \cdot \Delta T^2}$$

$$c_{\Delta_{\text{T}}} = \frac{\partial\lambda}{\partial\Delta_{\text{T}}} = \frac{\Phi(d - \Delta_{\text{d}})}{A(\Delta T - \Delta_{\text{T}})^2} \approx \frac{\Phi \cdot d}{A \cdot \Delta T^2}$$

4　评定输入量（影响量）的不确定度评估

1）测量重复性 $u(\lambda_{\text{repeat}})$

（1）厚度 d 示值

次数	1	2	3	4	5	6	7	8	标准差
d 示值（m）	9.22×10^{-3}	9.16×10^{-3}	9.32×10^{-3}	9.24×10^{-3}	9.28×10^{-3}	9.36×10^{-3}	9.20×10^{-3}	9.34×10^{-3}	
导热系数 [W/（m·K）]	0.24	0.24	0.23	0.24	0.20	0.24	0.22	0.20	0.02

依据校准规范，对采用的不同试件读取8次平板导热仪测量结果，采用贝塞尔公式计算测量重复性标准差：

$$u(\lambda_{\text{repeat}}) = s(\lambda_{\text{repeat}}) = \sqrt{\frac{\sum_{i=1}^{8}(\lambda_i - \overline{\lambda})^2}{8-1}} = 0.02\text{W/(m}\cdot\text{K)}$$

由于证书结果采用多次测量结果平均值，因此这里评估平均值的重复性标准差。

$$u(\lambda_{\text{repeat}}) = \frac{s(\lambda_{\text{repeat}})}{\sqrt{8}} = 0.01\text{W/(m}\cdot\text{K)}$$

由于直接评估了导热系数的测量重复性，因此无须重复分析 d 示值的测量重复性。

（2）温差 ΔT 示值

依据校准规范，对同一试件不同温差条件下读取8次平板导热仪测量结果，采用贝塞尔公式计算测量重复性标准差：

次数	1	2	3	4	5	6	7	8	标准差
ΔT 示值（kq）	20.1	20.0	20.0	20.0	19.9	20.0	20.0	20.1	
导热系数 W/（m·K）	0.23	0.23	0.22	0.23	0.22	0.23	0.23	0.22	0.01

$$u'(\lambda_{repeat}) = s'(\lambda_{repeat}) = \sqrt{\frac{\sum_{i=1}^{8}(\lambda_i - \bar{\lambda})^2}{8-1}} = 0.01\text{W/(m}\cdot\text{K)}$$

由于证书结果采用多次测量结果平均值，因此这里评估平均值的重复性标准差。

$$u'(\lambda_{repeat}) = \frac{s'(\lambda_{repeat})}{\sqrt{8}} = 0\text{W/(m}\cdot\text{K)}$$

由于直接评估了导热系数的测量重复性，因此无须重复分析 Δ_T 示值的测量重复性。

2）游标卡尺示值误差的标准不确定度 $u(\Delta_d)$

根据标准仪器的证书，示值误差 $\Delta_d = 0.02\text{mm}$，其不确定度 $U = 0.02$，包含因子 $k = 2$，因此，游标卡尺示值误差的标准不确定度

$$u(\Delta_d) = \frac{U}{k} = 0.01\text{mm}$$

3）平板导热仪测量温度差值示值误差的标准不确定度 $u(\Delta_T)$

平板导热仪测量温度差值为 $\Delta T = 20\text{K}$，平板导热仪的校准证书上的不确定度 $U = 0.2$，$k = 2$，不确定度 $u(\Delta_T)$ 满足：

$$u(\Delta_T) = \frac{U}{k} = 0.1\text{W/(m}\cdot\text{K)}$$

5 不确定度合成与扩展

将上述评定的不确定度分量内容逐项填入不确定度分量明细表 1 中。

表 1 不确定度分量明细表

序号	影响量	符号	灵敏系数	影响量的不确定度	不确定度分量	相关性
1	测量重复性	λ_{repeat}	c_{repeat}	$u(\lambda_{repeat})$	$c_{repeat}\cdot u(\lambda_{repeat})$	
2	游标卡尺示值误差	Δ_d	c_{Δ_d}	$u(\Delta_d)$	$c_{\Delta_d}\cdot u(\Delta_d)$	
3	平板导热仪测量温度差值示值误差	Δ_T	c_{Δ_T}	$u(\Delta_T)$	$c_{\Delta_T}\cdot u(\Delta_T)$	

其中，已知 $d = 9.27\times10^{-3}\text{m}$、$\Delta T = 20\text{K}$、$A = 0.0225\text{m}^2$、$\Phi = 11.73\text{W}$，可根据第 3 节的灵敏系数式子计算所有影响量的灵敏系数数值，填入不确定度分量明细表 2 中。

$$c_{repeat} = \frac{\partial\lambda}{\partial\lambda} = 1$$

$$c_{\Delta_d} = \frac{\partial\lambda}{\partial\Delta_d} = -\frac{\Phi}{A\cdot\Delta T} = -26.07$$

$$c_{\Delta_T} = \frac{\partial\lambda}{\partial\Delta_T} = \frac{\Phi\cdot d}{A\cdot\Delta T^2} = 0.01$$

表2 不确定度分量明细表

序号	影响量	符号	灵敏系数	影响量的不确定度	不确定度分量	相关性
1	测量重复性	λ_{repeat}	1	0.01	0.01	
2	游标卡尺示值误差	Δ_d	-26.07	0.01	-0.2607	
3	平板导热仪测量温度差值示值误差	Δ_T	0.01	0.1	0.001	
	合成标准不确定度 W/(m·K)				0.26	

合成标准不确定度满足：

$$u_c(\lambda)=\sqrt{[c_{\text{repeat}}u(\lambda_{\text{repeat}})]^2+[c_{\Delta_d}u(\Delta_d)]^2+[c_{\Delta_T}u(\Delta_T)]^2}=0.26\text{W/(m·K)}$$

取置信概率93%，$k=2$，计算扩展不确定度，满足：

$$U=k\cdot u_c(\lambda)=0.52\text{W/(m·K)}$$

导热系数示值误差的测量不确定度 $U=0.52$W/(m·K)；$k=2$。

案例15 防护热板法暖边间隔条等效导热系数测量不确定度评定

中国建材检验认证集团秦皇岛有限公司 王 中

1 概述

1）评定依据：JJF 1059.1—2012《测量不确定度评定与表示》；

2）测量方法：JC/T 2453—2018《中空玻璃间隔条 第3部分：暖边间隔条》；GB/T 10294—2008《绝热材料稳态热阻及有关特性的测定 防护热板法》；

3）环境条件：温度22~24℃；湿度45%~55%；

4）试验仪器：导热系数测定仪 QCTC-A-314；电子数显卡尺 QCTC-B-090；

5）被测对象：刚性暖边间隔条；

6）测量过程：

（1）刚性暖边间隔条试样的制备

将30根长度为200mm的间隔条平行排列，平板玻璃与间隔条之间缝隙处均匀涂抹、填充导热硅脂，导热硅脂的导热系数为3.2 W/(m·K)，此举的目的是为了消除间隔条与玻璃之间的空隙（空隙的存在会降低导热系数实际测量值），导热硅脂的导热系数远大于间隔条的导热系数，既可忽略对导热系数测量的影响，又能将热量很好地传递给间隔条本身。涂抹好的间隔条整体压合于厚度为4mm，尺寸为200mm×200mm的两块平板玻璃之间，使间隔条之间及平板玻璃与间隔条之间完全黏合。试样示意图如图1所示。

选取粒径ϕ0.5mm~ϕ0.9mm的3A分子筛填充满刚性暖边间隔条内部，四周用铝箔胶带密封。玻璃表面并非绝对平整，存在一定的偏离，如图2所示。

为确保试样与相邻的面板充分接触传递热量，放入装置前分别在试样的上下表面粘贴尺寸为200mm×200mm，导热系数大于3.0W/(m·K)的导热垫。目的类似于导热硅脂，消除玻璃与设备冷热板之间表面不平整所带来的空隙和偏离。

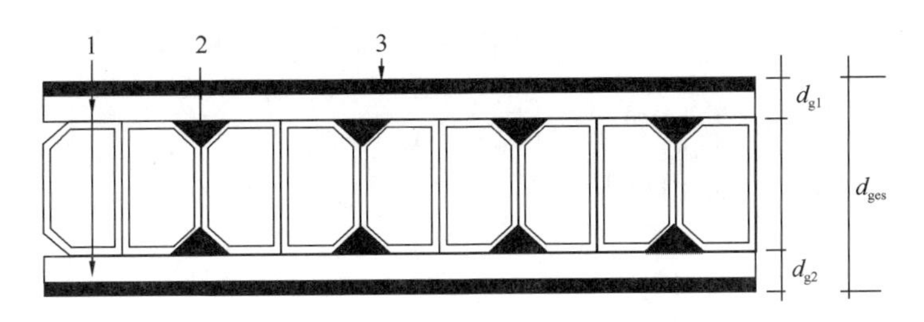

图 1　刚性暖边间隔条试样示意图

1—平板玻璃；2—导热硅脂；3—导热垫

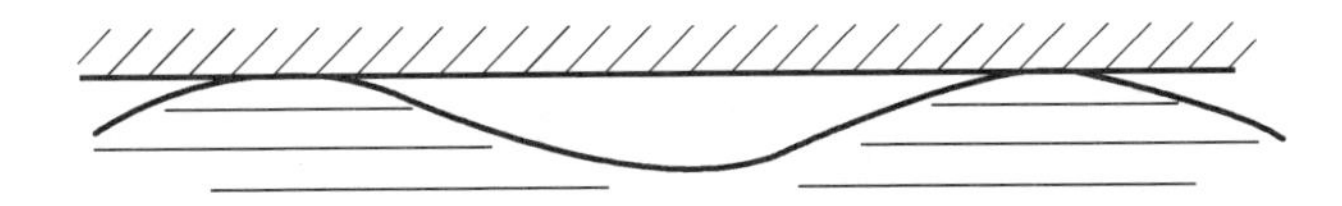

图 2　表面不平整造成的空隙示意图

（2）制备试样的热阻测量

将制备试样放入导热系数测定仪，该测试装置原理表示在一定时间内，已知试样的总厚度，计量板面积，设定热板温度 T_1 和冷板温度 T_2 的前提下，设备通过调节热板的加热功率，使热板温度 T_1 和冷板温度 T_2 趋于稳定，且上述温度和温差的变化过程不是单向变化，即已达到稳定传热状态。10min 后，开始进行测试，间隔为 5min 测试一次，共测试两次，取计算平均值记为试样的总热阻 R_{ges}。

2　建立数学模型

2.1　等效热阻的计算

试验前，应先将两块平板玻璃和分别粘贴于玻璃表面的导热垫的综合热阻测量出来，排除此附加热阻，剩余的热阻即为暖边间隔条系统的热阻，称为等效热阻 R_{eq}。

试样等效热阻 R_{eq} 按式（1）计算。

$$R_{eq} = R_{ges} - R_g \tag{1}$$

式中　R_{eq}——试样等效热阻，$(m^2 \cdot K)/W$；

R_{ges}——试样总热阻，$(m^2 \cdot K)/W$；

R_g——两块平板玻璃和分别粘贴于玻璃表面的导热垫的综合热阻，$(m^2 \cdot K)/W$。

因此依据测量过程，以及采用的试验仪器，该测量结果的数学模型满足公式：

$$R_{eq} = (R_{ges} - \Delta_1) - R_g \tag{2}$$

式中　Δ_1——导热系数测定仪示值误差。

2.2　等效导热系数的计算

由图 1 及导热系数与热阻的关系可得出试样的等效导热系数计算公式：

$$\lambda_{eq} = \frac{d_{ges} - (d_{g1} + d_{g2})}{R_{eq}} = \frac{d_{ges} - d_g}{R_{eq}} \tag{3}$$

式中　λ_{eq}——试样等效导热系数，$W/(m \cdot K)$；

d_{ges}——试样总厚度，m；

$d_{g1} + d_{g2} = d_g$——两块平板玻璃和分别粘贴于玻璃表面的导热垫的综合厚度，m。

因此依据测量过程，以及采用的试验仪器，该测量结果的数学模型满足公式：

$$\lambda_{eq} = \frac{(d_{ges} - \Delta_2) - d_g}{(R_{ges} - \Delta_1) - R_g} \tag{4}$$

式中　Δ_2——电子数显卡尺示值误差。

3　灵敏系数计算

对各项影响量求偏导数，得到各项影响量的灵敏系数：

$$c_{repeat} = \frac{\partial \lambda_{eq}}{\partial \lambda_{eq}} = 1$$

$$c_{d_{ges}-d_g} = \frac{\partial \lambda_{eq}}{\partial (d_{ges} - d_g)} = \frac{1}{(R_{ges} - \Delta_1) - R_g} \approx \frac{1}{R_{ges} - R_g}$$

$$c_{d_{ges}} = \frac{\partial \lambda_{eq}}{\partial d_{ges}} \approx \frac{1}{R_{ges} - R_g}$$

$$c_{d_g} = \frac{\partial \lambda_{eq}}{\partial d_g} \approx -\frac{1}{R_{ges} - R_g}$$

$$c_{\Delta_1} = \frac{\partial \lambda_{eq}}{\partial \Delta_1} = \frac{(d_{ges} - d_g - \Delta_2)}{(R_{ges} - R_g - \Delta_1)^2} \approx \frac{d_{ges} - d_g}{(R_{ges} - R_g)^2}$$

$$c_{R_{ges}-R_g} = \frac{\partial \lambda_{eq}}{\partial (R_{ges} - R_g)} = \frac{-[(d_{ges} - \Delta_2) - d_g]}{[(R_{ges} - \Delta_1) - R_g]^2} \approx \frac{-(d_{ges} - d_g)}{(R_{ges} - R_g)^2}$$

$$c_{R_{ges}} = \frac{\partial \lambda_{eq}}{\partial R_{ges}} \approx \frac{-(d_{ges} - d_g)}{(R_{ges} - R_g)^2}$$

$$c_{R_g} = \frac{\partial \lambda_{eq}}{\partial R_g} \approx \frac{(d_{ges} - d_g)}{(R_{ges} - R_g)^2}$$

$$c_{\Delta_2} = \frac{\partial \lambda_{eq}}{\partial \Delta_2} = -\frac{1}{R_{ges} - R_g - \Delta_1} \approx -\frac{1}{R_{ges} - R_g}$$

4　不确定度分量的评估

4.1　单次制样后测量重复性

依据校准规范，对被测试样使用导热系数测定仪读取6次测量结果，采用贝塞尔公式计算测量重复性标准差，其测量重复性明细表如表1所示。

表1　单次制样后测量重复性明细表

测量次数	1	2	3	4	5	6	标准差	平均值
$d_{ges} - d_g$ (mm)	13.22	13.10	12.98	12.97	12.97	12.94		13.03
$R_{ges} - R_g$ [(m²·K)/W]	0.0182	0.0177	0.0164	0.0190	0.0163	0.0168		0.0174
λ_{eq}[W/(m·K)]	0.72732	0.74181	0.79156	0.68212	0.79678	0.77255	0.0438	0.75202

$$s_1(\lambda_{eq\ repeat}) = \sqrt{\frac{\sum_{i=1}^{6}(\lambda_{eq\ i} - \bar{y})^2}{6-1}} = 0.0438\text{W/(m·K)}$$

4.2 多次重复制样后测量重复性

如前所述，刚性暖边间隔条试样的制备过程中存在很多因素会直接影响等效导热系数的测量结果，如环境的温（湿）度、干燥剂的含水量、干燥剂灌装程度、间隔条与玻璃之间的隐藏空隙等因素。

为减小制备试样对不确定度的影响，此处采用多次重复制样的方式，即在保留原有暖边间隔条、灌装的干燥剂、平板玻璃及导热垫的基础上，在保证环境温湿度标准允许范围内波动、同一罐装的导热硅脂前提下，再重复制备试样 5 次，每次制备完分别进行 6 次重复性测量，其测量重复性明细表如表 2 ~ 表 6 所示。

表 2　第二次制样后测量重复性明细表

测量次数	1	2	3	4	5	6	标准差	平均值
$d_{ges}-d_g$(mm)	12.97	13.05	12.99	12.98	12.99	12.98		12.99
$R_{ges}-R_g$ [$(m^2\cdot K)/W$]	0.0180	0.0175	0.0170	0.0185	0.0168	0.0183		0.0177
λ_{eq}[$W/(m\cdot K)$]	0.72258	0.74771	0.76625	0.70362	0.77536	0.71158	0.0297	0.73785

$$s_2(\lambda_{eq\ repeat})=\sqrt{\frac{\sum_{i=1}^{6}(\lambda_{eq\,i}-\bar{y})^2}{6-1}}=0.0297W/(m\cdot K)$$

表 3　第三次制样后测量重复性明细表

测量次数	1	2	3	4	5	6	标准差	平均值
$d_{ges}-d_g$(mm)	13.34	13.08	13.24	13.15	13.03	12.99		13.14
$R_{ges}-R_g$ [$(m^2\cdot K)/W$]	0.0190	0.0169	0.0184	0.0195	0.0166	0.0172		0.0179
λ_{eq}[$W/(m\cdot K)$]	0.70536	0.77695	0.72215	0.67684	0.78715	0.75753	0.0433	0.73766

$$s_3(\lambda_{eq\ repeat})=\sqrt{\frac{\sum_{i=1}^{6}(\lambda_{eq\,i}-\bar{y})^2}{6-1}}=0.0433W/(m\cdot K)$$

表 4　第四次制样后测量重复性明细表

测量次数	1	2	3	4	5	6	标准差	平均值
$d_{ges}-d_g$(mm)	13.12	13.01	12.93	12.91	12.92	12.96		12.98
$R_{ges}-R_g$ [$(m^2\cdot K)/W$]	0.0175	0.0173	0.0169	0.0188	0.0162	0.0168		0.0172
λ_{eq}[$W/(m\cdot K)$]	0.75210	0.75432	0.76718	0.68892	0.79983	0.77396	0.0371	0.75605

$$s_4(\lambda_{eq\ repeat})=\sqrt{\frac{\sum_{i=1}^{6}(\lambda_{eq\,i}-\bar{y})^2}{6-1}}=0.0371W/(m\cdot K)$$

表5 第五次制样后测量重复性明细表

测量次数	1	2	3	4	5	6	标准差	平均值
$d_{ges}-d_g$(mm)	12.93	12.98	12.97	13.03	13.09	12.96		12.99
$R_{ges}-R_g$ [$(m^2 \cdot K)/W$]	0.0178	0.0190	0.0185	0.0166	0.0174	0.0169		0.0177
λ_{eq}[$W/(m \cdot K)$]	0.72850	0.68573	0.70309	0.78654	0.75495	0.76912	0.0391	0.73799

$$s_5(\lambda_{eq\ repeat})=\sqrt{\frac{\sum_{i=1}^{6}(\lambda_{eq\ i}-\bar{y})^2}{6-1}}=0.0391W/(m\cdot K)$$

表6 第六次制样后测量重复性明细表

测量次数	1	2	3	4	5	6	标准差	平均值
$d_{ges}-d_g$(mm)	13.26	13.25	13.19	13.11	13.22	13.05		13.18
$R_{ges}-R_g$ [$(m^2 \cdot K)/W$]	0.0176	0.0183	0.0182	0.0192	0.0172	0.0166		0.0178
λ_{eq}[$W/(m \cdot K)$]	0.75615	0.72681	0.72683	0.68516	0.77015	0.78839	0.0370	0.74225

$$s_6(\lambda_{eq\ repeat})=\sqrt{\frac{\sum_{i=1}^{6}(\lambda_{eq\ i}-\bar{y})^2}{6-1}}=0.0370W/(m\cdot K)$$

根据六次重复制样进行重复性测量，则归纳出测量重复性明细总表如表7所示。

表7 多次重复制样后测量重复性明细总表

制样次数	1	2	3	4	5	6	总平均值
$d_{ges}-d_g$(mm) 平均值	13.03	12.99	13.14	12.98	12.99	13.18	13.05
$R_{ges}-R_g$[$(m^2 \cdot K)/W$] 平均值	0.0174	0.0177	0.0179	0.0172	0.0177	0.0178	0.0176
λ_{eq}[$W/(m \cdot K)$]平均值	0.75202	0.73785	0.73766	0.75605	0.73799	0.74225	0.74397

$$s(\lambda_{eq\ repeat})=\sqrt{\frac{\sum_{i=1}^{36}(\lambda_{eq\ i}-\bar{y})^2}{36-1}}=0.0365W/(m\cdot K)$$

由于证书结果采用多次测量结果平均值，因此这里评估平均值的重复性标准差。

$$u(\lambda_{eq\ repeat})=\frac{s(\lambda_{eq\ repeat})}{\sqrt{36}}=0.0061W/(m\cdot K)$$

由于直接评估了暖边间隔条等效导热系数的测量重复性，因此无须重复分析 $d_{ges}-d_g$ 和 $R_{ges}-R_g$ 示值的测量重复性。

4.3 导热系数测定仪示值误差的标准不确定度 $u(\Delta_1)$

根据导热系数测定仪的证书，示值误差 $\Delta_1=0.0006W/(m\cdot K)$，其不确定度 $U=0.00064W/(m\cdot K)$，包含因子 $k=2$，因此，导热系数测定仪示值误差的标准不确定度

$$u(\Delta_1)=\frac{U_1}{k_1}=0.00032\text{W}/(\text{m}\cdot\text{K})$$

4.4 电子数显卡尺示值误差的标准不确定度 $u(\boldsymbol{\Delta}_2)$

根据电子数显卡尺的证书，示值误差 $\Delta_2=-0.01\text{mm}$，其不确定度 $U=0.01\text{mm}$，包含因子 $k=2$，因此，卡尺示值误差的标准不确定度

$$u(\Delta_2)=\frac{U_2}{k_2}=0.000005\text{m}$$

5 合成相对标准不确定度

将上述评定的不确定度分量内容逐项填入不确定度分量明细表8、表9中。

表 8 不确定度分量明细表（一）

序号	影响量	符号	灵敏系数	影响量的不确定度	不确定度分量	相关性
1	测量重复性	$\lambda_{\text{eq repeat}}$	c_{repeat}	$u(\lambda_{\text{eq repeat}})$	$c_{\text{repeat}}\times u(\lambda_{\text{eq repeat}})$	不相关
2	导热系数测定仪示值误差	Δ_1	c_{Δ_1}	$u(\Delta_1)$	$c_{\Delta_1}\times u(\Delta_1)$	不相关
3	电子数显卡尺示值误差	Δ_2	c_{Δ_2}	$u(\Delta_2)$	$c_{\Delta_2}\times u(\Delta_2)$	不相关

其中，已知 $d_{\text{ges}}-d_{\text{g}}=13.05\text{mm}$，$R_{\text{ges}}-R_{\text{g}}=0.0176\text{m}^2\text{k/W}$，可根据第3节的灵敏系数式子计算所有影响量的灵敏系数数值：

$$c_{\text{repeat}}=\frac{\partial\lambda_{\text{eq}}}{\partial\lambda_{\text{eq}}}=1$$

$$c_{\Delta_1}=\frac{\partial\lambda_{\text{eq}}}{\partial\Delta_1}=\frac{d_{\text{ges}}-d_{\text{g}}}{(R_{\text{ges}}-R_{\text{g}})^2}=42.13$$

$$c_{\Delta_2}=\frac{\partial\lambda_{\text{eq}}}{\partial\Delta_2}=-\frac{1}{R_{\text{ges}}-R_{\text{g}}}=-56.82$$

表 9 不确定度分量明细表（二）

序号	影响量	符号	灵敏系数	影响量的不确定度	不确定度分量	相关性
1	测量重复性	$\lambda_{\text{eq repeat}}$	1	0.0061	0.0061	不相关
2	导热系数测定仪示值误差	Δ_1	42.13	0.00032	0.0135	不相关
3	电子数显卡尺示值误差	Δ_2	−56.82	0.000005	−0.0003	不相关

合成标准不确定度满足：

$$u_{\text{c}}(y)=\sqrt{[c_{\text{repeat}}u(\lambda_{\text{eq repeat}})]^2+[c_{\Delta_1}u(\Delta_1)]^2+[c_{\Delta_2}u(\Delta_2)]^2}=0.0148\text{W}/(\text{m}\cdot\text{K})$$

取置信概率95%，$k=2$，计算扩展不确定度，满足：

$$U=k\cdot u_{\text{c}}(y)=0.03\text{W}/(\text{m}\cdot\text{K})$$

暖边间隔条等效导热系数的测量不确定度 $U=0.03\text{W}/(\text{m}\cdot\text{K})$，$k=2$。

案例16 模塑板导热系数（热流计法）测量不确定度评定

中国建材检验认证集团股份有限公司 曾春燕

1 概述

1）评定依据：JJF 1059.1—2012《测量不确定度评定与表示》。

2）测试方法：GB/T 10295—2008《绝热材料稳态热阻及有关特性的测定 热流计法》。

3）环境条件：平均温度（23±2）℃，相对湿度（50±5）%。

4）试验仪器：导热系数测定仪（型号为HFM 436/3/1E）。

5）被测对象：模塑板。

6）测量过程：将试样放置于设备中，设置试样的测量平均温度25℃和测量温差20℃后，单击开始进行自动测量。

2 建立数学模型

GB/T 10295—2008《绝热材料稳态热阻及有关特性的测定 热流计法》热流计测试方法为相对的方法，由测试试件的热阻和标准试件热阻比值而得，假定测量区域具有稳定的热流密度，并有稳定的温差和平均温度，满足式（1），热阻测试结果计算公式为式（2），导热系数测试结果计算公式为式（3）。

$$\frac{R_u}{R_s}=\frac{\Phi_s}{\Phi_u} \tag{1}$$

$$R=\frac{A\times(T_1-T_2)}{\Phi}=\frac{\Delta T}{f\cdot e} \tag{2}$$

$$\lambda=\frac{d}{R}=f\cdot e\times\frac{d}{\Delta T} \tag{3}$$

式中 R_u——标准试件热阻，$(m^2\cdot K)/W$；

R_s——被测试件热阻，$(m^2\cdot K)/W$；

Φ_u——标准试件热流量，W；

Φ_s——被测试件热流量，W；

R——热阻，$(m^2\cdot K)/W$；

A——计量面积，m^2；

T_1——热板温度平均值，K；

T_2——冷板温度平均值，K；

Φ——热流量，W；

ΔT——冷热板温差，K；

f——热流计的标定系数，$W/(m^2\cdot V)$；

e——热流计输出电压冷热板平均值，V；

d——试件厚度，m；

λ——热阻，W/(m·K)。

导热系数测试结果的数学模型满足式（4）：

$$\lambda = \frac{d}{R} = (f - \Delta f) \cdot (e - \Delta e) \times \frac{(d - \Delta d)}{(\Delta T - \Delta T_x)} \tag{4}$$

式中 λ——测试结果真值估计值，W/(m·K)；

Δf——热流计的标定系数测量误差，$W/(m^2 \cdot V)$；

Δe——热流计输出电压的测量误差，V；

Δd——试件厚度的测量误差，m；

ΔT_x——冷热板温差的测量误差，K。

3 灵敏系数计算

对各项影响量求偏导数，得到各项影响量的灵敏系数：

$$c_{repeat} = \frac{\partial \lambda}{\partial \lambda} = 1$$

$$c_{\Delta f} = \frac{\partial \lambda}{\partial \Delta f} = -(e - \Delta e) \times \frac{(d - \Delta d)}{(\Delta T - \Delta T_x)} \approx -e \times \frac{d}{\Delta T}$$

$$c_{\Delta e} = \frac{\partial \lambda}{\partial \Delta e} = -(f - \Delta f) \times \frac{(d - \Delta d)}{(\Delta T - \Delta T_x)} \approx -f \times \frac{d}{\Delta T}$$

$$c_{\Delta d} = \frac{\partial \lambda}{\partial \Delta d} = -(f - \Delta f) \cdot (e - \Delta e) \times \frac{1}{(\Delta T - \Delta T_x)} \approx -f \cdot e \times \frac{d}{\Delta T}$$

$$c_{\Delta T_x} = \frac{\partial \lambda}{\partial \Delta T_x} = (f - \Delta f) \cdot (e - \Delta e) \times \frac{(d - \Delta d)}{(\Delta T - \Delta T_x)^2} \approx f \cdot e \times \frac{d}{\Delta T^2}$$

4 不确定度分量的评估

（1）测量重复性 $u(\lambda_{repeat})$

依据标准，对1块试样（模塑板）进行测试，重复测试6次，采用贝塞尔公式计算重复性标准差，导热系数测试数据见表1。

表1 导热系数测试数据

试样	平均温度(K)	温差(K)	热流计(V)	厚度(cm)	标定系数[W/(m²·V)]	导热系数[W/(m·K)]
1	25.38	19.33	6973	1.3632	0.00667	0.0328
2	25.41	19.34	6988	1.3609	0.00667	0.0328
3	25.50	19.25	7256	1.2967	0.00667	0.0326
4	25.42	19.23	7258	1.2949	0.00667	0.0326
5	25.39	19.46	7333	1.2891	0.00667	0.0324
6	25.57	19.30	7310	1.2904	0.00667	0.0326

$$u(\lambda_{repeat}) = s(\lambda_{repeat}) = \sqrt{\frac{\sum_{i=1}^{6}(\lambda_i - \bar{\lambda})^2}{6 - 1}} = 0.00015\text{W/(m·K)}$$

（2）标定系数测量误差的标准不确定度 $u(\Delta f)$

标定系数通过标准板测试而得到，查所用标准板的标准不确定度为 $u=0.00024\text{W}/(\text{m}\cdot\text{K})$，包含因子 $k=1$，故标定系数误差的标准不确定度取值为：

$$u(\Delta f) = 0.00024\frac{\Delta T}{e\cdot d}\text{W}/(\text{m}^2\cdot\text{V})$$

（3）冷热板温差测量误差的标准不确定度 $u(\Delta T_x)$

根据设备说明书，热电偶精度为 ±0.01K，按均匀分布，冷热板温差的测量误差的标准不确定度为：

$$u(\Delta T_x) = 0.01/\sqrt{3} = 0.0058\text{K}$$

（4）热流计输出电压测量误差的标准不确定度 $u(\Delta e)$

热流计的输出电压分度值为 1V，按均匀分布，热流计的输出电压测量误差的标准不确定度为：

$$u(\Delta e) = 0.5/\sqrt{3} = 0.29\text{V}$$

（5）试件厚度测量误差的标准不确定度 $u(\Delta d)$

根据设备说明书，位移传感器分辨率为微米，即 0.000001m；样品平整度也会影响厚度的测量，根据经验，取平整度偏差为 ±0.001m，按均匀分布，试件厚度的测量误差的标准不确定度为：

$$u(\Delta d) = \sqrt{\left(\frac{0.001}{\sqrt{3}}\right)^2 + \left(\frac{0.000001}{2\sqrt{3}}\right)^2} = 0.00058\text{m}$$

5　合成相对标准不确定度

不确定度分量明细见表 2。

表 2　不确定度分量明细表

序号	影响量	符号	灵敏系数	影响量的不确定度	不确定度分量	相关性
1	测量重复性	λ_{repeat}	c_{repeat}	$u(\lambda_{repeat})$	$c_{repeat}\cdot u(\lambda_{repeat})$	
2	标定系数测量误差	Δf	$c_{\Delta f}$	$u(\Delta f)$	$c_{\Delta f}\cdot u(\Delta f)$	—
3	冷热板温差的测量误差	ΔT_x	$c_{\Delta T_x}$	$u(\Delta T_x)$	$c_{\Delta T_x}\cdot u(\Delta T_x)$	—
4	热流计的输出电压测量误差	Δe	$c_{\Delta e}$	$u(\Delta e)$	$c_{\Delta e}\cdot u(\Delta e)$	—
5	试件厚度的测量误差	Δd	$c_{\Delta d}$	$u(\Delta d)$	$c_{\Delta d}\cdot u(\Delta d)$	—

其中，已知 $e=6973\text{V}$、$d=0.013632\text{m}$、$\Delta T=19.33\text{K}$、$f=0.00667\text{W}/(\text{m}^2\cdot\text{V})$，代入第 3 节的灵敏系数计算公式中进行计算，得到灵敏系数数值：

$$c_{repeat} = \frac{\partial\lambda}{\partial\lambda} = 1$$

$$c_{\Delta f} = \frac{\partial\lambda}{\partial\Delta f} = -e\times\frac{d}{\Delta T} = -4.92$$

$$c_{\Delta T_x} = \frac{\partial \lambda}{\partial \Delta T_x} = f \cdot e \times \frac{d}{\Delta T^2} = 0.0017$$

$$c_{\Delta e} = \frac{\partial \lambda}{\partial \Delta e} = -f \times \frac{d}{\Delta T} = -0.0000047$$

$$c_{\Delta d} = \frac{\partial \lambda}{\partial \Delta d} = -f \cdot e \times \frac{d}{\Delta T} = -0.033$$

合成标准不确定度为：

$$u(y) = \sqrt{[c_{repeat}u(\lambda_{repeat})]^2 + [c_{\Delta f}u(\Delta f)]^2 + [c_{\Delta T_x}u(\Delta T_x)]^2 + [c_{\Delta e}u(\Delta e)]^2 + [c_{\Delta d} \cdot u(\Delta d)]^2}$$

即 $u(y) = 0.0003\text{W}/(\text{m} \cdot \text{k})$

6 扩展不确定度与测量结果的表示

取置信概率95%，$k=2$，计算扩展不确定度为：

$$U = u(y) \cdot k = 0.0006\text{W}/(\text{m} \cdot \text{K})$$

模塑板导热系数（热流计法）的测量不确定度 $U=0.0006\text{W}/(\text{m} \cdot \text{K})$；$k=2$。

案例 17 燃烧热值测定不确定度评定报告

中国建材检验认证集团股份有限公司 夏炳虎

摘要： 随着铝塑板在建材行业中的广泛使用，行业内对其在实际应用中的防火性能越来越重视，除了铝板与芯材这两种主要组分外，用于黏结的高分子热熔膜（高分子膜）也是判定防火性能的重要指标。因此，本书利用氧弹量热仪对高分子膜的热值进行了测定，并通过建立数学模型和分析对燃烧热值的不确定度进行了评定，得出被测高分子膜的热值为45.194MJ/kg，当扩展因子 $k=2$ 时，其扩展不确定度为0.08MJ/kg。

关键词： 高分子热熔膜；氧弹量热仪；燃烧热值；不确定度

1 概述

作为一种用途广泛的新型建材，目前，铝塑板被广泛运用于各种场所的外墙、帷幕墙板、室内墙壁、天花板等，随着对其应用场景的不断扩展及深化，以及相关政策和法规的提出，国家对建筑材料安全性的要求不断加强，尤其体现在防火性能上；根据相关标准的要求，用于高层建筑的幕墙铝塑板和内墙装饰用铝塑板，其燃烧性能等级甚至需要达到A级[1]。

根据 GB 8624—2012《建筑材料及制品燃烧性能分级》中的要求，燃烧热值是评定材料是否符合防火等级A级的重要条件[2]；因此，本书中对铝塑板中高分子热熔膜进行了燃烧热值测定，其数值是利用绝热容器中的燃烧温升计算得出的，为保证燃烧热值测定的严谨性，对其进行了不确定度评定。

1）评定依据：依据 JJF 1059.1—2012《测量不确定度评定与表示》；

2）测量方法：GB 8624—2012《建筑材料及制品燃烧性能分级》；

GB/T 14402—2007《建筑材料及制品的燃烧性能 燃烧热值的测定》;

3）环境条件：温度（23±2）℃，相对湿度（50±5）%，安放地点无热辐射热源，无空气对流；

4）试验仪器：IKA C6000 全能氧弹量热仪；

5）被测对象：铝塑复合板用高分子膜；

6）测量过程：样品制备，为得到可信度高的热值数据，选取有代表性的样品，任意截取每块不小于50g的5个样块，为保证均匀性，在测试前需要将高分子膜裁剪到足够细碎。

在进行检测前，需要利用具有标准热值的苯甲酸对仪器热容进行标定，以5次标定结果的平均值作为仪器热容，参与样品热值的测定。

对于高热值的高分子材料，无须加入助燃物就可充分燃烧。具体试验流程如下，在坩埚中称量约0.5g高分子膜，利用标准热值的棉线连接点火装置与试样，之后将试样装入氧弹中，在氧气中充分燃烧，记录温度变化，计算出被测样品的热值，并以5次试验的算术平均值作为检测结果。

2 建立数学模型

根据氧弹热量计检定规程和检测方法，建立高分子膜热值测定的数学模型，具体如下：

$$Q = \frac{E\Delta T - q_1 - q_2}{m} \tag{1}$$

式中 Q——高分子膜的燃烧热值，J/g；

E——热量计的热容，J/K；

ΔT——量热体系温升，K；

q_1——点火能量，J；

q_2——棉线热值，J/根；

m——高分子膜的质量，g。

根据式（1）导出方差公式及各个输入量的偏导数（灵敏系数）如下：

$$u_1^2(Q) = \left(\frac{\partial Q}{\partial E}\right)^2 \cdot u^2(E) + \left(\frac{\partial Q}{\partial \Delta T}\right)^2 \cdot u^2(\Delta T) + \left(\frac{\partial Q}{\partial q_1}\right)^2 \cdot u^2(q_1) + \left(\frac{\partial Q}{\partial q_2}\right)^2 \cdot u^2(q_2) + \left(\frac{\partial Q}{\partial m}\right)^2 \cdot u^2(m) \tag{2}$$

各输入量的偏导数为：

$$\frac{\partial Q}{\partial E} = \frac{\Delta T}{m};$$

$$\frac{\partial Q}{\partial \Delta T} = \frac{E}{m};$$

$$\frac{\partial Q}{\partial q_1} = -\frac{1}{m};$$

$$\frac{\partial Q}{\partial q_2} = -\frac{1}{m};$$

$$\frac{\partial Q}{\partial m} = -\frac{E\Delta T - q_1 - q_2}{m^2}$$

3 不确定度分量的主要来源及其分析

依据 JJF 1059.1—2012《测量不确定度评定与表示》对测量过程中影响热值数据的因素进行分析，测量不确定度主要包括：

3.1 A 类不确定度

测量重复性引起的不确定度分量。

3.2 B 类不确定度

B 类不确定度主要包括量热系统热容引入的不确定度、温升测量偏差引入的不确定度、样品称量引入的不确定度、棉线热值和点火能量引入的不确定度以及环境因素、测试人员引入的不确定度。

4 标准不确定度的评定

通过对量热系统不确定度分析，依次对各个不确定度分量进行计算，由于测量开始前需要先对量热系统热容进行标定，因此先对系统热容量进行不确定度评定。

4.1 系统热容不确定度的评定

使用具有标准热值的苯甲酸对量热系统的热容进行标定：

$$E = \frac{q_s m_s + q_1 + q_2}{\Delta T_s} \tag{3}$$

式中 E——量热系统的热容，J/K；

ΔT_s——量热体系温升，K；

m_s——标准物质苯甲酸的热值，J/g；

q_s——标准物质苯甲酸的质量，g；

q_1——点火能量，J；

q_2——棉线热值，J/根。

由标定热容过程可知，量热体系热容的不确定度包括：A 类不确定度主要为标定时对热容的测量重复性；B 类不确定度有苯甲酸标准热值的不确定度、苯甲酸称量过程的不确定度、标定时温差测量的不确定度、点火能量不确定度、棉线热值不确定度以及内筒中装水量测量不确定度。量热系统热容标定试验数据，见表 1。

表 1 量热系统热容标定试验数据

编号	苯甲酸热值 q_s (J/g)	棉线热值 q_2 (J/根)	点火能量 q_1 (J)	苯甲酸质量 m_s (g)	量热体系温升 ΔT_s (K)	量热系统热容 E (J/K)
1	26458	50	64	1.0036	3.3104	8056
2			64	1.0210	3.3626	8067
3			64	1.0009	3.2961	8069
4			64	1.0132	3.3354	8071
5			64	0.9969	3.2815	8073
平均值	/	/	64	1.0071	3.3172	8067

（1）标准物质苯甲酸热值引入的标准不确定度

苯甲酸标准物质证书中给出了苯甲酸的热值为26458 J/g，对应热值的相对扩展不确定度为0.1%（包含因子$k=2$），由此计算出苯甲酸热值的标准不确定度：

$$u(q_s)=\frac{0.001\times26458}{2}=13.2\text{J/K}$$

（2）苯甲酸称量引入的标准不确定度

校准证书标示了分析天平的最大允许误差为±0.1mg，按均匀分布，包含因子$k=\sqrt{3}$，苯甲酸称量的标准不确定度：

$$u(m_s)=\frac{1\times10^{-4}}{\sqrt{3}}=5.8\times10^{-5}\text{g}$$

（3）棉线热值引入的标准不确定度

利用标准热值的棉线引燃苯甲酸样品，本试验所用的棉线已事先经过裁剪，其热值为50J/根，每次使用一根；根据经验每根棉线的误差不超过2J，按照均匀分布取$k=\sqrt{3}$。由此计算出每根棉线的标准不确定度：

$$u(q_2)=\frac{2}{\sqrt{3}}=1.15\text{J/根}$$

（4）点火能量引入的标准不确定度

试验中点火能量的误差为±1J，按均匀分布，取$k=\sqrt{3}$，得出点火能量的标准不确定度：

$$u(q_1)=\frac{1}{\sqrt{3}}=0.58\text{J}$$

（5）量热系统温差测量的不确定度

量热仪中温差测量的分辨率为0.0001K，按照均匀分布，取$k=\sqrt{3}$，其标准不确定度：

$$u(q_1)=\frac{0.0001}{\sqrt{3}}=5.8\times10^{-5}\text{K}$$

根据标定过程中的数学模型导出方差公式，各输入量之间不相关，得出的方差公式为：

$$u_1^2(E)=\left(\frac{m_s}{\Delta T_s}\right)^2\cdot u^2(q_s)+\left(\frac{q_s}{\Delta T_s}\right)^2\cdot u^2(m_s)+\left(\frac{1}{\Delta T_s}\right)^2\cdot u^2(q_1)$$
$$+\left(\frac{1}{\Delta T_s}\right)^2\cdot u^2(q_2)+\left(-\frac{q_sm_s+q_1+q_2}{\Delta T_s^2}\right)^2\cdot u^2(\Delta T_s)\tag{4}$$

将上述数据代入式（3）中，得

$$u_1(E)=4.06\text{J/K}$$

（6）氧弹内筒中装水量测量引入的不确定度

试验流程要求，内筒中需要装入10mL去离子水，所用量筒的精确度为0.2mL，25℃环境中水的密度为$\rho=0.997\text{g/cm}^3$，比热容为$C=4.2\ \text{J/(g·K)}$，由此得出内筒水称量的不确定度为：$u_2(E)=0.2\times0.997\times4.2=0.84\text{J/K}$。

（7）热容量重复性测量引起的不确定度

将5次标定出的热容量数值代入贝塞尔公式：

$$u_3(E)=\sqrt{\frac{\sum_{i=1}^{n}(x_i-\bar{x})^2}{n(n-1)}}=2.97\text{J/K}$$

由于 $u_1(E)$、$u_2(E)$、$u_3(E)$ 三个热容不确定度分量互不相关，合成热容标准不确定度：

$$u(E)=\sqrt{u_1^2(E)+u_2^2(E)+u_3^2(E)}=5.10\text{J/K}$$

4.2 高分子膜称量引入的标准不确定度

校准证书中标示了分析天平的最大允许误差为 ±0.1mg，按均匀分布，包含因子 $k=\sqrt{3}$，得出高分子膜称量的标准不确定度：

$$u(m)=\frac{1\times10^{-4}}{\sqrt{3}}=5.8\times10^{-5}\text{g}$$

4.3 各输入量引入的高分子膜热值不确定度计算

根据 GB/T 14402—2007 中对测量次数的规定，另外为保证不确定度评定的准确性，对样品进行了 5 次重复性热值测量，具体数据如表 2 所示。

表 2 高分子膜燃烧热值测量数据

编号	样品质量 m（g）	点火棉线（J/根）	量热体系温升 ΔT（K）	点火能量 q_1（J）	高分子膜热值 Q（J/g）
1	0.5002	50	2.8169	64	45202
2	0.5011		2.8274	64	45290
3	0.5007		2.8197	64	45198
4	0.5028		2.8298	64	45175
5	0.5011		2.8160	64	45106
平均值	0.5012		2.8220	64	45194
备注：仪器热容为 8067J/K。					

由表 2 中的数据和前述对各输入量不确定度的计算，将具体数值代入式（2）中，求得各输入量引入的不确定度：$u_1(Q)=29.32\text{J/g}$。

4.4 高分子膜热值重复性测量引起的不确定度

将 5 次测得的高分子膜热值导入贝塞尔公式，得出不确定度分量：

$$u_2(Q)=\sqrt{\frac{\sum_{i=1}^{n}(x_i-\bar{x})^2}{n(n-1)}}=29.50\text{J/g}$$

4.5 试验环境引起的不确定度

本次试验是在标准的控温控湿实验室中完成的，量热系统周围没有其他的热辐射仪器，在测试时除必要的试验流程外，屋内无多余的人员进出扰动；因此可以避免实验室环境对检测结果的影响，其引入的不确定度可以忽略不计。

4.6 检测人员引入的不确定度

在试验中检测人员均经过专门的上岗培训，熟悉相关的检测标准和试验流程，对相关产品具有一定的测试经验；操作时严格按照操作规程，使用符合要求的称量仪器，因此检测人员引入的不确定度很小，可忽略不计。标准不确定度汇总表见表 3。

表 3　标准不确定度汇总表

类型	不确定度分量	标准不确定度（J/g）
A 类	高分子膜热值测量重复性	29.50
	各输入量引入的不确定度 $u(E)$、$u(\Delta T)$、$u(m)$、$u(q_1)$、$u(q_2)$	29.32
B 类	测量试验环境引起的不确定度	忽略不计
	检测人员引入的不确定度	忽略不计

5　合成标准不确定度

表 3 中标示的不确定度分量互不相关，因此得出合成标准不确定度为：

$$u(Q) = \sqrt{u_1^2(Q) + u_2^2(Q)} = 41.59\text{J/g}$$

6　扩展不确定度

扩展不确定度为合成标准不确定度与所选用的包含因子乘积，包含因子取 $k=2$ 时

$$U = k \cdot u(Q) = 2 \times 41.59\text{J/g} \approx 0.08\text{MJ/kg}$$

$k=2$ 时区间（$\sigma - U$，$\sigma + U$）的包含概率为 95.45%。

被测高分子膜的检测结果报告为：

$$Q = 41.59\text{MJ/kg},\ U = 0.08\text{MJ/kg};\ k = 2$$

7　结果和讨论

对各不确定度分量进行分析，可知影响不确定度的主要因素为测量重复性和量热系统热容两个不确定度分量，为减少热容对数值的影响，在试验时，应按时对仪器进行维护，尽量避免不必要的精确度缺失，另外在样品制备时，应保证样品均匀且具有代表性。

通过以上对高分子膜进行的热值测量及不确定度评定，得出了高分子膜热值为 41.59MJ/kg，当扩展因子 $k=2$ 时，其扩展不确定度为 0.08MJ/kg，数值与传统烯烃类高分子燃烧热值相吻合，得出的扩展不确定度数值较低，证明了在当前条件下测定高分子膜热值具有较高的准确性。

参　考　文　献

[1]　郭鹿．防火铝塑复合板的研制[J]．塑料工业，2007，35(7)：68-70.

[2]　彭超，周建，隋承鑫，等．氧弹式量热仪热容标定不确定度评定[J]．中国建材科技，2015(01)：9-10.

第3章　光　　学

案例18　汽车车窗玻璃遮阳膜可见光透射比测量不确定度评定

中国建材检验认证集团秦皇岛有限公司　梁晓蕾

1　概述

1）评定依据：JJF 1059.1—2012《测量不确定度评定与表示》；

2）测量方法：GA/T 744—2013《汽车车窗玻璃遮阳膜》；GB/T 2680—2021《建筑玻璃 可见光透射比、太阳光直接透射比、太阳能总透射比、紫外线透射比及有关窗玻璃参数的测定》；

3）环境条件：温度23℃，湿度52%；

4）试验仪器：高性能Lambda光谱仪 QCTC-A-340；

5）被测对象：汽车车窗玻璃遮阳膜；

6）测量过程：选取尺寸为50mm×50mm的试样，在380～780nm光谱范围内，分别测试浮法玻璃和贴有遮阳膜的浮法玻璃的可见光光谱透射比，波长间隔为10nm。按GB/T 2680—2021《建筑玻璃 可见光透射比、太阳光直接透射比、太阳能总透射比、紫外线透射比及有关窗玻璃参数的测定》中式（1）计算浮法玻璃的可见光透射比 T_1 和贴有遮阳膜的浮法玻璃的可见光透射比 T_2，进而计算遮阳膜的可见光透射比 T。这里对测量结果的不确定度进行评估。

2　建立数学模型

遮阳膜可见光透射比的测量结果数学模型满足公式：

$$T = \frac{T_2}{T_1} \times 100\% \tag{1}$$

式中　T——遮阳膜可见光透射比真值的估计值；

T_1——浮法玻璃的可见光透射比；

T_2——贴有遮阳膜的浮法玻璃的可见光透射比。

3　不确定度分量的评估

3.1　测量重复性相对标准不确定度 u_{rel}（T_{repeat}）

对被测样品读取8次测量结果，见表1。

表1　透射比测量结果

次数	1	2	3	4	5	6	7	8	标准差	平均值
T_1 示值（%）	89.65	89.64	89.80	89.43	89.64	89.50	89.45	89.57	/	89.59
T_2 示值（%）	72.77	72.68	72.70	72.62	72.77	72.74	72.69	72.36	/	72.67
T（%）	81.17	81.08	80.96	81.20	81.18	81.27	81.26	81.23	0.17	81.11

采用贝塞尔公式计算测量重复性标准差。由于“汽车车窗玻璃遮阳膜可见光透射比”通常采用单次测量结果，因此这里不评估平均值的重复性标准差。

$$u(T_{\text{repeat}}) = s(T_{\text{repeat}}) = \sqrt{\frac{\sum_{i=1}^{8}(T_i - \bar{T})^2}{8-1}} = 0.17\%$$

测量重复性相对标准不确定度标准差：

$$u_{\text{rel}}(T_{\text{repeat}}) = \frac{0.17\%}{T} = \frac{0.17\%}{81.11\%} = 0.21\%$$

3.2　高性能 Lambda 光谱仪示值误差的相对标准不确定度

根据高性能 Lambda 光谱仪校准证书，透射比示值误差的不确定度 $U(\tau) = 0.40\%$，包含因子 $k=2$，则仪器透射比示值误差带来的标准不确定度为：

$$u(\tau) = \frac{U(\tau)}{k} = 0.20\%$$

已知 $\bar{T}=81.11\%$，$\bar{T}_1=89.59\%$，$\bar{T}_2=72.67\%$，测试浮法玻璃的可见光透射比 T_1 和贴有遮阳膜的浮法玻璃的可见光透射比 T_2 时，高性能 Lambda 光谱仪透射比示值误差带来的相对标准不确定度分别为：

$$u_{\text{rel}}(\Delta_{\text{T}_1}) = \frac{0.20\%}{\bar{T}_1} = \frac{0.20\%}{89.59\%} = 0.22\%$$

$$u_{\text{rel}}(\Delta_{\text{T}_2}) = \frac{0.20\%}{\bar{T}_2} = \frac{0.20\%}{72.67\%} = 0.28\%$$

4　合成标准不确定度

将上述评定的相对不确定度分量内容逐项填入相对不确定度分量明细表2中。

表2　相对不确定度分量明细表

序号	影响量	符号	影响量的相对不确定度	相对不确定度分量	相关性
1	测量重复性	T_{repeat}	$u_{\text{rel}}(T_{\text{repeat}})$	0.21	不相关
2	高性能 Lambda 光谱仪示值误差相对标准不确定度 $u_{\text{rel}}(\Delta_{\text{T}_1})$	Δ_{T_1}	$u_{\text{rel}}(\Delta_{\text{T}_1})$	0.22	不相关
3	高性能 Lambda 光谱仪示值误差相对标准不确定度 $u_{\text{rel}}(\Delta_{\text{T}_2})$	Δ_{T_2}	$u_{\text{rel}}(\Delta_{\text{T}_2})$	0.28	不相关
	合成相对标准不确定度（%）			0.42	

合成相对标准不确定度满足：

$$u_{\text{rel}}(T) = \sqrt{[u_{\text{rel}}(T_{\text{repeat}})]^2[u_{\text{rel}}(\Delta_{\text{T}_1})]^2 + [u_{\text{rel}}(\Delta_{\text{T}_2})]^2} = 0.42\%$$

因此合成标准不确定度为：

$$u_c(T) = 0.42\% \times \overline{T} = 0.42\% \times 81.11\% = 0.34\%$$

5 扩展不确定度与测量结果的表示

取置信概率 95%，$k=2$，计算扩展不确定度，满足：

$$U = k \cdot u_c(T) = 0.68\%$$

汽车车窗玻璃遮阳膜可见光透射比的测量不确定度 $U=0.68\%$；$k=2$。

案例 19 建筑玻璃用功能膜遮蔽系数测量不确定度评定

中国建材检验认证集团秦皇岛有限公司 梁晓蕾

1 概述

1）评定依据：JJF 1059.1—2012《测量不确定度评定与表示》；

2）测量方法：GB/T 29061—2012《建筑玻璃用功能膜》；GB/T 2680—2021《建筑玻璃 可见光透射比、太阳光直接透射比、太阳能总透射比、紫外线透射比及有关窗玻璃参数的测定》；

3）环境条件：温度 23℃，湿度 52%；

4）试验仪器：高性能 Lambda 光谱仪 QCTC-A-340，红外测试仪 QCTC-A-003；

5）被测对象：建筑玻璃用功能膜；

6）测量过程：建筑玻璃用功能膜是由耐磨涂层、聚酯膜层、安装胶、防粘保护膜（离型纸）组合而成的聚酯复合薄膜材料。分别将 3 块 50mm×50mm 的建筑玻璃用功能膜（室内膜）撕掉离型纸，装贴在同样尺寸的可见光透射比为（88±1）% 的 3mm 平板玻璃上。如图 1 所示。

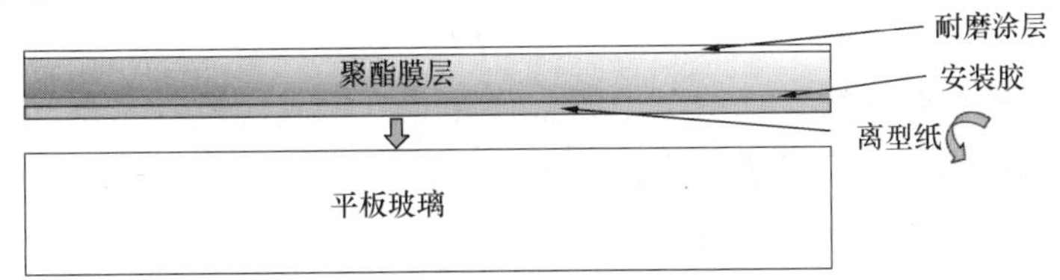

图 1 建筑玻璃贴膜示意图

试验前将试样在温度 20℃±5℃，相对湿度 50%～70%，大气压 $8.6\times10^4 \sim 1.06\times10^5$Pa 的条件下至少放置 24h。之后按 GB/T 2680—2021 中规定的方法，利用高性能 Lambda 光谱仪分别测定 3 块样品的太阳光直接透射比、太阳光直接反射比；利用红外测试仪分别测定 3 块样品的半球辐射率，进而计算遮蔽系数，将该试验重复进行 8 次，这里对测量结果的不确定度进行评估。

2 建立数学模型

根据 GB/T 2680—2021《建筑玻璃 可见光透射比、太阳光直接透射比、太阳能总透射比、紫外线透射比及有关窗玻璃参数的测定》，遮蔽系数测量结果满足公式：

$$S_e = \frac{g}{\tau_s} \tag{1}$$

式中 S_e——试样的遮蔽系数；

g——试样的太阳能总透射比；

τ_s——3mm 厚的普通透明平板玻璃的太阳能总透射比，取 0.889。

其中太阳能总透射比的计算公式如下：

$$g = \tau_e + q_i \tag{2}$$

$$q_i = \alpha_e \times \frac{h_i}{h_i + h_e} \tag{3}$$

$$\alpha_e = 1 - \tau_e - \rho_e \tag{4}$$

$$h_i = 3.6 + \frac{4.4\varepsilon_i}{0.83} \tag{5}$$

$$h_e = 23\mathrm{W/(m^2 \cdot K)} \tag{6}$$

将式（2）~式（6）代入式（1）中，遮蔽系数的测量结果可表示为：

$$S_e = \frac{\tau_e + (1 - \tau_e - \rho_e) \times \dfrac{3.6 + \dfrac{4.4\varepsilon_i}{0.83}}{3.6 + \dfrac{4.4\varepsilon_i}{0.83} + 23}}{0.889} \tag{7}$$

因此依据测量过程，以及采用的试验仪器，建筑玻璃用功能膜遮蔽系数测量结果的数学模型满足公式：

$$S_e = \frac{(\tau_e - \Delta_{\tau_e}) + [1 - (\tau_e - \Delta_{\tau_e}) - (\rho_e - \Delta_{\rho_e})] \times \dfrac{3.6 + \dfrac{4.4(\varepsilon_i - \Delta_{\varepsilon_i})}{0.83}}{3.6 + \dfrac{4.4(\varepsilon_i - \Delta_{\varepsilon_i})}{0.83} + 23}}{0.889} \tag{8}$$

式中 S_e——试样的遮蔽系数，保留至小数点后两位；

τ_e——试样的太阳光直接透射比；

ρ_e——试样的太阳光直接反射比；

ε_i——试样的半球辐射率；

Δ_{τ_e}——测试 τ_e 时高性能 Lambda 光谱仪的示值误差；

Δ_{ρ_e}——测试 ρ_e 时高性能 Lambda 光谱仪的示值误差；

Δ_{ε_i}——红外测试仪的示值误差。

3 灵敏系数计算

对各项影响量求偏导数，得到各项影响量的灵敏系数：

$$c_{\text{repeat}} = \frac{\partial S_e}{\partial S_e} = 1$$

$$c_{\Delta\tau_e}=\frac{\partial S_e}{\partial \Delta_{\tau e}}=\frac{-1+\dfrac{3.6+\dfrac{4.4(\varepsilon_i-\Delta_{\varepsilon i})}{0.83}}{3.6+\dfrac{4.4(\varepsilon_i-\Delta_{\varepsilon i})}{0.83}+23}}{0.889}\approx\frac{-1+\dfrac{3.6+\dfrac{4.4\varepsilon_i}{0.83}}{3.6+\dfrac{4.4\varepsilon_i}{0.83}+23}}{0.889}$$

$$c_{\Delta_{\rho e}}=\frac{\partial S_e}{\partial \Delta_{\rho e}}=\frac{\dfrac{3.6+\dfrac{4.4(\varepsilon_i-\Delta_{\varepsilon i})}{0.83}}{3.6+\dfrac{4.4(\varepsilon_i-\Delta_{\varepsilon i})}{0.83}+23}}{0.889}\approx\frac{\dfrac{3.6+\dfrac{4.4\varepsilon_i}{0.83}}{3.6+\dfrac{4.4\varepsilon_i}{0.83}+23}}{0.889}$$

$$c_{\Delta_{\varepsilon i}}=\frac{\partial S_e}{\partial \Delta_{\varepsilon i}}=\frac{[1-(\tau_e-\Delta_{\tau e})-(\rho_e-\Delta_{\rho e})]\times\dfrac{-\dfrac{4.4}{0.83}\times\left(3.6+\dfrac{4.4(\varepsilon_i-\Delta_{\varepsilon i})}{0.83}+23\right)+\dfrac{4.4}{0.83}\times\left(3.6+\dfrac{4.4(\varepsilon_i-\Delta_{\varepsilon i})}{0.83}\right)}{\left(3.6+\dfrac{4.4(\varepsilon_i-\Delta_{\varepsilon i})}{0.83}+23\right)^2}}{0.889}$$

$$=-\frac{(1-\tau_e-\rho_e)\times\dfrac{-\dfrac{4.4}{0.83}\times 23}{\left(3.6+\dfrac{4.4\varepsilon_i}{0.83}+23\right)^2}}{0.889}$$

4 不确定度分量的评估

4.1 测量重复性标准不确定度 $u(S_{e_{repeat}})$

试验前将试样在温度23℃，相对湿度52%，大气压$8.6\times10^4\sim1.06\times10^5$Pa的条件下放置24h。之后按GB/T 2680—2021中规定的方法，在温度23℃、相对湿度52%、大气压$8.6\times10^4\sim1.06\times10^5$Pa的条件下进行试验。

该试样上装贴的功能膜为室内隔热膜，因此利用高性能Lambda光谱仪分别测定3块贴膜玻璃试样的太阳光直接透射比、玻璃面的太阳光直接反射比；利用红外测试仪分别测定3块试样膜面的半球辐射率，进而计算遮蔽系数，合格判定依据为3块试样与平均值之间差值的最大值不超过±0.05。试样由厂家专业贴膜人员制备，同时保证功能膜的规格、批次相同，所用平板玻璃的规格、批次相同。在测量过程中，应主动回避功能膜上的划痕和气泡等对试验结果准确性会造成影响的位置。将该试验重复进行8次，记录结果见表1。

表1 测量结果

次数	1	2	3	4	5	6	7	8	标准差	平均值
τ_{e_1}	0.3048	0.3105	0.3182	0.3115	0.3092	0.3036	0.3094	0.3063	/	
τ_{e_2}	0.3089	0.3063	0.3169	0.3052	0.3168	0.3054	0.3176	0.3104	/	$\overline{\tau}_e$: 0.3098
τ_{e_3}	0.3156	0.3031	0.3124	0.3046	0.3053	0.3067	0.3085	0.3181	/	
ρ_{e_1}	0.3279	0.3272	0.3235	0.3279	0.3253	0.3286	0.3201	0.3255	/	
ρ_{e_2}	0.3214	0.3215	0.3206	0.3305	0.3225	0.3262	0.3296	0.3263	/	$\overline{\rho}_e$: 0.3243
ρ_{e_3}	0.3246	0.3263	0.3197	0.3252	0.3207	0.3212	0.3213	0.3202	/	

续表

次数	1	2	3	4	5	6	7	8	标准差	平均值
ε_{i1}	0.60	0.60	0.60	0.60	0.60	0.60	0.60	0.60	/	
ε_{i2}	0.60	0.60	0.60	0.59	0.59	0.59	0.60	0.59	/	$\overline{\varepsilon_e}$：0.60
ε_{i3}	0.60	0.59	0.59	0.59	0.59	0.59	0.60	0.60	/	
S_{e1}	0.44	0.44	0.45	0.44	0.44	0.44	0.44	0.44	/	/
S_{e2}	0.44	0.44	0.45	0.44	0.45	0.44	0.45	0.44	/	/
S_{e3}	0.45	0.44	0.45	0.44	0.44	0.44	0.44	0.45	/	/
S_e 均值	0.44	0.44	0.45	0.44	0.44	0.44	0.44	0.44	0.0035	$\overline{S_e}$：0.44

采用贝塞尔公式计算测量重复性标准差 $u(S_{e_{repeat}})$：

$$u(S_{e_{repeat}}) = s(S_{e_{repeat}}) = \sqrt{\frac{\sum_{i=1}^{8}(S_{e_i} - \overline{S_{e_i}})^2}{8-1}} = 0.0035$$

4.2　高性能 Lambda 光谱仪示值误差的标准不确定度

根据高性能 Lambda 光谱仪校准证书，透射比示值误差的不确定度 $U(\tau_e) = 0.40\%$，包含因子 $k=2$，反射比示值误差的不确定度 $U(\rho_e) = 0.80\%$，包含因子 $k=2$。测试太阳光直接透射比 τ_e 和太阳光直接反射比 ρ_e 时，仪器示值误差的标准不确定度分别为：

$$u(\Delta_{\tau_e}) = \frac{U(\tau_e)}{k} = \frac{0.40\%}{2} = 0.0020$$

$$u(\Delta_{\rho_e}) = \frac{U(\rho_e)}{k} = \frac{0.80\%}{2} = 0.0040$$

4.3　红外测试仪示值误差的标准不确定度 $u(\Delta_{\varepsilon i})$

根据红外测试仪校准证书，示值误差的不确定度 $U=3.0\%$，包含因子 $k=2$，测试半球辐射率时，红外测试仪示值误差的标准不确定度 $u(\Delta_{\varepsilon i})$ 为：

$$u(\Delta_{\varepsilon i}) = \frac{U}{k} = \frac{3.0\%}{2} = 0.015$$

5　合成标准不确定度

将上述评定的不确定度分量内容逐项填入不确定度分量明细表2中。

表2　不确定度分量明细表

序号	影响量	符号	灵敏系数	影响量的不确定度	不确定度分量	相关性
1	测量重复性	$S_{e_{repeat}}$	c_{repeat}	$u(S_{e_{repeat}})$	$c_{repeat} \cdot u(S_{e_{repeat}})$	不相关
2	测试 τ_e 时高性能 Lambda 光谱仪的示值误差	$\Delta_{\tau e}$	$c_{\Delta\tau e}$	$u(\Delta_{\tau e})$	$c_{\Delta\tau e} \cdot u(\Delta_{\tau e})$	不相关
3	测试 ρ_e 时高性能 Lambda 光谱仪的示值误差	$\Delta_{\rho e}$	$c_{\Delta\rho e}$	$u(\Delta_{\rho e})$	$c_{\Delta\rho e} \cdot u(\Delta_{\rho e})$	不相关
4	红外测试仪的示值误差	$\Delta_{\varepsilon i}$	$c_{\Delta\varepsilon i}$	$u(\Delta_{\varepsilon i})$	$c_{\Delta\varepsilon i} \cdot u(\Delta_{\varepsilon i})$	不相关

其中，已知$\overline{\tau_e}=0.3098$，$\overline{\rho_e}=0.3243$，$\overline{\varepsilon_e}=0.60$，可根据第 3 节的灵敏系数式子计算影响量的灵敏系数数值：

$$c_{repeat}=\frac{\partial S_e}{\partial S_e}=1$$

$$c_{\Delta\tau_e}=\frac{\partial S_e}{\partial \Delta_{\tau e}}=\frac{-1+\dfrac{3.6+\dfrac{4.4\varepsilon_i}{0.83}}{3.6+\dfrac{4.4\varepsilon_i}{0.83}+23}}{0.889}=-0.87$$

$$c_{\Delta\rho e}=\frac{\partial S_e}{\partial \Delta_{\rho e}}=\frac{\dfrac{3.6+\dfrac{4.4\varepsilon_i}{0.83}}{3.6+\dfrac{4.4\varepsilon_i}{0.83}+23}}{0.889}=0.26$$

$$c_{\Delta_{\varepsilon i}}=\frac{\partial S_e}{\partial \Delta_{\varepsilon i}}=\frac{(1-\tau_e-\rho_e)\times\dfrac{-\dfrac{4.4}{0.83}\times 23}{\left(3.6+\dfrac{4.4\varepsilon_i}{0.83}+23\right)^2}}{0.889}=-0.06$$

因此可以得到表 3：

表 3　不确定度分量明细表

序号	影响量	符号	灵敏系数	影响量的不确定度	不确定度分量	相关性
1	测量重复性	$S_{e_{repeat}}$	1	0.0035	0.0035	不相关
2	测试τ_e时高性能 Lambda 光谱仪的示值误差	Δ_{τ_e}	-0.87	0.0020	-0.0017	不相关
3	测试ρ_e时高性能 Lambda 光谱仪的示值误差	Δ_{ρ_e}	0.26	0.0040	0.0010	不相关
4	红外测试仪的示值误差	$\Delta_{\varepsilon i}$	-0.06	0.015	-0.0009	不相关
	合成相对标准不确定度				0.0042	

合成标准不确定度满足：

$$u_c(S_e)=\sqrt{[c_{repeat}u(S_{e_{repeat}})]^2+[c_{\Delta\tau_e}u(\Delta_{\tau e})]^2+[c_{\Delta\rho_e}u(\Delta_{\rho e})]^2+[c_{\Delta\varepsilon i}u(\Delta_{\varepsilon i})]^2}$$

$$=0.0042$$

6　扩展不确定度与测量结果的表示

取置信概率 95%，$k=2$，计算扩展不确定度，则满足：

$$U=k\cdot u_c(S_e)=0.009$$

该建筑玻璃用功能膜遮蔽系数的测量不确定度 $U=0.009$；$k=2$。

案例 20　平板玻璃光学变形测量不确定度评定

中国建材检验认证集团秦皇岛有限公司　刘焕章

1　概述

平板玻璃光学变形是由于生产过程中，因成分、温度等因素不均匀造成玻璃体不均匀，在一定角度下透过玻璃观察对面物体时出现变形的缺陷，其变形程度用入射角（或称斑马角）来表示。

光学变形的检测装置是用斑马仪。斑马仪是由一个有黑白相间条纹且倾斜 45°的屏幕和一个距离屏幕 4.5m 的水平转盘组成的。玻璃样品放在随转盘转动的固定支架上。转盘上的指针指向刻度盘，刻度盘刻度从 0°到 90°。当玻璃样品平面与斑马屏幕平行时，指针指示 0°；垂直时，指针指示 90°。观察者在距离样品 4.5 m 处透过玻璃观察屏幕上的斑马条纹。检测时，转动转盘，当入射角由大到小改变时，观察到光学变形逐渐减轻，当全部变形刚好完全消失时的入射角就是这片玻璃的光学变形角。

现在一般采用全自动浮法玻璃斑马角测试仪测量平板玻璃光学变形。用高分辨率相机代替肉眼观察，用计算机数字图像处理技术代替人脑判断，自动计算出光学变形角。

下面介绍平板玻璃光学变形不确定度评定与表示方法。

1）评定依据：JJF 1059.1—2012《测量不确定度评定与表示》。

2）测量方法：GB 11614—2009《平板玻璃》第 6.5.4 条。
　　　　　　自动浮法玻璃斑马角测试仪操作规程。

3）环境条件：温度 23℃，湿度 66%，室内照明，没有干扰光线。

4）测量标准：标准玻璃板，65°。

5）被测对象：全自动浮法玻璃斑马角测试仪（型号：FZT-1）。

6）测量步骤：将 65°的标准玻璃板垂直放在全自动浮法玻璃斑马角测试仪样品支架上，单击程序中的“自动检测”选项，设备运行，先找到 0°，然后脉冲信号使转盘转动，相机不停采集图像，应用程序处理数据并判断，最终将斑马角在显示屏上显示出来。这样重复测量 10 次，得到 10 个数据。

这里对测量结果的不确定度进行评估。

2　建立数学模型

全自动浮法玻璃斑马角测试仪示值误差的数学模型是：

$$E = V - B$$

式中　E——全自动浮法玻璃斑马角测试仪示值误差；
　　　V——全自动浮法玻璃斑马角测试仪示值；
　　　B——玻璃样板标准值。

3　不确定度分量的评估

3.1　不确定度的 A 类评定

测量重复性的不确定度 $u(V_{rep})$

依据测试记录，得到 10 次测量结果（如表 1 所示）。

表 1　测试仪重复性

次数	1	2	3	4	5	6	7	8	9	10
示值（°）	64.9	64.8	64.9	64.8	64.9	64.9	64.9	64.7	64.8	64.8

通过统计分析的方法即 A 类评定方法计算标准不确定度，因采用单次测量的结果，故采用贝塞尔公式计算测量重复性标准差为：

$$u(V_{rep}) = s(V_{rep}) = \sqrt{\frac{\sum_{i=1}^{10}(V_i - \overline{V})}{10-1}} = 0.070°$$

3.2　不确定度的 B 类评定

1）标准玻璃板标称值的标准不确定度 $u(a)$

标准板的度数是由全国玻璃检测专家共同确定的，标称值为 54°，最大误差 1°，那么区间半宽度 $a = 1°$，服从正态分布，查概率 $p = 95\%$ 时的置信因子 $k = 1.960$。

因此，标准玻璃板标称值的标准不确定度：

$$u(a) = \frac{a}{k} = \frac{1}{1.96} = 0.510°$$

2）玻璃板与斑马角测试仪相对位置有关的标准不确定度 $u(b)$

由于玻璃板的不均匀，每块板上都有光学变形最重的部位，最重的部位的光学变形才是玻璃板的光学变形，因此当在一定角度下放置玻璃板在斑马角测试仪支架上的位置改变时，从观察者到这个部位的光线的入射角也会发生改变，这个变化可以用几何定理求得。如图 1 所示。

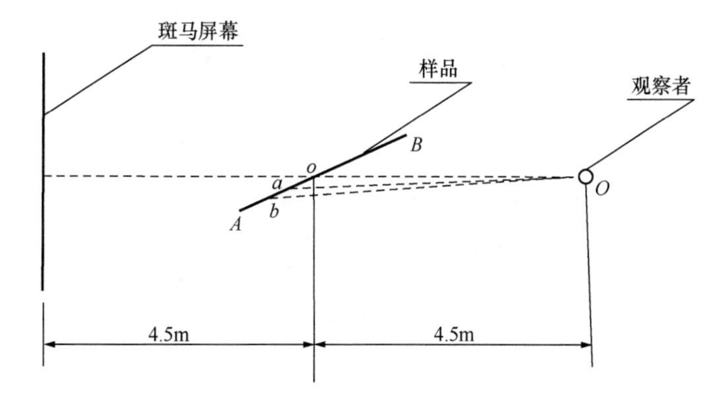

图 1　用斑马法测定平板玻璃光学变形示意图

平板玻璃的光学变形角一般在 55° ~ 65°，将样品固定在 60°的位置上，即 $\angle BoO = 30°$，假如光学变形最重的位置从 a 点变到 b 点，设 $ab = 0.10\text{m}$，$AB = 1.2\text{m}$，则 $\angle BbO -$

$\angle BaO \approx 0.5°$。所以区间半宽度为0.5°，符合均匀分布，$k=\sqrt{3}$，玻璃板与斑马角测试仪相对位置有关的标准不确定度：

$$u(b) = \frac{0.5°}{\sqrt{3}} = 0.289°$$

3）零点的标准不确定度 $u(c)$

全自动浮法玻璃斑马角测试仪每次测量时，先找零点位置，它是通过固定在样品支架下面的金属片遮挡机箱上的光电管信号实现的。均匀性零点漂移引起的最大误差为0.5°。因此区间半宽度为0.5°，符合均匀分布，$k=\sqrt{3}$，零点的标准不确定度：

$$u(c) = \frac{0.5°}{\sqrt{3}} = 0.289°$$

4 合成相对标准不确定度

不确定度各分量汇总见表2。

表2 不确定度分量汇总表

不确定度分量	不确定度来源	不确定度值
$u(V_{rep})$	测量重复性	0.070°
$u(a)$	标准玻璃板标称值的标准不确定度	0.510°
$u(b)$	玻璃板与斑马角测试仪相对位置有关的标准不确定度	0.289°
$u(c)$	零点的标准不确定度	0.289°

以上各分量相互独立，互不相关，合成标准不确定度满足：

$$u_c = \sqrt{0.070^2 + 0.51^2 + 0.289^2 + 0.289^2} = 0.657°$$

5 扩展不确定度与测量结果的表示

取置信概率95%，$k=2$，计算扩展不确定度，满足：

$$U = k \times u_c = 2 \times 0.657° = 1.3°$$

平板玻璃光学变形测量不确定度表示：$U=1.3°$；$k=2$。

案例21 化学钢化玻璃折射率逆转层深度（DOL）测量不确定度评定

中国建材检验认证集团股份有限公司 李俊杰

1 概述

1）评定依据：JJF 1059.1—2012《测量不确定度评定与表示》。

2）测量方法：依据 ASTMC 1422/C1422M—20。

3）环境条件：室温条件（无特殊要求）。

4）试验仪器：FSM-6000LECN 表面应力仪。

5）被测对象：化学钢化玻璃。

6）测量过程：根据光波导效应及应力双折射原理，测量出玻璃表面折射应力条纹，根据条纹的数量以及宽度计算折射率逆转层深度 DOL（仪器自动计算）。

2　建立数学模型

由于 FSM-6000LECN 表面应力仪能够实现表面折射率逆转层深度（DOL）自动测量。因此，该参数的测量模型可简化为：

$$Y = d \tag{1}$$

式中　Y——折射率逆转层深度（DOL）测量结果，μm；

d——仪器示值折射率逆转层深度（DOL），μm。

3　灵敏系数计算

对数学模型式（1）中不确定度分量进行求偏导

$$\frac{\partial Y}{\partial Y} = 1$$

$$\frac{\partial Y}{\partial d} = 1$$

4　不确定度分量的评估

经分析，该参数的测量不确定度分析来源主要是仪器的示值误差以及测量样品引入的重复性误差。

4.1　测量重复性（A 类评定）

4.1.1　测量样品重复性

分别对一组 10 个样品进行重复测量，并且通过上述公式计算得出折射率逆转层深度（DOL）测量重复性的标准不确定度，如表 1 所示。

表 1　折射率逆转层深度（DOL）（测量样品重复性）

样品编号	1	2	3	4	5	6	7	8	9	10	平均值	标准差
折射率逆转层深度（DOL）（μm）	47.40	47.20	47.90	47.80	47.80	47.40	47.10	47.30	47.00	47.40	47.43	0.309

则同一批次不同样品测量重复性引入的不确定度为 $u_1 = 0.309\mu m$。

4.1.2　测量周期重复性

选择同一个样品分别对初始、1 个月、3 个月、6 个月以及 12 个月测量结果进行重复性测量，结果如表 2 所示。

表 2　折射率逆转层深度（DOL）（测量周期重复性）

测量时间间隔（月）	初始	1 个月	3 个月	6 个月	12 个月
折射率逆转层深度（DOL）（μm）	47.07	47.20	47.90	47.80	47.80

由极差法计算原理可知，5 次测量结果最大值与最小值之差 R 为 0.83μm，根据 JJF 1059.1—2012《测量不确定度评定与表示》可知，测量次数为 5 时对应的极差系数为 2.33，自由度 3.6，因此可计算出测试周期重复性引入的不确定度：

$$u_2 = \frac{R}{C\sqrt{n}} = \frac{0.83\mu m}{2.33\sqrt{5}} = 0.159\mu m$$

综上可计算出测量重复性引入的不确定度为

$$u_{repeat} = \sqrt{u_1^2 + u_2^2} = 0.348\mu m$$

4.2　测量仪示值误差（B 类评定）

由测量设备校准用标样证书数据可知，仪器测量精度为 ±5μm。由于标样证书未明示该精度的置信区间和测量分布情况，假设置信概率为 95%，则包含因子 $k=2$。

由此得出 B 类相对标准不确定度 $u_B = 5\mu m/2 = 2.5\mu m$。

5　合成相对标准不确定度

测量不确定度分量汇总如表 3 所示。

表 3　不确定度分量汇总表

不确定度分量	影响量的不确定度	灵敏系数	不确定度分量	相关性
测量重复性	0.348μm	1	0.348μm	不相关
测量仪示值误差	2.5μm	1	2.5μm	不相关

合成标准不确定度：$u_e^2 = c_{repeat}^2 u_{repeat}^2 + c_B^2 u_B^2 = 0.348^2 + 2.5^2$

折射率逆转层深度（DOL）标准不确定度：$u_e = 2.544\mu m$，相对不确定度为 $u_{rel} = 5.4\%$

6　扩展不确定度与测量结果的表示

扩展不确定度需要考虑应用需求选择包含因子，选 $k=2$ 时置信概率 95%。扩展不确定度 $U = u_e \cdot k = 2.544 \times 2 = 5.088\mu m$；扩展相对不确定度 $U_{rel} = u_{rel} \cdot k = 5.4\% \times 2 = 10.8\%$。折射率逆转层深度（DOL）测量结果及不确定表达如表 4 所示。

表 4　折射率逆转层深度（DOL）测量结果及不确定表达

测量结果	扩展不确定度 U	相对扩展不确定度 U_{rel}	包含因子 k
47.43μm	5μm	11%	2

第4章　电　　气

案例22　智能坐便器爬电距离和电气间隙测量的不确定度评定

中国建材检验认证集团（陕西）有限公司　商　蓓　杨　帆　王开放　王超超

摘要：依据标准 GB 4706.1—2005《家用和类似用途电器的安全　第1部分：通用要求》中爬电距离和电气间隙试验方法的规定，测量智能坐便器产品接线端子的爬电距离和电气间隙并进行不确定度评定，最终得到合理、准确的测量不确定度。

关键字：智能坐便器；爬电距离；电气间隙；测量不确定度

0　引言

不确定度是指由于测量误差的存在，对被测量值不能肯定的程度。反过来，也表明该结果的可信赖程度，它是测量结果质量的指标。不确定度越小，所述结果与被测量的真值越接近，质量越高，水平越高，其使用价值也越高；不确定度越大，测量结果的质量越低，水平越低，其使用价值也越低。

CNAS-CL01：2018《检测和校准实验室能力认可准则》和 CNAS-CL01-G003：2018《测量不确定度的要求》中规定，CNAS 实验室应识别测量不确定度的贡献，采用适当分析方法考虑所有显著贡献。因此实验室在检测的过程中，应当结合检测方法、检测环境、检测仪器设备以及人员操作等各方面进行不确定度评定，一方面便于使用它的人评定其可靠性，另一方面也增强了测量结果之间的可比性。

本书将依据标准 GB 4706.1—2005《家用和类似用途电器的安全　第1部分：通用要求》对爬电距离和电气间隙试验方法的规定，测量智能坐便器产品接线端子的爬电距离和电气间隙并进行不确定度评定。

1　评定方法和步骤

按照 GB 4706.1—2005《家用和类似用途电器的安全　第1部分：通用要求》中对爬电距离和电气间隙试验方法的规定，使用上述试验仪器测试智能坐便器样品相关部位的爬电距离和电气间隙。

测量分为直线测量和折线测量两种情况，直线测量时使用游标卡尺直接进行一次测量即为所需数值；折线测量则包括多次直线测量，用塞尺跨接等情况，然后将测量数值相加。

对于使用塞规、塞尺进行定性判定的情况，本次不进行不确定度的评估。

2 测量不确定度评定所用试验仪器

设备名称	测量范围	精度
游标卡尺	(0~150)mm	0.01mm
塞尺	(0.02~1.00)/100mm	0.01mm

3 数学模型

由于是直接测量爬电距离和电气间隙，因此：

$d_r = x_0$ 式中，d_r 是爬电距离（mm）；x_0 是单次测量结果（mm）。

$d_1 = y_0$ 式中，d_1 是电气间隙（mm），y_0 是单次测量结果（mm）。

$d_r = x_1 + x_2 + \cdots + x_n$ 式中，x_1，x_2，…，x_n 为每个分段测量的数值。

$d_1 = y_1 + y_2 + \cdots + y_n$ 式中，y_1，y_2，…，y_n 为每个分段测量的数值。

4 不确定度分量的识别与量化

4.1 标准不确定度

4.1.1 不确定度的来源

影响爬电距离和电气间隙测量结果的随机因素较多，主要来源于测量仪器和环境的变动性、人员判断和操作的差异等因素。

因为测量工具与被测样品受环境影响非常小，所以存在温度差引起的不确定度也很小，远小于总不确定度，通常忽略不记。

需考虑的不确定度来源如下：

（1）游标卡尺本身的误差；

（2）人员操作读数时的误差；

（3）塞规本身的误差；

（4）塞尺本身的误差；

（5）确定短接点的误差（对于折线测量的情况）；

（6）确定折点位置的误差（对于折线测量的情况）。

4.1.2 方差和传播系数

1）使用游标卡尺直接进行一次测量即为所需数值

$$u_d = u(x_0)$$

2）测量结果为几个值相加时，传播系数均为1

$$u_d = \sqrt{\sum_{i=1}^{n} u^2(x_i)}$$

4.1.3 不确定度分量的评定

（1）重复性引起的不确定度分量

为了得到一个可靠性较高的测量重复性标准偏差，爬电距离和电气间隙的测试工具和测试方法相同，仅是选点路径不同，因此本次重复性测试，选择重复测量了一件样品的爬电距离10次，测量结果如下：

序号	1	2	3	4	5	6	7	8	9	10
爬电距离（mm）	5.46	5.52	5.58	5.44	5.58	5.54	5.48	5.50	5.42	5.56

10 次测量值的平均值为 5.51mm。

根据贝塞尔公式，$S(x_i)=\sqrt{\dfrac{\sum_{i=1}^{10}(x_i-\bar{x})^2}{n-1}}$ 求得标准偏差值为 0.0574mm。

测量结果的标准不确定度为：$u_1=0.018\text{mm}$。

（2）游标卡尺本身给出的不确定度分量 u_2

根据检定证书，此 0.02mm 分度值的游标卡尺，最大偏差为 ±0.0012mm，均匀分布，估计相对不确定度为 10%。

$$u_2=0.0012/\sqrt{3}=0.00069\text{mm}$$

（3）游标卡尺读数时的对线误差不确定度分量 u_3

0.02mm 分度值的游标卡尺，估计对线误差为 ±0.01mm，整个测量范围内该误差呈现三角分布，估计其相对不确定度为 25%。

$$u_3=0.01/\sqrt{3}=0.0058\text{mm}$$

（4）由塞尺本身给出的不确定度分量 u_4

根据检定证书，塞尺的最大偏差为 ±0.0006mm，按照均匀分布，估计相对不确定度为 10%。

$$u_4=0.0006/\sqrt{3}=0.00035\text{mm}$$

（5）确定短接点位置误差的不确定度 u_5

根据经验，确定短接点位置引入的误差最大为 ±0.1mm，该误差在测量范围内呈均匀分布，估计相对不确定度为 25%。

$$u_5=0.1/\sqrt{3}=0.05774\text{mm}$$

（6）确定折点位置误差的不确定度 u_6

根据经验，确定折点位置引入的误差最大为 ±0.1mm，该误差在测量范围内呈均匀分布，估计相对不确定度为 25%。

$$u_6=0.1/\sqrt{3}=0.05774\text{mm}$$

4.1.4 合成标准不确定度

1）使用游标卡尺直接进行一次测量即为所需数值：

$$u_d=u(x_0)$$

$$=\sqrt{u_2^2+u_3^2}=\sqrt{0.00069^2+0.0058^2}=0.00584\text{mm}$$

2）测量结果为几个值相加时（如测量结果分为 *AB*、*BC*、*CD* 三段，*B* 为短接点，*C* 为折点，其中 *AB* 用塞尺测量，*BC*、*CD* 用游标卡尺测量）

$$u_d=\sqrt{\sum_{i=1}^{n}u^2(x_i)}=\sqrt{u^2(x_1)+u^2(x_2)+u^2(x_3)}$$

$$=\sqrt{u_1^2+u_2^2+u_3^2+u_4^2+u_5^2+u_6^2}$$

$$= \sqrt{0.018^2 + 0.00069^2 + 0.0058^2 + 0.00035^2 + 0.05774^2 + 0.05774^2}$$
$$= 0.0838\text{mm}$$

4.2　标准不确定度汇总表

X_i	不确定度来源	类型	误差数值	概率分布	分布除数	标准不确定度 $u(X_i)$	敏感度系数	$u_i(y)$
u_1	重复性引起的不确定度	A	/	均匀分布	/	0.018	1	0.018
u_2	游标卡尺本身给出的不确定度	B	0.0012	均匀分布	$\sqrt{3}$	0.00069	1	0.00069
u_3	游标卡尺读数时的对线误差不确定度	B	0.01	三角分布	$\sqrt{3}$	0.0058	1	0.0058
		合成标准不确定度（U_c）$=\sqrt{\sum_i (u_i)^2}$						0.0185
		包含因子（k_p）（置信水平：95%）						2
		扩展不确定度（U）$=U_c \times k_p$						0.037 约为0.04

4.2.1　使用游标卡尺直接进行一次测量即为所需数值

X_i	不确定度来源	类型	误差数值	概率分布	分布除数	标准不确定度 $u(X_i)$	敏感度系数	$u_i(y)$
u_1	重复性引起的不确定度	A	/	均匀分布	/	0.018	1	0.018
u_2	游标卡尺本身给出的不确定度	B	0.0012	均匀分布	$\sqrt{3}$	0.00069	1	0.00069
u_3	游标卡尺读数时的对线误差不确定度	B	0.01	三角分布	$\sqrt{3}$	0.0058	1	0.0058
u_4	塞尺本身给出的不确定度	B	0.0006	均匀分布	$\sqrt{3}$	0.00035	1	0.00035
u_5	确定短接点位置误差	B	0.1	均匀分布	$\sqrt{3}$	0.05774	1	0.05774
u_6	确定折点位置误差	B	0.1	均匀分布	$\sqrt{3}$	0.05774	1	0.05774
		合成标准不确定度（U_c）$=\sqrt{\sum_i (u_i)^2}$						0.0838
		包含因子（k_p）（置信水平：95%）						2
		扩展不确定度（U）$=U_c \times k_p$						0.1676 约为0.17

4.2.2　测量结果为几个值相加时（如测量结果分为 AB、BC、CD 三段，B 为短接点，C 为折点，其中 AB 用塞尺测量，BC、CD 用游标卡尺测量）

5　测量不确定度的最终报告

5.1　使用游标卡尺直接进行一次测量即为所需数值

U_P 由合成不确定度 $u_c=0.00584$ 按照置信水准 $p=0.95$，所得 t 分布临界值——包含

因子 $k_p=2.0$ 而得。

最后的结果为测量值×××× ± U_P，即×××× ±0.04mm（$p=0.95$；$k_p=2$）。

5.2 测量结果为几个值相加时（如测量结果分为 *AB*、*BC*、*CD* 三段，*B* 为短接点，*C* 为折点，其中 *AB* 用塞尺测量，*BC*、*CD* 用游标卡尺测量）

U_P 由合成不确定度 $u_c=0.0838$ 按照置信水准 $p=0.95$，所得 t 分布临界值——包含因子 $k_p=2.0$ 而得。

最后的结果为测量值×××× ± U_P，即×××× ±0.17mm（$p=0.95$；$k_p=2.0$）。

6 补充说明

（1）测量中遇到弦长代替弧长时，应视为系统误差加以修正。

（2）遇到沟槽、拐角时，对其大小的判断本身存在不确定度，以上不确定度是在判断正确的基础上进行的。

（3）根据内插法计算 d_r 和 d_l 的限值时，存在不确定度，不记入 d_r 和 d_l 测量的不确定度中。

案例 23 光伏组件电流、电压和功率测量不确定度评定

中国建材检验认证集团股份有限公司 张可佳 田磊 侯国猛 杨鲁豫 王冬

1 概述

1）评定依据：JJF 1059.1—2012《测量不确定度评定与表示》。

2）测量方法：根据 IEC 60904-1，将被测组件保持在（25 ±2)℃，并在（1000 ±100)W/m^2 的辐照度下（通过合适的参考设备测量）追踪其电流-电压特性，其中光源要求是自然阳光，或至少符合 IEC 60904-9 要求的 BBA 类模拟器。

3）环境条件：25℃，1000W/m^2。

4）试验仪器：组件测试仪，红外测温仪。

5）被测对象：光伏组件的电流、电压和功率。

6）测量过程：①将被测样品在控温室控温，使组件内外部各个部位温度均匀；②控温结束后，在（25 ±0.2)℃条件下，用标准组件标定组件测试仪的光强，使其达到1000W/m^2，并依次标定组件测试仪的电流、电压和功率参数；③将被测组件安装至与标准组件相同的位置，并在相同的测试条件下，对被测样进行测试；④如果被测组件存在容性，则在测试模式中选取分段闪光测试的方法，以减少被测组件容性对测试结果的影响。

2 建立数学模型

测量方法为使用仪表直接测量出被测样品的功率、电流和电压：

$I_c=I_s$ 式中，I_c 为被测电流，A；I_s 为示值电流，A。

$U_c=U_s$ 式中，U_c 为被测电压，V；U_s 为示值电压，V。

$P_c=P_s$ 式中，P_c 为被测功率，W；P_s 为示值功率，W。

测量数学模型为：

真值 = 被测装置读数 - 重复性 - 光强标定 - 光源不均匀性 - 光源不稳定性 - 温度测量偏差 - 电学参数偏差 - 几何位置及角度偏差 - 接线电阻偏差 - 电容效应

$I = I_i - \Delta I_i$，式中，I_i 为单次测得的电流；ΔI_i 为测试过程中引入的偏差。

$U = U_i - \Delta U_i$，式中，U_i 为单次测得的电压；ΔU_i 为测试过程中引入的偏差。

$P = P_i - \Delta U_i$，式中，P_i 为单次测得的功率；ΔP_i 为测试过程中引入的偏差。

3 不确定度分量的评估

3.1 按A类方法评价的不确定度

对被测量进行独立重复测量，通过所得到的一系列测得值而得到试验标准偏差的方法为A类评价。本报告中的电流、电压值和功率测量值均属此类。

A类评定计算公式：

使用贝塞尔公式法进行计算，被测量 X 的最佳估计值是 n 个独立测得值的算术平均值 $\bar{x}$，按如下公式计算：

$$\bar{x} = \frac{1}{n}\sum_{i=1}^{n} x_i \tag{1}$$

（每个测得值 x_i 与 $\bar{x}$ 之差称为残差 v_i：$v_i = x_i - \bar{x}$）

单个测得值 x_k 的试验方差 s^2（x_k）按如下公式计算：

$$s^2(x_k) = \frac{1}{n-1}\sum_{i=1}^{n}(x_i - \bar{x})^2 \tag{2}$$

单个测得值 x_k 的试验标准偏差 s（x_k）按如下公式计算：

$$s(x_k) = \sqrt{\frac{1}{n-1}\sum_{i=1}^{n}(x_i - \bar{x})^2} \tag{3}$$

如果提供给客户的是算术平均值，那么被测量估计值 $\bar{x}$ 的A类评定的标准不确定度 $u(x)$ 按如下公式计算：

$$u(x) = s(\bar{x}) = s(x_k)/\sqrt{n} \tag{4}$$

注1：实际操作中是取单次测量值作为测试结果。

注2：因为多个输入量的单位不一致，可以将标准不确定度变成相对不确定度再合成。

3.2 按B类方法评价的不确定度

根据有关信息估计的先验概率分布得到标准偏差估计值的方法为B类评定。本报告中由模拟器电子负载（IV-Tracer）测量I-V不确定度、标准组件不确定度等属于此类。

B类不确定度分量的合理估计主要依赖于对 x_i 的置信区间（可能的变化范围）及它所遵循的分布特征的正确理解。

x_i 分布特征判定一般估计为矩形（均匀）分布是合理的。

其数值大小：$u = \frac{e}{k}$，分子 e 表示 x_i 可能的变化范围的1/2（半区间）；分母 k 是 x_i 所遵循的分布对应的包含因子。

3.3 不确定度主要来源

基于标准光伏组件作为标准器进行测试，其不确定度来源主要有9项，结合需要考虑的评估方式、统计分布及分类，一览表如表 1 所示。

表 1　基于标准光伏组件作为标准器的测量不确定度分量分析一览表

参数	不确定度来源	统计分布	包含因子 k	不确定度评定种类
$1000W/m^2$ 的标定	标准光伏组件标定 $1000W/m^2$ 引起的不确定度	正态分布	2	B 类
	标准光伏组件和被测光伏组件光谱失配引入的不确定度	矩形分布	$\sqrt{3}$	B 类
光源辐照度不均匀性	测试面辐照度不均匀性引入的不确定度	矩形分布	$\sqrt{3}$	B 类
光源辐照度不稳定性	光源辐照度不稳定性引入的不确定度	矩形分布	$\sqrt{3}$	B 类
温度测量的偏差	红外探头测温引入的不确定度	矩形分布	$\sqrt{3}$	B 类
	被测组件温度不均匀性引入的不确定度	矩形分布	$\sqrt{3}$	B 类
	被测组件表面温度与结温的差异引入的不确定度	矩形分布	$\sqrt{3}$	B 类
电学参数偏差	使用标准光伏组件标定电子负载箱时引入的不确定度	矩形分布	$\sqrt{3}$	B 类
	太阳模拟器电子负载箱电压、电流、功率测量精度引入的不确定度	矩形分布	$\sqrt{3}$	B 类
几何位置及角度	标准光伏组件与被测光伏组件平行度及前后距离偏差引入的不确定度	矩形分布	$\sqrt{3}$	B 类
	标准光伏组件与被测光伏组件左右位置偏差引入的不确定度	矩形分布	$\sqrt{3}$	B 类
接线电阻	由于导线延长线线阻引入的不确定度	矩形分布	$\sqrt{3}$	B 类
	由于测试端与组件接头接触电阻引入的不确定度	矩形分布	$\sqrt{3}$	B 类
电容效应	由于光伏组件的容性引起测试过程中磁滞效应引入的不确定度	矩形分布	$\sqrt{3}$	B 类
重复性	测量重复性引入的不确定度	正态分布	2	A 类

3.4　辐照度 $1000W/m^2$ 的标定引入的标准不确定度 u_1

3.4.1　标准光伏组件标定 $1000W/m^2$ 引入的标准不确定度分量 u_1'

太阳模拟器的辐照度采用标准组件的校准证书数据作为校准依据，根据校准证书，其短路电流校准结果的相对扩展不确定度为 U_{Ref} (I) $=1.6\%$ $(k=2)$，因此，由于标准组件的短路电流引起的标准不确定度分量 u_1' 为：

$$u'_1 = U_{Ref}(I)/k = 0.80\%$$

3.4.2　标准光伏组件和被测光伏组件光谱失配引入的标准不确定度分量 u_1''

标准光伏组件与被测光伏组件由于材料、组成结构、制作工艺等不同，会造成光伏组件的光谱响应不同；另一方面，不同的太阳模拟器光谱辐照度分布也与 AM1.5G 标准太阳光谱有差异，而光伏组件的短路电流综合了光谱辐照度分布和光谱响应两个因素，存在光谱失配，从而引入测量不确定度。

由于光谱失配引入的不确定度通常为 U_{MMF} (I) $=0.5\%$，为矩形分布，因此由于光谱失配引起的标准不确定度分量 u_1' 为：

$$u''_1 = u_{MMF}(I)/k = 0.29\%$$

3.4.3　辐照度 $1000W/m^2$ 的标定引入的标准不确定度 u_1 的计算

3.4.1 和 3.4.2 中已经计算出标准光伏组件标定引入的不确定度 u_1' 和光谱失配引入的不确定度 u_1''，这两个因素构成了辐照度 $1000W/m^2$ 的标定引入的不确定度 u_1，见表 2。

$$u_1 = \sqrt{u'^2_1 + u''^2_1} = \sqrt{0.80\%^2 + 0.29\%^2} = 0.85\%$$

表2 辐照度1000W/m² 的标定引入的不确定度实测值

辐照度（W/m²）	I_{sc}/A	V_{oc}/V	P_{mp}/W	I_{mp}/A	V_{mp}/V
	11.40	49.44	440.79	10.72	41.12
991	11.40	49.45	440.87	10.72	41.12
	11.40	49.45	440.79	10.72	41.13
平均值	11.40	49.45	440.82	10.72	41.12
	11.51	49.41	444.00	10.82	41.04
1000	11.51	49.38	444.09	10.82	41.04
	11.51	49.39	444.21	10.82	41.04
平均值	11.51	49.39	444.10	10.82	41.04
	11.61	49.42	448.56	10.92	41.08
1009	11.61	49.42	448.58	10.92	41.08
	11.61	49.42	448.61	10.92	41.08
平均值	11.61	49.42	448.58	10.92	41.08
u_1	0.53%	0.03%	0.50%	0.53%	0.06%

注：因 u_1 =0.85%，以1000W/m² 为基准，则辐照度变化为9W/m²，故在991W/m²、1000W/m² 和1009W/m² 三种情况下测试被测样电流、电压和功率。其中 u_1 的计算参考3.2节，下面同理。

3.5 光源辐照度不均匀性引入的标准不确定度 u_2

由于太阳模拟器辐照度的不均匀性，会引起光伏组件上不同位置的电池接收到的辐照度存在差异，从而导致光伏组件短路电流的测量存在测量不确定度。

根据太阳模拟器的校准证书，其在组件有效面积内的不均匀性为2.0%，即最大辐照度和最小辐照度的偏差在4.0%。

所以被测组件的目标电池，有可能处于最高辐照度或者最低辐照度的位置，由于无法改变被测光伏组件的目标电池的分布，因此改变光源的辐照度以验证光源不均匀性对被测组件的影响。辐照度不均匀性引入的不确定度实测值，见表3。

表3 辐照度不均匀性引入的不确定度实测值

辐照度（W/m²）	I_{sc}/A	V_{oc}/V	P_{mp}/W	I_{mp}/A	V_{mp}/V
	9.88	49.42	379.49	9.33	40.67
980	9.88	49.43	379.39	9.33	40.66
	9.89	49.44	379.42	9.33	40.66
平均值	9.88	49.43	379.43	9.33	40.66
	10.09	49.33	386.60	9.53	40.59
1000	10.09	49.31	386.54	9.53	40.58
	10.09	49.32	386.49	9.53	40.58
平均值	10.09	49.32	386.54	9.53	40.58
	10.29	49.29	395.00	9.72	40.63
1020	10.29	49.31	394.19	9.72	40.65
	10.28	49.35	394.14	9.72	40.66

续表

辐照度（W/m²）	I_{sc}/A	V_{oc}/V	P_{mp}/W	I_{mp}/A	V_{mp}/V
平均值	10.29	49.32	395.11	9.72	40.65
u_2	1.15%	0.06%	1.17%	1.18%	0.06%

3.6 光源辐照度不稳定性引入的标准不确定度 u_3

不同的太阳模拟器其稳定性不一样，性能优的稳定性好。目前采用的太阳模拟器辐照度长期不稳定性较小，仅为0.2%（$k=2$），且设备具备基于标准太阳电池进行Ⅳ测试结果的辐照度修正功能（即每个测试点同时测量光强并修正），故由Ⅳ采集过程中长期辐照度不稳定性引入的不确定度 u_3 可忽略。

3.7 温度测量的偏差引入的标准不确定度 u_4

温度测量的偏差主要是指红外探头测温的偏差，以及组件温度均匀性和组件表面温度和内部温度的差异所引入的不确定度。组件电流温度系数通常为0.05%/℃，组件电压温度系数通常为-0.30%/℃，组件功率温度系数通常为-0.40%/℃。

3.7.1 红外探头测温引入的标准不确定度分量 u_4'

测温使用的红外探头，经计量院校准后，可以对温度进行修正，因此引入温度不确定度分量 u_4' 可忽略不计。

3.7.2 被测组件温度不均匀性引入的标准不确定度分量 u_4''

实验室规定，被测样品的温度均匀性控制在±0.2℃，因此，引入温度不确定度分量 u_4'' 见表4。

$$u''_4 = \frac{0.20}{\sqrt{3}} = 0.12$$

表4 温度均匀性引入的不确定度分量

—	I_{sc}	V_{oc}	P_m
u_4''	0.01%	0.04%	0.05%

3.7.3 被测组件表面温度与结温的差异引入的标准不确定度分量 u_4'''

被测组件在测试之前，在控温房保持至少2h，此时可认为被测组件表面温度和内部温度一致，标准不确定度分量 u_4''' 可忽略不计。

3.7.4 红外探头校准仪器引入的标准不确定度分量 u''''_4

由计量证书可知，校准红外探头的校准设备，其不确定度分量为0.7℃（$k=2$），因此，校准仪器引入标准不确定度分量 u''''_4，见表5。

$$u''''_4 = \frac{0.7}{2} = 0.35℃$$

表5 校准仪器引入的不确定度分量

—	I_{sc}	V_{oc}	P_m
u''''_4	0.02%	0.10%	0.14%

3.7.5 温度偏差引入的标准不确定度 u_4 的计算

$$u_4 = \sqrt{u'^2_4 + u''^2_4 + u'''^2_4 + u''''^2_4} \tag{5}$$

温度偏差引入的不确定度见表6。

表6　温度偏差引入的不确定度

—	I_{sc}（%）	V_{oc}（%）	P_m（%）
u_4'	0.00	0.00	0.00
u_4''	0.01	0.04	0.05
u_4'''	0.00	0.00	0.00
u_4''''	0.02	0.10	0.14
u_4	0.02	0.11	0.15

3.8　电学参数偏差引入的标准不确定度 u_5

电学参数偏差主要是指使用标准光伏组件标定电子负载箱时引入不确定度和太阳模拟器电子负载箱电流、电压和功率测量精度引入的不确定度。

3.8.1　使用标准光伏组件标定电子负载箱时引入的标准不确定度 u'_5

该标准不确定度可在标准组件的校准证书中得到，见表7。

表7　标准光伏组件标定电子负载箱时引入的不确定度分量

—	I_{sc}	V_{oc}	P_m
计量证书	1.6%（$k=2$）	0.7%（$k=2$）	1.7%（$k=2$）
u_5'	0.80%	0.35%	0.85%

3.8.2　太阳模拟器电子负载箱电流、电压和功率测量精度引入的标准不确定度 u_5''

电子负载箱的校准证书中得到 I_{sc} 和 V_{oc} 的不确定度分别为0.7%（$k=2$）和0.3%（$k=2$），因此 I_{sc} 的变化范围为99.65% I_{sc} ~ 100.35% I_{sc}，V_{oc} 的变化范围为99.85% V_{oc} ~ 100.15% V_{oc}，由此得到的测试结果见表8。

表8　电子负载箱电流、电压和功率测量精度引入的标准不确定度分量

		I_{sc}/A	V_{oc}/V	P_{mp}/W	I_{mp}/A	V_{mp}/V
99.65% I_{sc}	99.85% V_{oc}	9.32	45.79	329.90	8.79	37.52
	100.15% V_{oc}	9.33	45.93	330.37	8.79	37.58
I_{sc}	V_{oc}	9.36	45.86	331.35	8.82	37.58
100.35% I_{sc}	99.85% V_{oc}	9.38	45.78	332.86	8.85	37.61
	100.15% V_{oc}	9.39	45.94	333.10	8.84	37.68
平均值		9.36	45.86	331.52	8.82	37.59
u_5''		0.22%	0.10%	0.28%	0.16%	0.12%

3.8.3　电学参数偏差引入的标准不确定度 u_5 的计算（表9）：

$$u_5 = \sqrt{u'^2_5 + u''^2_5} \tag{6}$$

表9　电学参数偏差引入的不确定度分量

—	I_{sc}（%）	V_{oc}（%）	P_{mp}（%）
u_5'	0.80	0.35	0.85
u_5''	0.22	0.10	0.28
u_5	0.83	0.36	0.89

3.9 几何位置及角度引入的标准不确定度 u_6

在测试过程中，标准光伏组件与被测光伏组件平行度及前后距离偏差引入的不确定度，标准光伏组件与被测光伏组件左右位置偏差引入的不确定度。

3.9.1 标准光伏组件与被测光伏组件平行度及前后距离偏差引入的不确定度 u'_6

由于本实验室试验过程中，有固定卡具和标准，可确保标准光伏组件与被测光伏组件平行度以及前后位置一致，因此 u'_6 可忽略不计。

3.9.2 标准光伏组件与被测光伏组件左右位置偏差引入的不确定度 u''_6

在测试过程中，由于人眼视力的偏差，可能造成被测样品产生大约 1cm 的移动，因此以规定位置为 0，将被测样品向左移动 1cm，然后向右移动 1cm，分别进行测试，结果见表 10。

表 10　左右位置偏差引入的不确定度实测值

位置（cm）	I_{sc}/A	V_{oc}/V	P_{mp}/W	I_{mp}/A	V_{mp}/V
向左 1cm	10.11	49.31	386.84	9.54	40.54
0	10.10	49.31	386.45	9.54	40.51
向右 1cm	10.09	49.27	386.07	9.53	40.52
u_6''	0.06%	0.02%	0.06%	0.03%	0.02%

3.9.3 几何位置及角度引入的标准不确定度 u_6 的计算（表 11）

$$u_6 = \sqrt{u'^2_6 + u''^2_6} \tag{7}$$

表 11　几何位置及角度引入的不确定度分量

—	I_{sc}（%）	V_{oc}（%）	P_m（%）
u'_6	0.00	0.00	0.00
u''_6	0.06	0.02	0.06
u_6	0.06	0.02	0.06

3.10 接线电阻引入的标准不确定度 u_7

接线电阻引入的标准不确定度 u_7 包含导线延长线线阻引入的不确定度 u'_7 以及转接头电阻引入的不确定度 u''_7。

3.10.1 导线延长线线阻引入的不确定度 u'_7

由于环境条件限制测试过程中有时会在光伏组件线子端口与太阳模拟器测试线端口之间引入长度、粗细不一的延长线，由其线阻对测量结果引入不确定度。但采用四线法，可以消除延长线线阻引入的不确定度，因此 u'_7 可忽略不计。

3.10.2 转接头电阻引入的不确定度 u''_7

在测量转接头电阻引入的不确定度时，由于无法将转接头去掉，因此在原有转接头的基础上额外增加一个转接头，测量数据如表 12 所示。

表 12　有无新增转接头引入的不确定度实测值

有无新增转接头	I_{sc}/A	V_{oc}/V	P_{mp}/W	I_{mp}/A	V_{mp}/V
无	10.09	49.28	386.20	9.53	40.54
	10.09	49.29	386.21	9.53	40.54
	10.09	49.28	386.21	9.53	40.54

续表

有无新增转接头	I_{sc}/A	V_{oc}/V	P_{mp}/W	I_{mp}/A	V_{mp}/V
平均值	10.09	49.28	386.21	9.53	40.54
	10.09	49.30	386.25	9.53	40.54
有	10.09	49.30	386.13	9.53	40.54
	10.09	49.30	386.14	9.53	40.54
平均值	10.09	49.30	386.17	9.53	40.54
u''_7	0.00%	0.01%	0.00%	0.00%	0.00%

3.10.3　接线电阻引入的不确定度 u_7 的计算（表13）

$$u_7 = \sqrt{u'^2_7 + u''^2_7} \tag{8}$$

表13　接触电阻引入的不确定度分量

—	I_{sc}（%）	V_{oc}（%）	P_m（%）
u_7'	0.00	0.00	0.00
u_7''	0.00	0.01	0.00
u_7	0.00	0.01	0.00

3.11　电容效应引入的标准不确定度 u_8

近年来，由于N型电池组件的应用增多，其大电容特性使太阳电池组件在现有短脉冲瞬态模拟器下进行I-V测试时，对光强变化和外路电压变化的响应时间延长，出现I-V曲线凹陷和I-V曲线分离等现象，造成测量结果偏离电池组件的真实值。实验室通过分段闪光的方式，进行容性的消除，减少偏差。分段闪光的次数，以正反扫差异在1%以内为宜，常用到的是分7段闪光，见表14。

表14　分段闪光引入的不确定度实测值

扫描方式	I_{sc}/A	V_{oc}/V	P_{mp}/W	I_{mp}/A	V_{mp}/V
正扫7段	11.49	49.68	451.29	10.87	41.50
反扫7段	11.50	49.72	453.24	10.89	41.63
u_8	0.03%	0.02%	0.12%	0.05%	0.09%

3.12　重复性引入的标准不确定度 u_9

对被测光伏组件分别进行6次重复测量，然后采用贝塞尔公式计算标准偏差，得到不确定度，如表15所示。

表15　测量重复性引入的不确定度

次数	I_{sc}/A	V_{oc}/V	P_{mp}/W	I_{mp}/A	V_{mp}/V
测量值1	10.35	48.57	393.46	9.73	40.43
测量值2	10.35	48.52	392.48	9.72	40.38
测量值3	10.35	48.56	392.75	9.71	40.44
测量值4	10.35	48.56	392.78	9.71	40.44

续表

次数	I_{sc}/A	V_{oc}/V	P_{mp}/W	I_{mp}/A	V_{mp}/V
测量值5	10.36	48.57	393.48	9.74	40.42
测量值6	10.36	48.58	394.49	9.75	40.46
平均值	10.353	48.560	393.240	9.727	40.428
样本标准偏差	0.00516	0.02098	0.73455	0.01633	0.02714
u_9	0.05%	0.04%	0.19%	0.17%	0.07%

4 合成相对标准不确定度

合成相对标准不确定度 u_{rel}，光伏组件电流、电压和功率测量结果不确定度汇总表，见表16。

$$u_{rel} = \sqrt{u_1^2 + u_2^2 + u_3^2 + u_4^2 + u_5^2 + u_6^2 + u_7^2 + u_8^2 + u_9^2} \tag{9}$$

表16 光伏组件电流、电压和功率测量结果不确定度汇总表

不确定度来源			物理量不确定度		
			I_{sc}（%）	V_{oc}（%）	P_m（%）
1	1000W/m^2 的标定	u_1	0.53	0.03	0.50
2	光源辐照度不均匀性	u_2	1.15	0.06	1.17
3	光源辐照度不稳定性	u_3	0.00	0.00	0.00
4	温度偏差	u_4	0.02	0.11	0.15
5	电学参数偏差	u_5	0.83	0.36	0.89
6	几何位置及角度	u_6	0.06	0.02	0.06
7	接触电阻	u_7	0.00	0.01	0.00
8	电容效应	u_8	0.03	0.02	0.12
9	重复性	u_9	0.05	0.04	0.19
合成相对标准不确定度		u_{rel}	1.52	0.39	1.58

5 扩展不确定度与测量结果的表示

相对扩展不确定度 $U_{rel} = u \cdot k$（$k=2$），因此，电流测量的合成标准不确定度：u_{rel}（I） = 1.52%，扩展不确定度：U_{rel}（I） =3%（$k=2$）；

电压测量的合成标准不确定度：u_{rel}（U） = 0.39%，扩展不确定度：U_{rel}（U） = 0.78%（$k=2$）；

功率测量的合成标准不确定度：u_{rel}（P） = 1.58%，扩展不确定度：U_{rel}（P） =3%（$k=2$）。

6 确定度评定结果的分析

由表16可以看出，光源辐照度不均匀性和1000W/m^2 的标定引入的不确定度分量所占比例特别大，1000W/m^2 的标定的不确定度来源主要由上一级计量机构决定，无法改变。光源辐照度不均匀性是设备本身的特性，因此为了降低测试结果的不确定度，提高实验室测试能力，应定期改进设备的光源辐照度不均匀性。

案例 24　电线电缆直流电阻测量不确定度评定

上海众材工程检测有限公司　张薇

作为日常应用，导体直流电阻测量的目的只是测出电线电缆或其他电器元件的电阻值。然而，通常测量所得结果，仅表示了被测量的近似值或估计值，为了能够评定测量值的可靠性，特别是对于实验室或其他特殊测量要求的情况下，有必要对测量结果的正确性或准确度予以说明。

1　概述

1）评定依据：JJF 1059. 1—2012《测量不确定度评定与表示》。

2）测量方法：GB/T 3048. 4—2007《电线电缆电性能试验方法　第 4 部分：导体直流电阻试验》。

3）环境条件：温度 21. 0℃，相对湿度 53. 0%。

4）试验仪器：PC36C 直流电阻测量仪（材-229）；
5m 的钢卷尺（能量-91）；
608-H1 的简易数字温湿度计（能量-67）。

5）被测对象：选取室内照明系统的红皮铜电线 WDZB-BYJ-105-2. 5mm^2。

6）测量过程：标准要求实验室环境温度为 15 ~ 25℃和空气相对湿度不大于 85%，将被测样品养护后，将样品安装在 PC36C 直流电阻测量仪的电桥上，测量被测样品的长度，选择常规模式量程 20mΩ 1A，测量电流挡位选取 1. 00I，测量回路电势平衡后通过调节仪器的电流挡位和修正温度旋钮，测量得出导体的直流电阻值。

2　建立测量模型

$$R_{20} = R_x \cdot \frac{1}{1 + \alpha_{20} \times (t - 20)} \cdot \frac{1}{L} R_{20} = R_x \cdot \frac{1}{1 + 0.00393 \times (t - 20)} \cdot \frac{1}{L}$$

式中　R_{20}——样品在 20℃时，每千米的直流电阻值，mΩ/m；

R_x——环境温度下测量电线电阻的平均值，mΩ/m；

L——测量时样品的长度，m；

t——测量时的环境温度，℃；

α_{20}——样品在 20℃时，电阻的温度系数，$\frac{1}{℃}$，铜的电阻温度系数为 0. 00393/℃。

3　灵敏系数计算

由直流电阻测量模型，L、t、R_x 测量引起的不确定度分量的相关关系：

$$c_L = \frac{\partial R_{20}}{\partial L} = \frac{-R_x}{1 + \alpha_{20} \times (t - 20)} = \frac{-R_{20}}{L}$$

$$c_t = \frac{\partial R_{20}}{\partial t} = \frac{-R_x \cdot \alpha_{20}}{[1 + \alpha_{20} \times (t - 20)]^2} \cdot \frac{1}{L} = \frac{-R_{20} \cdot \alpha_{20}}{1 + \alpha_{20} \times (t - 20)}$$

$$c_{Rx} = \frac{\partial R_{20}}{\partial R_x} = \frac{1}{[1 + \alpha_{20} \times (t - 20)] \cdot L}$$

4　不确定度分量的评估

在导体直流电阻测量时引起不确定度的原因是 L、t、R_x。分量 L、t、R_x 互不相干，分别对影响量做不确定度分析。

1. 长度 L 测量结果的不确定度评定

① A 类不确定度评定

使用钢卷尺（能量-91）12 次测量红皮铜电线 WDZB-BYJ-105-2.5mm^2 的长度得到的数据如表 1 所示。

表 1　数据表

测量 n（次）	长度（m）
1	1.002
2	1.001
3	1.002
4	1.004
5	1.001
6	1.000
7	1.003
8	1.001
9	1.004
10	1.005
11	1.001
12	1.000

12 次测量长度的平均值：

$$\bar{L} = \frac{1}{n}\sum_{i=1}^{n} L_i = 1.002\text{m}$$

由试验数据得出试验标准差 $s(\bar{L})$：

$$s(\bar{L}) = \sqrt{\frac{\sum_{i=1}^{n}(L_i - \bar{L})^2}{n - 1}} = 0.00165\text{m}$$

则重复性试验产生的不确定度：

$$u(L_1) = u(\bar{L}) = \frac{s(\bar{L})}{\sqrt{n}} = 0.00048\text{m}$$

② B 类钢卷尺误差引入的不确定度

本次试验所用到的是型号规格为 5m 的钢卷尺（能量-9），由上海市计量测试技术研究院华东国家计量测试中心计量的，其证书编号为 2020G10-20-2453980001 的检定证书。证书检定结果示值误差为 0.9mm，包含因子 $k=2$。则设备引入的不确定度：

$$u(L_2) = \frac{0.9}{2} = 0.45\text{mm} = 0.00045\text{m}$$

③ 钢卷尺的合成标准不确定度

$$u_c(L)=\sqrt{u(L_1)^2+u(L_2)^2}=0.00066\text{m}$$

2. 试验温度的不确定度评定

本次试验测量温度所用到的仪器型号规格是608-H1 的简易数字温湿度计（能量-67），由上海市计量测试技术研究院华东国家计量测试中心计量的，其证书编号为 2020E13-10-2349373001 的校准证书。校准结果的扩展不确定度为0. 3℃，包含因子 $k=2$。则设备引入的不确定度：

$$u(t)=\frac{0.3}{2}=0.15℃$$

由于空气湿度在短时间内对样品直流电阻影响不大，因此可忽略不计。

3. 电阻测定仪的不确定度评定

① A 类不确定度评定

使用 PC36C 直流电阻测量仪（材-229）在温度为 21. 0℃时，12 次测量红皮铜电线 WDZB-BYJ-105-2. 5mm^2 的直流电阻值得到的数据如表 2 所示。

表 2　直流电阻值测得数据

n（次）	电流比例	正向实测值（mΩ）	反向实测值（mΩ）	计算平均值（mΩ）
1	1. 00	6. 856	−6. 846	6. 851
2	1. 00	6. 849	−6. 839	6. 844
3	1. 00	6. 842	−6. 834	6. 838
4	1. 00	6. 838	−6. 832	6. 835
5	1. 00	6. 832	−6. 830	6. 831
6	1. 00	6. 830	−6. 828	6. 829
7	1. 00	6. 826	−6. 822	6. 824
8	1. 00	6. 823	−6. 819	6. 821
9	1. 00	6. 821	−6. 815	6. 818
10	1. 00	6. 818	−6. 810	6. 814
11	1. 00	6. 815	−6. 807	6. 811
12	1. 00	6. 813	−6. 803	6. 808

计算测量长度电线的电阻平均值：

$$R_x=\frac{1}{n}\sum_{i=1}^{n}R_i=6.827\text{m}\Omega$$

由试验数据得出试验标准差 s（R_x）：

$$s(R_x)=\sqrt{\frac{\sum_{i=1}^{n}(R_i-R_x)^2}{n-1}}=0.01342\text{m}\Omega$$

则重复性试验产生的不确定度：

$$u(R_x)_1=u(R_x)=\frac{s(R_x)}{\sqrt{n}}=0.00387\text{m}\Omega$$

② B 类直流电阻测量仪引入的不确定度

本次试验所用到的是常规模式的量程为 20mΩ 1A，型号规格为 PC36C 的直流电阻测量仪（材-229），由上海市计量测试技术研究院华东国家计量测试中心计量的，其证书编号为 2019F21-10-2066929001 的校准证书。其 20mΩ 1A 对应的证书校准结果的不确定度为 0.003mΩ，包含因子 $k=2$。则设备引入的不确定度：

$$u(R_x)_2 = \frac{0.003}{2} = 0.0015\text{m}\Omega$$

③ 直流电阻测量仪的合成标准不确定度：

$$u_c(R_x) = \sqrt{u(R_x)_1^2 + u(R_x)_2^2} = 0.00415\text{m}\Omega$$

5 合成相对标准不确定度

1. 测量模型

$$R_{20} = R_x \cdot \frac{1}{1+\alpha_{20}\times(t-20)} \cdot \frac{1}{L}$$

$$= 6.827 \times \frac{1}{1+0.00393\times(21.0-20)} \times \frac{1}{1.002}$$

$$= 6.787\text{m}\Omega$$

2. 各分量不确定度灵敏系数的确定

因试验时的环境温度为 21.0℃，20℃时的电阻值为 6.787mΩ，长度的平均值为 1.002m，故计算出各分量不确定度的灵敏系数值：

$$c_L = \frac{\partial R_{20}}{\partial L} = \frac{-R_{20}}{L} = \frac{-6.787}{1.002} = -6.773$$

$$c_t = \frac{\partial R_{20}}{\partial t} = \frac{-R_{20}\cdot\alpha_{20}}{1+\alpha_{20}\times(t-20)} = \frac{-6.787\times0.00393}{1+0.00393\times(21.0-20)} = -0.0266$$

$$c_{R_x} = \frac{\partial R_{20}}{\partial R_x} = \frac{1}{[1+\alpha_{20}\times(t-20)]\cdot L} = \frac{1}{[1+0.00393\times(21.0-20)]\times1.002} = 0.994$$

因 L、t、R_x 不确定度相互独立互不相干，故合成方差为：

$$u_c(R)^2 = c_L^2 \cdot u_c(L)^2 + c_t^2 \cdot u(t)^2 + c_{R_x}^2 \cdot u_c(R_x)^2$$

$$= (-6.773)^2 \times 0.00066^2 + (-0.0266)^2 \times 0.15^2 + 0.994^2 \times 0.00415^2$$

$$= 52.92 \times 10^{-6}\text{m}\Omega$$

3. 合成标准不确定度

$$u_c(R) = \sqrt{u_c(R)^2} = 0.00727\text{m}\Omega$$

6 扩展不确定度与测量结果的表示

取包含概率为 95% 时，包含因子 $k=2$，故扩展不确定度：

$$U = k \times u_c(R) = 2 \times 0.00727 = 0.01\text{m}\Omega$$

20℃时，红皮铜电线 WDZB-BYJ-105-2.5mm^2 的直流电阻的测量结果表示为：$R = (6.787 \pm 0.01)\Omega/\text{km}(k=2)$。

第5章　声　　学

案例25　声波在水中的传播速度测量不确定度评定

中国建材检验认证集团徐州有限公司　叶雪琴　王传武

1　概述

1）评定依据：JJF 1059.1—2012《测量不确定度评定与表示》。

2）测量方法：声波透射法检测。

3）环境条件：室内模拟声测管。

4）试验仪器：多通道超声测桩仪，声时误差为0.1μs；直尺，直尺的示值误差为1mm。

5）被测对象：室内模拟声测管水介质。

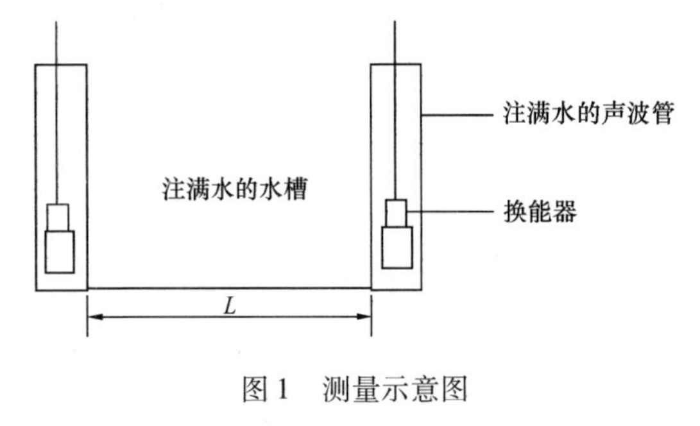

图1　测量示意图

6）测量过程：注满清水的声波管竖直安置在注满清水的水槽中，声波管可活动距离 L 约800mm，取常用的发射换能器和接收换能器连接于超声仪器上，将两个换能器分别置于声波管中，换能器要在同一水平线上（图1）。用直尺测10次换能器的距离，读取声波在水中传播10次测得的时差。

2　建立测量模型

1）测量模型：

$$v = \frac{s}{t} \tag{1}$$

式中　v——速度；

s——运行距离；

t——运行时间。

2）不确定度传播律：

$$u_{c\,rel}^2(v) = u_{rel}^2(s) + u_{rel}^2(t) \tag{2}$$

3　灵敏系数计算

本不确定度评定不进行灵敏系数计算，采用相对标准差合成方法。

4　不确定度分量的评估

求相对不确定度 u_{rel}（s）的分量：

1）由直尺误差导致的不确定度以均匀分布估计

$$u_1(s) = \frac{1}{\sqrt{3}} = 0.577\text{mm} \tag{3}$$

2）由操作者引起的测量不确定度

距离测 10 次值分别为：

$$s_1 = 79\text{mm} \quad s_2 = 80\text{mm} \quad s_3 = 79\text{mm} \quad s_4 = 81\text{mm}$$
$$s_5 = 82\text{mm} \quad s_6 = 78\text{mm} \quad s_7 = 79\text{mm} \quad s_8 = 80\text{mm}$$
$$s_9 = 82\text{mm} \quad s_{10} = 82\text{mm}$$

求出：$\bar{s} = \dfrac{\sum_{k=1}^{10} s}{10} = 80.2\text{mm}$

$$u_2(s) = s(s) = \sqrt{\frac{\sum_{k=1}^{n^2} s_k - \bar{s}}{n-1}} = \sqrt{\frac{19.6}{9}} = 1.4757$$

两者合成：

$$u(s) = \sqrt{0.577^2 + 1.4757^2} = 1.5846$$

$$u_{rel}(s) = \frac{u(s)}{\bar{s}} = 0.0198$$

3）由超声无损检测分析仪导致的不确定度按均匀分布

声波在水中传播 10 次测得的时差如下：

$$t_{01} = 62.3 \quad t_{02} = 62.5 \quad t_{03} = 62.8 \quad t_{04} = 62.4$$
$$t_{05} = 62.6 \quad t_{06} = 62.5 \quad t_{07} = 62.4 \quad t_{08} = 62.5$$
$$t_{09} = 62.6 \quad t_{10} = 62.7$$

求波速：

$$v = \frac{s}{t_0 - t'_0}$$

式中　s——间距；

t'_0——仪器系统延迟时间（取 7.2μs）。

求出：$\bar{v} = \dfrac{\sum_{k=1}^{10} v}{10} = 1.449\text{km/s}$

$$u_{rel}(t) = \frac{0.1}{\sqrt{3} \times 1.449} = 0.0398$$

5　合成相对标准不确定度

1）合成标准不确定度

$$u_{c\,rel}(v)=\sqrt{u_{rel}^2(s)+u_{rel}^2(t)}=\sqrt{0.0198^2+0.0398^2}=0.0444$$

2）不确定度分量汇总表（表1）

表1 不确定度分量汇总表

不确定度分量	不确定度来源描述	$u(x_i)$ 的值	u_c
$u_1(s)$	测量距离用的直尺误差	0.577mm	
u_2（s）	操作者测量距离引起的	1.4757	0.0444
u_{rel}（t）	超声无损检测分析仪导致的	0.0398	

6 扩展不确定度与测量结果的表示

1）扩展不确定度 U（取包含因子 $k=2$）

$$U=ku_c=2\times0.0444=0.0888\text{km/s}$$

2）测量结果

$$v=1.449\pm0.09\text{km/s}(k=2)$$

案例26 风机盘管噪声测量不确定度评定

上海众材工程检测有限公司 陈宇 余婉嫙

1 概述

1）评定依据：JJF 1059.1—2012《测量不确定度评定与表示》。

2）测量方法：GB/T 19232—2019《风机盘管机组》。

3）环境条件：常温；机组不供水；风机转速高挡；额定静压30Pa；被测风机盘管机组与背景噪声之差应大于10dB（A）。

4）试验仪器：精密脉冲声级计。

5）被测对象：风机盘管噪声。

6）测量过程：将风机盘管吊装在半消声实验室中心吊架上，依据风机盘管进风口及出风口的尺寸大小，配套安装相应静压环。将多功能声级计安装在测点位置的固定支架上，选择A计权挡位，在声级计上端安装声校准器，确认声级计正常后，拆除声校准器，使用多功能声级计测试半消声室内背景噪声。再将风机盘管电源接通，调整风量挡位至最高挡，待风机盘管稳定运行后，观察多功能声级计上噪声显示值，并每隔30s读取一次相应噪声测试值。

2 建立测量模型

风机盘管噪声检测结果通过声级计直接检测得到，即：

$$L_p=L_{p测}$$

3 不确定度分量的评估

1）A类不确定度评定

测量重复性不确定度：

次数	1	2	3	4	5	6	7	8	9	平均值
L_p 示值 dB（A）	37.2	37.3	37.1	37.2	37.2	37.2	37.2	37.2	37.1	37.2

试验标准差：

$$s(L_p) = \sqrt{\frac{\sum_{i=1}^{n}(L_{pi} - \overline{L_p})^2}{n-1}} = 0.06009\text{dB(A)}$$

则测量重复性产生的不确定度：

$$u(L_p) = \frac{s(L_p)}{\sqrt{n}} = 0.020031\text{dB(A)}$$

2）B 类不确定度评定

① 声级计引入的不确定度

本次试验所用到的是型号规格为 HS5660B 的精密脉冲声级计（编号为能-97），由上海市计量测试技术研究院华东国家计量测试中心出具的校准证书编号为 2020D51-10-23195040002，证书检定结果显示在自由场测量环境下，声频为 1000Hz 时，扩展不确定度为 0.4dB（A），包含因子 $k=2$。

$$u(\Delta_1) = \frac{U}{k} = \frac{0.4\text{dB(A)}}{2} = 0.2\text{dB(A)}$$

② 声校准器引入的不确定度

本次试验所用到的是型号规格为 HS6020A 的声校准器（编号为能-98），由上海市计量测试技术研究院华东国家计量测试中心出具的校准证书编号为 2020D51-10-2319486002，证书检定结果显示在自由场测量环境下，声频为 1000Hz 时，扩展不确定度为 0.2dB（A），包含因子 $k=2$。

$$u(\Delta_2) = \frac{U}{k} = \frac{0.2\text{dB(A)}}{2} = 0.1\text{dB(A)}$$

4 合成相对标准不确定度

$$u_c(L_p) = \sqrt{u(L_p)^2 + u(\Delta_1)^2 + u(\Delta_2)^2} = 0.2245\text{dB(A)}$$

5 扩展不确定度与测量结果的表示

取置信概率为 95%，包含因子 $k=2$。故扩展不确定度：

$$U = k \cdot u_c(L_p) = 0.449\text{dB(A)}$$

故风机盘管噪声的测量不确定度 $U=0.4$dB（A）；$k=2$。

则风机盘管噪声测量结果可以表示如下：

$$X = (37.2 \pm 0.4)\text{dB(A)}(k = 2)$$

第6章　仪　　器

案例27　一般压力表示值误差测量不确定度评定

中国建材检验认证集团（陕西）有限公司　董慧玲　白千金

摘要：目前对校准结果的可信性、可比性要求越来越高，测量不确定度作为校准结果的重要组成部分，熟悉并掌握测量不确定度在校准实验室占据着重要位置。因此，本案例结合实际检定规程，分析了一般压力表示值误差测量不确定度的来源和种类，详细介绍了评定一般压力表示值误差测量不确定度的方法，从而进一步提高检测人员对测量不确定度的认识。

关键字：测量不确定度；一般压力表

1　概述

1）评定依据：JJF 1059.1—2012《测量不确定度评定与表示》。

2）测量方法：通过升压和降压两个循环在各校准点一般压力表示值与标准器示值比较，逐点读取一般压力表示值。在压力校验仪中，当标准器示值与一般压力表的压力相平衡时，此时一般压力表示值与标准器示值之差即为一般压力表的示值误差。

3）环境条件：温度：(20 ±5)℃，相对湿度：≤85%。

4）试验仪器：

仪器名称	型号/规格	量程	准确度等级	生产厂家
数字压力校验仪	273	0 ~2.5MPa	0.05 级	CONST

5）被测对象：

仪器名称	型号/规格	量程	生产厂家
一般压力表	1.6 级	0 ~1MPa	上海仪川仪表厂

2　建立测量模型

被校一般压力表的测量模型为：

$$\Delta P = P_0 - P$$

式中　ΔP——一般压力表示值误差，MPa；

P_0——一般压力表的示值，MPa；

P——数字压力校验仪示值，MPa。

3 灵敏系数计算

灵敏系数：

$$c_1 = \frac{\partial\ (\Delta P)}{\partial\ P_0} = 1;\ c_2 = \frac{\partial\ (\Delta P)}{\partial\ P} = 1$$

各自独立互不相关，则：

$$u_c^2(\Delta P) = c_1^2 u^2(P_0) + c_2^2 u^2(P) = u^2(P_0) + u^2(P)$$

4 不确定度分量的评估

4.1 由一般压力表示值引入的标准不确定度

4.1.1 被测一般压力表测量重复性引入测量结果的标准不确定度分量 $u_1\ (P_0)$

评定点为 0.2 MPa，连续测量 10 次，平均值：

$$\bar{P} = 0.1970\text{MPa}$$

单次测量试验标准差：

$$s(P) = \sqrt{\frac{\sum_{i=1}^{10}(P_i - \bar{P}_1)^2}{10-1}} = 0.00193\text{MPa}$$

实际情况为在同一条件下进行 2 次独立重复测量，以 2 次测量算术平均值作为被测量的最佳估计值，则可得到：

$$u(P_0) = \frac{s(P)}{\sqrt{2}} = 0.001366\text{MPa}$$

4.1.2 被测一般压力表因估读引入的标准不确定度分量 $u_2\ (P_0)$

对一般压力表示值，按分度值 1/5 估读，最小分度值为 0.2MPa，并服从均匀分布，故：

$$u_2(P_0) = \frac{1}{5} \times \frac{0.2}{2 \times \sqrt{3}} = 0.001155\text{MPa}$$

4.2 数字压力校验仪不确定度引入的标准不确定度 $u\ (P)$

标准器数字压力校验仪 0 ~ 2.5MPa，准确度等级为 0.05 级，则最大允许误差为 ± 0.00125MPa，并服从均匀分布，引入的标准不确定度：

$$u(P) = \frac{0.00125}{\sqrt{3}} = 0.000722\text{MPa}$$

5 合成标准不确定度

标准不确定度分量 u_i	不确定度来源		分布	灵敏系数 c_i	$\vert c_i \vert \times u(x_i)$
$u\ (P_0)$	$u_1\ (P_0)$	测量重复性	正态	1	0.001366MPa
	$u_2\ (P_0)$	读数误差	均匀分布		0.001155MPa
$u\ (P)$	标准器误差		均匀分布	-1	0.000722MPa

$$u_c(\Delta P) = \sqrt{u_1^2(P_0) + u_2^2(P_0) + u^2(P)} = 0.00206\text{MPa}$$

6 扩展不确定度与测量结果的表示

扩展不确定度：

$$U = k \times u_c(\Delta P) = 2 \times 0.00206 = 0.005\text{MPa}$$

测量结果：

$$Y = y \pm U = (0.197 \pm 0.005)\text{MPa}(k = 2)$$

案例28 电子天平示值误差测量不确定度评定

中国建材检验认证集团（陕西）有限公司 董慧玲 白千金

摘要：目前对校准结果的可信性、可比性要求越来越高，测量不确定度作为校准结果的重要组成部分，熟悉并掌握测量不确定度在校准实验室占据着重要位置。因此，本案例结合实际检定规程，分析了电子天平示值误差测量不确定度的来源和种类，详细介绍了评定电子天平示值误差测量不确定度的方法，从而进一步提高检测人员对测量不确定度的认识。

关键字：测量不确定度；标准砝码；电子天平

1 概述

1）评定依据：JJF 1059.1—2012《测量不确定度评定与表示》。

2）测量方法：使用经溯源的标准砝码直接测量电子天平的各技术参数（各荷载点）的示值，得到天平示值与标准砝码之差，即为天平的示值误差。

3）环境条件：温度：10～35℃，相对湿度：≤85%。

4）试验仪器：

仪器名称	型号/规格	测量范围	准确度等级	生产厂家
砝码	1kg～2kg 1g～500g 1mg～500mg	1kg～5kg 1g～1kg 1mg～1g	E_2 等级	山东省蓬莱市天平配件厂

5）被测对象：

仪器名称	型号/规格	测量范围	准确度等级	生产厂家
电子天平	JY2001	20～2000g	Ⅲ级	上海蒲春计量仪器有限公司

2 建立测量模型

被校电子天平的测量模型为：

$$\Delta m = I - m$$

式中 Δm——电子天平示指误差，g；

I——电子天平示值，g；

m——标准砝码质量值，g。

3　灵敏系数计算

灵敏系数：

$$c_1 = \frac{\partial \Delta}{\partial I} = 1; \quad c_2 = \frac{\partial \Delta}{\partial m} = -1$$

各自独立互不相关，则：

$$u_c^2(\Delta m) = c_1^2 u^2(I) + c_2^2 u^2(m) = u^2(I) + u^2(m)$$

4　不确定度分量的评估

4.1　由电子天平示值引入的标准不确定度

4.1.1　电子天平测量重复性引入的标准不确定度分量 $u_1(I)$

评定点为 200g，用 200g E_2 等级的标准砝码测量电子天平，连续测量 10 次，

平均值：

$$\bar{x} = 200.02\text{g}$$

单次测量试验标准差为：

$$s_n(x) = \sqrt{\left(\frac{1}{n-1}\right)\sum_{i=1}^{n}(x_i - \bar{x})^2} = 0.0632\text{g}$$

电子天平测量重复性引入的标准不确定度为：

$$u_1(I) = s_n(x) = 0.0632\text{g}$$

4.1.2　电子天平显示分辨力引入的标准不确定度分量 $u_2(I)$

电子天平的显示分辨力 $d = 0.1\text{g}$，区间半宽为 0.05g，并服从均匀分布，电子天平显示分辨力引入的标准不确定度为：

$$u_2(I) = \frac{0.05}{\sqrt{3}} = 0.0289\text{g}$$

当重复性引入的标准不确定度分量大于被测仪器的分辨力所引入的不确定度分量时，可以不考虑分辨力所引入的不确定度分量。

4.1.3　电子天平偏载误差引入的标准不确定度分量 $u_3(I)$

电子天平进行偏载试验时，用最大秤量 1/3 的砝码，放在 1/4 秤台面积中，最大值与最小值的差值一般不会超过相应称量的允许误差值，最大允许误差为 ±1g，区间半宽为 1g，测量时放置砝码的位置较为注意，因此实际偏载量远比偏载最大允许误差小，一般其误差为偏载试验时的 1/3，并服从均匀分布，故电子天平偏载误差引入的标准不确定度：

$$u_3(I) = \frac{1}{3\sqrt{3}} = 0.1925\text{g}$$

4.2　由标准砝码最大允许误差引入的标准不确定度分量 $u(m)$

根据 JJG 99—2006《砝码检定规程》，200g E_2 等级砝码的最大误差为 ±0.30mg，区间半宽值为 0.30mg，并服从均匀分布，由标准砝码最大允许误差引入的标准不确定度：

$$u(m) = \frac{0.30}{\sqrt{3}} = 0.1732\text{mg}$$

5　合成标准不确定度

不确定度分量一览表（200g）

不确定度分量		不确定度来源	服从分布	$u(x_i)$ 的值	灵敏系数 c_i	$u_i(p) = \lvert c_i \rvert u(x_i)$
$u(I)$	$u_1(I)$	测量重复性	正态	0.0632g	1	0.0632g
	$u_3(I)$	偏载误差	均匀	0.1925g		0.1925g
$u(m)$		标准砝码允差	均匀	0.1732mg	-1	0.1732mg

由
$$u_c^2(\Delta m) = u_1^2(I) + u_3^2(I) + u^2(m)$$
得
$$u_c(\Delta m) = \sqrt{u_1^2(I) + u_3^2(I) + u^2(m)} = 0.2026\text{g}$$

6　扩展不确定度与测量结果的表示

扩展不确定度为：

$$U = k \times u_c(\Delta m) = 2 \times 0.2060 = 0.5\text{g}$$

测量结果为：

$$Y = y \pm U = (200.0 \pm 0.5)\text{g}(k = 2)$$

案例29　砝码折算质量测量不确定度评定

中国建材检验认证集团（陕西）有限公司　白千金　董慧玲

摘要：目前对校准结果的可信性、可比性要求越来越高，测量不确定度作为校准结果的重要组成部分，熟悉并掌握测量不确定度在校准实验室占据着重要位置。因此，本案例结合实际检定规程，分析了砝码折算质量测量不确定度的来源和种类，详细介绍了评定砝码折算质量测量不确定度的方法，从而进一步提高检测人员对测量不确定度的认识。

关键字：测量不确定度；砝码；折算质量；电子天平

1　概述

1）评定依据：JJF 1059.1—2012《测量不确定度评定与表示》。

2）测量方法：砝码的校准采用ABBA测量循环直接比较。方法如下：

① 测量时，将标准砝码放在衡量仪器的秤盘上，稳定后读取天平示值 I_{r1}；

② 取下砝码，换上同标称质量的被检砝码，稳定后读取天平的示值 I_{t1}；

③ 重复步骤②和①的操作，得出 I_{t2} 和 I_{r2}；

④ 根据规程提供的公式计算出被校砝码的折算质量。

3）环境条件：温度：(20±5)℃，相对湿度：≤85%。

4）试验仪器：

设备名称	规格型号	测量范围	精度	厂商
砝码	1g ~ 500g	1g ~ 500g	E_2 等级	山东省蓬莱配件厂
电子天平	BSA124S	1g ~ 120g	①级	赛多利斯

5）被测对象：

设备名称	规格型号	测量范围	精度	厂商
砝码	5g	5g	M_1 等级	常熟市金羊砝码仪器有限公司
砝码	100g	100g	M_1 等级	常熟市金羊砝码仪器有限公司

2 建立测量模型

被校砝码折算质量的测量模型为：

考虑衡量仪器对测量结果的影响

$$m_t = m_r + m_h + \Delta m_c$$

$$m_t = m_r + (V_t - V_r)(\rho_a - \rho_0) + \frac{I_{t1} - I_{r1} - I_{r2} + I_{t2}}{2}$$

式中 m_t——被检砝码的折算质量，mg；

m_r——标准砝码的折算质量，mg；

m_h——衡量仪器的影响，mg；

Δm_c——被检砝码与标准砝码的质量差，mg；

V_t、V_r——被检砝码、标准砝码的体积，cm^3；

I_{t1}、I_{t2}，I_{r1}、I_{r2}——被检砝码、标准砝码的显示值，g；

ρ_a——校准时实验室的实际空气密度，mg/cm^3，$\rho_0 = 1.2mg/cm^3$。

3 灵敏系数计算

灵敏系数：$c_1 = c_2 = c_3 = 1$

由于各项互相独立，则：

$$u_c(m_t)^2 = c_1^2u^2(m_r) + c_2^2u^2(m_h) + c_3^3u^2(\Delta m_c) = u^2(m_r) + u^2(m_h) + u^2(\Delta m_c)$$

4 不确定度分量的评估

4.1 砝码折算质量值校准结果不确定度来源主要包括：

1）称量过程引入的标准不确定度 $u(\Delta m_c)$

2）标准砝码最大允许误差引入的标准不确定度 $u(m_r)$

3）衡量仪器引入的标准不确定度 $u(m_h)$

4.2 标准不确定度评估（评定点为 100g）

4.2.1 测量重复性引入的标准不确定度 $u(\Delta m_c)$

在重复条件下，在电子天平上，测量循环采用 ABBA 模式测量 10 次，分别得到测量数据见表 1。

表1　100g砝码测量数据

序号	Δm_c/mg	序号	Δm_c/mg
1	0.20	6	0.00
2	0.15	7	-0.05
3	0.25	8	0.30
4	0.05	9	0.10
5	0.20	10	0.15

当重复测量100g时：

$$\overline{\Delta m_c} = \frac{1}{n}\sum_{i=1}^{n} m_i = 0.135\text{mg}$$

$$s(\Delta m_c) = \sqrt{\frac{\sum_{i=1}^{n}(m_i - \overline{\Delta m})^2}{n-1}} = 0.111\text{mg}$$

$$u(\Delta m_c) = s(\Delta m_c) = 0.111\text{mg}$$

4.2.2　标准砝码引入的标准不确定度 u（m_r）

标准砝码引入的标准不确定度，取相应砝码质量最大允许误差值。查得 E_2 等级100g砝码的最大允许误差为±0.16mg，服从均匀分布，故标准不确定度：

$$u(m_r) = \frac{0.16}{\sqrt{3}} = 0.092\text{mg}$$

4.2.3　衡量仪器引入的标准不确定度 u（m_h）

4.2.3.1　电子天平 d=0.1mg，服从均匀分布，则分辨力引入的标准不确定度

$$u(m_h) = \frac{d/2}{\sqrt{3}} = 0.029\text{mg}$$

4.2.3.2　由天平的偏载引入的标准不确定度 u_E

根据规程，大部分情况下，u_E 通常被 u_w 所覆盖，可以忽略不计。即：

$$u_E = 0\text{mg}$$

4.2.3.3　磁性引入的标准不确定度 u_{ma}

砝码满足检定规程的要求，所以磁性引入的不确定度可忽略不计。即：

$$u_{ma} = 0\text{mg}$$

4.2.3.4　衡量仪器引入的标准不确定度 u_{ba}

$$u(m_h) = \sqrt{u_d^2 + u_E^2(I) + u_{ma}^2} = 0.029\text{mg}$$

5　合成标准不确定度

标准不确定度分量汇总见表2。

表 2　标准不确定度分量汇总

输入量	不确定度来源	灵敏系数 c_i	$\lvert c_i \rvert u(x_i)$
$u(\Delta m_c)$	测量重复性	1	0.111
$u(m_r)$	标准砝码	1	0.092
$u(m_h)$	衡量仪器	1	0.029

$$u(m_t) = \sqrt{u^2(\Delta m_c) + u^2(m_r) + u^2(m_h)} = 0.147\text{mg}$$

6　扩展不确定度与测量结果的表示

取 $k=2$，则扩展不确定度：

$$U = k \times u(m_t) = 2 \times 0.147 = 0.3\text{mg}$$

测量结果：

$$Y = y \pm U = 100.0001\text{g} \pm 0.3\text{mg}\quad (k=2)$$

案例 30　数字压力计示值误差测量不确定度评定

中国建材检验认证集团（陕西）有限公司　白千金　董慧玲

摘要：目前对校准结果的可信性、可比性要求越来越高，测量不确定度作为校准结果的重要组成部分，熟悉并掌握测量不确定度在校准实验室占据着重要位置。因此，本案例结合实际检定规程，分析了数字压力计示值误差测量不确定度的来源和种类，详细介绍了评定数字压力计示值误差测量不确定度的方法，从而进一步提高检测人员对测量不确定度的认识。

关键字：测量不确定度；数字压力计；重复性

1　概述

1）评定依据：JJF 1059.1—2012《测量不确定度评定与表示》。

2）测量方法：通过升压和降压两个循环在各校准点压力计示值与标准器示值比较，逐点读取压力计示值。根据流体静力平衡原理，在压力校验仪中，当标准器示值与压力计的压力相平衡时，此时压力计示值与标准器示值之差即为压力计的示值误差。

3）环境条件：温度：(20±5)℃，相对湿度：≤85%。

4）试验仪器：

设备名称	规格型号	测量范围	精度	厂商
智能数字压力校验仪	CONST273	0～6MPa	0.05 级	康斯特

5）被测对象：

设备名称	规格型号	测量范围	精度	厂商
数字压力计	CONST	0～5MPa	0.2 级	康斯特

2 建立测量模型

数字压力计示值误差的测量模型为：

$$\Delta P = P_1 - P_0$$

式中 ΔP——数字压力计示值误差，MPa；

P_1——数字压力计示值，MPa；

P_0——智能数字压力校验仪压力示值，MPa。

3 灵敏系数计算

灵敏系数：$c_1 = \dfrac{\partial\ (\Delta P)}{\partial\ P_1} = 1$；$c_2 = \dfrac{\partial\ (\Delta P)}{\partial\ P_0} = -1$

由于各项互相独立，则：

$$u_c^2 = c_1^2 u^2(P_1) + c_2^2 u^2(P_0)$$

4 不确定度分量的评估

4.1 数字压力计示值误差测量不确定度来源主要包括：

1）测量重复性引入的标准不确定度 $u(P_1)$

2）智能数字压力校验仪最大允许误差引入的标准不确定度 $u(P_0)$

4.2 测量重复性引入的标准不确定度 $u(P_1)$

通过连续测量得到测量列，采用A类评定方法进行评定。对测量范围为（0~5）MPa的0.2级数字压力计在校准点为1.5MPa做了10次等条件重复性测量，所得示值误差数据如表1所示。

表1 1.5MPa测量数列

序号	压力计平均示值/MPa	序号	压力计平均示值/MPa
1	1.5000	6	1.5000
2	1.5000	7	1.5000
3	1.5000	8	1.5005
4	1.5000	9	1.4999
5	1.5000	10	1.4999

得：

$$\overline{P_1} = 1.5000\text{MPa}$$

$$s(P_1) = \sqrt{\frac{\sum_{i=1}^{10}(P_{1i} - \overline{P_1})^2}{10-1}} = 0.00017\text{MPa}$$

实际测量情况为在重复性条件下测量2次，以2次测量算术平均值为测量结果，则可得到：

$$u(P_1) = \frac{s}{\sqrt{2}} = 0.00012\text{MPa}$$

智能数字压力校验仪最大允许误差引入的标准不确定度 $u(P_0)$

智能数字压力校验仪准确度为 0.05% FS，服从均匀分布，故标准不确定度：

$$u(P_0) = \frac{0.05\% \times 6}{\sqrt{3}} = 0.0017\text{MPa}$$

5 合成标准不确定度

标准不确定度分量汇总见表 2。

表 2 标准不确定度分量汇总

输入量	不确定度来源	灵敏系数 c_i	$\lvert c_i \rvert u(x_i)$
$u(P_1)$	测量重复性	1	0.00012
$u(P_0)$	智能数字压力校验仪最大允许误差	−1	0.0017

$$u = \sqrt{u^2(P_1) + u^2(P_0)} = 0.0017\text{MPa}$$

6 扩展不确定度与测量结果的表示

取 $k=2$，则扩展不确定度：

$$U = k \times u = 2 \times 0.0017 = 0.004\text{MPa}$$

测量结果：

$$Y = y \pm U = (1.5000 \pm 0.0040)\text{MPa} \quad (k = 2)$$

第7章　其　　他

案例31　汽车玻璃用功能膜因磨耗引起的雾度测量不确定度评定

中国建材检验认证集团秦皇岛有限公司　张红媛

1　概述

1）评定依据：JJF 1059.1—2012《测量不确定度评定与表示》。

2）测量方法：GB/T 5137.1—2020《汽车安全玻璃试验方法　第1部分：力学性能试验》；

3）环境条件：温度：(20±5)℃，相对湿度：40%～80%；

4）试验仪器：磨耗仪、雾度仪；

5）被测对象：贴膜玻璃；

6）测量步骤：将10片100mm×100mm的汽车玻璃用功能膜装贴在同样尺寸的可见光透射比为（89±1）%的3mm平板玻璃上制成试样，按照GB/T 5137.1—2020《汽车安全玻璃试验方法　第1部分：力学性能试验》的要求使用雾度仪测量初始雾度值。将试样膜面朝上放在磨耗仪上磨耗100r，清洁后沿研磨轨迹测量最终雾度值，用最终雾度值减去初始雾度值，即因磨耗引起的雾度。

2　建立数学模型

因磨耗引起的雾度的计算结果满足公式：

$$\Delta H = H_2 - H_1 - \Delta H_b$$

式中　ΔH——因磨耗引起的雾度；

H_1——初始雾度值；

H_2——最终雾度值；

ΔH_b——磨耗仪引起的雾度值偏差。

3　计算灵敏系数

对各项影响量求偏导数，得到各项影响量的灵敏系数：

$$c_{H_1} = \frac{\partial \Delta H}{\partial H_1} = -1$$

$$c_{H_2} = \frac{\partial \Delta H}{\partial H_2} = 1$$

$$c_{\Delta H_b} = \frac{\partial \Delta H}{\partial \Delta H_b} = -1$$

4 评定输入量的不确定度

由测量过程和模型分析，不确定度主要来源包括：试样重复测量引入的不确定度；雾度仪测量引入的不确定度；磨耗仪引入的不确定度。

1）测量重复性 $u(\Delta H_{repeat})$

依据 GB/T 5137.1—2020 标准要求测试，得到 10 组计算结果，采用贝塞尔公式计算测量重复性标准差，见表 1。

表 1 试样的测量值和测量重复性标准差

次数	1	2	3	4	5	6	7	8	9	10	标准差
磨耗前雾度 H_1/%	0.98	0.90	1.09	0.88	0.88	0.89	0.89	0.94	0.95	0.89	0.07
磨耗后雾度 H_2/%	1.90	2.25	2.14	1.82	1.68	1.13	1.31	1.82	1.64	1.49	0.35
因磨耗引起的雾度 ΔH/%	0.92	1.35	1.05	0.94	0.80	0.24	0.42	0.88	0.69	0.60	0.32

$$u(\Delta H_{repeat}) = s(\Delta H_{repeat}) = \sqrt{\frac{\sum_{i=1}^{10}(\Delta H_i - \overline{\Delta H})^2}{10-1}} = 0.32\%$$

$$u(H_{1repeat}) = s(H_{1repeat}) = \sqrt{\frac{\sum_{i=1}^{10}(H_{1i} - \overline{H_1})^2}{10-1}} = 0.07\%$$

$$u(H_{2repeat}) = s(H_{2repeat}) = \sqrt{\frac{\sum_{i=1}^{10}(H_{2i} - \overline{H_2})^2}{10-1}} = 0.35\%$$

由于在使用过程中操作人员通常采用单次测量结果，因此这里不评估平均值的重复性标准差。

2）雾度仪测量引入的标准不确定度 $u(H_a)$

雾度仪测量引入的标准不确定度主要来源于：仪器校准、读数分辨率两个方面。

① 雾度仪的校准引入的标准不确定度 $u(H_d)$

根据校准证书，该雾度仪的校准结果不确定度为 0.30%，则 $U(H_d)=0.30\%$ $(k=2)$：

$$u(H_d) = \frac{U(H_d)}{k} = \frac{0.30}{2} = 0.15\%$$

② 雾度仪分辨率引入的标准不确定度 $u(H_f)$

本次试验所有雾度仪的分别率为 0.01%，区间的半宽度 $a=0.01/2=0.005\%$，采用均匀分布计算雾度仪分辨率引入的标准不确定度 $u(H_f)$：

$$u(H_f) = \frac{0.005}{\sqrt{3}} = 2.9\times10^{-3}\%$$

比较 $u(H_d)$、$u(H_f)$，$u(H_f)$ 可以忽略不计。因此，雾度仪测量引入的标准不确定度 $u(H_a)$：

$$u(H_a)=\sqrt{u(H_d)^2+u(H_f)^2}\approx u(H_d)=0.15\%$$

比较 $u(H_a)$ 和 $u(H_{1repeat})$，发现 $u(H_a)>u(H_{1repeat})$，此时，设备误差引入的不确定度大于示值误差引入的不确定度。因此，对于初始雾度值 $u(H_1)$：

$$u(H_1)=u(H_a)=0.15\%$$

比较 $u(H_a)$ 和 $u(H_{2repeat})$，发现 $u(H_a)<u(H_{2repeat})$。此时，设备误差引入的不确定度小于示值误差引入的不确定度。因此，对于最终雾度值 $u(H_2)$：

$$u(H_2)=u(H_{2repeat})=0.35\%$$

3）磨耗仪引入的标准不确定度 $u(\Delta H_b)$

磨耗仪引入的标准不确定度主要来源于磨轮老化、损耗。将同一试样依据 GB/T 5137.1—2020 规定的方法，每隔 4 个月在磨耗仪上磨耗 100r，测量因磨耗引起的雾度。假设因磨耗引起的雾度值如表 2 所示。

表2　同一试样依次间隔4个月测量值

次数	1	2	3	4
因磨耗引起的雾度/%	0.25	0.30	0.36	0.40

采用极差法计算磨耗仪引入的标准不确定度 $u(\Delta H_b)$

$$u(\Delta H_b)=\frac{R}{C}=\frac{0.40-0.25}{2.06}=0.073\%$$

5　不确定度合成与扩展

1）不确定度分量表格

将上述评定的不确定度分量内容逐项填入不确定度分量明细表，见表3。

表3　不确定度分量明细表

序号	影响量	符号	灵敏系数	影响量的不确定度	不确定度分量	相关性
1	测量重复性	ΔH_{repeat}	1	0.32	0.32	不相关
2	初始雾度值	H_1	−1	0.15	−0.15	与 H_2 正相关
3	最终雾度值	H_2	1	0.35	0.35	与 H_1 正相关
4	磨耗仪	ΔH_b	−1	0.073	0.073	不相关

2）不确定度的合成计算

合成标准不确定度满足：

$$u(\Delta H)=\sqrt{u(\Delta H_{repeat})^2+[u(H_1)+u(H_2)]^2+u(\Delta H_b)^2}=0.38\%$$

3）扩展不确定度与测量结果的表示

取置信概率95%，包含因子 $k=2$，计算扩展不确定度，满足：

$$U=k\cdot u(\Delta H)=0.8\%$$

汽车玻璃用功能膜因磨耗引起的雾度测量不确定度 $U=0.8\%$；$k=2$。

案例 32　水蒸气透过量测量不确定度评定

中国建材检验认证集团股份有限公司　龚春平

摘要： 依据 JJF 1059.1—2012《测量不确定度评定与表示》对防水透汽膜产品按标准 GB/T 1037—1988 中的方法检测的水蒸气透过量测量不确定度进行评定，建立测量模型，确定各不确定度分量，主要为测量重复性、天平精度、温湿度精度、卡尺误差和秒表误差，最后合成不确定度，并分析各分量的影响因素大小，提出对于现有设备条件下，减小该试验测量不确定度的有效途径为延长透湿杯前后两次的称重间隔。

关键词： 水蒸气透过量；不确定度；防水透汽膜

1　概述

很多类建筑材料在使用时人们较关注其透气性能，如被动房领域，材料的透气性能就至关重要。此外，水蒸气透过量也是防水透汽膜、隔汽膜等产品的重要物理性能之一。水蒸气透过量指在规定温度、相对湿度以及一定的水蒸气压差下，试件在一定时间内透过水蒸气的量[1]。GB/T 1037—1988《塑料薄膜和片材透水蒸气性试验方法　杯式法》[2]是较常用的测试水蒸气透过量（WVT）的国家标准，本标准是利用称重法测量在一定温度和恒定的湿度差下水蒸气的透过量。

测量不确定度是指根据所用到的信息，表征赋予被测量量值分散性的非负参数。用来表示测量不确定度的可以是标准差或标准差的特定倍数。相应的，测量不确定度可分为两种：标准不确定度和扩展不确定度[3]。目前，针对塑料薄膜测量过程的不确定度评定文章较少，目前仍处于探索性研究阶段，尚无确切的技术规范及要求[4]，甚至一些水蒸气测试仪的厂家也还不能给出该测量结果的不确定度评定。本案例参照 JJF 1059.1—2012《测量不确定度评定与表示》[5]对防水透汽膜依据 GB/T 1037—1988《塑料薄膜和片材透水蒸气性试验方法　杯式法》测量其水蒸气透过量的不确定度进行评定，从而分析影响其测试结果的关键参数，旨在提高该试验的测量精确度。

1）评定依据：JJF 1059.1—2012《测量不确定度评定与表示》。

2）测量方法：GB/T 1037—1988《塑料薄膜和片材透水蒸气性试验方法　杯式法》。

3）环境条件：箱体内温度为 23℃，试件两侧相对湿度为 90%。

4）试验仪器：某设备厂家水蒸气透过系统测试仪 C360M-J 型。

5）被测对象：某生产厂家的防水透气膜。

6）测量过程：干法，透湿杯内装干燥剂，共 5 个透湿杯，放入试验箱中，调节温湿度，待箱体温湿度稳定，并且试件调湿平衡（前后两次质量增量相差不大于 5%）后开始测试，每间隔 24h 称重一次，测试结果以每组（本案例为 5 个）试样的算数平均值表示，取三位有效数字。

2　建立数学模型

GB/T 1037—1988 中水蒸气透过量（WVT）的结果表示为：

$$WVT = \frac{24 \cdot \Delta m}{A \cdot t} \tag{1}$$

式中　$A = \pi \cdot r^2 = \frac{1}{4}\pi \cdot d^2$

代入式（1）得：$WVT = \frac{24 \cdot \Delta m}{A \cdot t} = \frac{96 \cdot \Delta m}{\pi \cdot d^2 \cdot t}$

因此，依据校准过程，以及采用的标准器具，校准结果的测量模型满足公式：

$$WVT = \frac{96 \cdot \Delta m}{\pi \cdot d^2 \cdot t} = \frac{96 \cdot (\Delta m - \Delta_{天平} - \Delta_{温湿度})}{\pi \cdot (d - \Delta_d)^2 \cdot (t - \Delta_t)} \tag{2}$$

式中　WVT——校准结果真值估计值，g/（$m^2 \cdot 24h$）；
Δm——t 时间内的质量增加，即水蒸气迁移的质量，g；
d——卡尺测量试件的直径，m；
t——质量增量稳定后的两次间隔时间，h；
$\Delta_{天平}$——天平的测量误差，g；
$\Delta_{温湿度}$——恒温恒湿箱体内的温湿度精度引起水蒸气迁移质量的误差，g；
Δ_d——卡尺测量试件直径的误差，m；
Δ_t——秒表的误差，h。

3　灵敏系数计算

对各项影响量求偏导，得到各项影响量的灵敏系数：

$$c_{repeat} = \frac{\partial WVT}{\partial WVT} = 1$$

$$c_{\Delta m} = \frac{\partial WVT}{\partial \Delta m} = \frac{96}{\pi \cdot (d - \Delta_d)^2 \cdot (t - \Delta_t)} \approx \frac{96}{\pi \cdot d^2 \cdot t}$$

$$c_d = \frac{\partial WVT}{\partial d} = \frac{-2 \cdot 96 \cdot (\Delta m - \Delta_{天平} - \Delta_{温湿度})}{\pi \cdot (d - \Delta_d)^3 \cdot (t - \Delta_t)} \approx \frac{-192 \cdot \Delta m}{\pi \cdot d^3 \cdot t}$$

$$c_t = \frac{\partial WVT}{\partial t} = \frac{-96 \cdot (\Delta m - \Delta_{天平} - \Delta_{温湿度})}{\pi \cdot (d - \Delta_d)^2 \cdot (t - \Delta_t)^2} \approx \frac{-96 \cdot \Delta m}{\pi \cdot d^2 \cdot t^2}$$

$$c_{\Delta_{天平}} = \frac{\partial WVT}{\partial \Delta_{天平}} = \frac{-96}{\pi \cdot (d - \Delta_d)^2 \cdot (t - \Delta_t)} \approx \frac{-96}{\pi \cdot d^2 \cdot t}$$

$$c_{\Delta_{温湿度}} = \frac{\partial WVT}{\partial \Delta_{温湿度}} = \frac{-96}{\pi \cdot (d - \Delta_d)^2 \cdot (t - \Delta_t)} \approx \frac{-96}{\pi \cdot d^2 \cdot t}$$

$$c_{\Delta_d} = \frac{\partial WVT}{\partial \Delta_d} = \frac{2 \cdot 96 \cdot (\Delta m - \Delta_{天平} - \Delta_{温湿度})}{\pi \cdot (d - \Delta_d)^3 \cdot (t - \Delta_t)} \approx \frac{192 \cdot \Delta m}{\pi \cdot d^3 \cdot t}$$

$$c_{\Delta_t} = \frac{\partial WVT}{\partial \Delta_t} = \frac{96 \cdot (\Delta m - \Delta_{天平} - \Delta_{温湿度})}{\pi \cdot (d - \Delta_d)^2 \cdot (t - \Delta_t)^2} \approx \frac{96 \cdot \Delta m}{\pi \cdot d^2 \cdot t^2}$$

4　不确定度分量的评估

1）测量重复性 u（WVT_{repeat}）

依据校准规范，对被测量试件 5 个透湿杯的测量结果，采用贝塞尔公式计算测量重复性标准差：

透湿杯	1	2	3	4	5	标准差
水蒸气透过量 $g/(m^2 \cdot 24h)$	632	641	629	633	645	6.71

在实际检测工作中，该设备对于任一次水蒸气透过量试验，均取 5 个透湿杯的平均值作为测试结果，即 $WVT=636g/(m^2 \cdot 24h)$，$u(WVT_{repeat})=\frac{6.71}{\sqrt{5}}=3.00g/(m^2 \cdot 24h)$。

由于直接评估了最终结果水蒸气透过量 WVT 的测量重复性，因此无需重复分析质量变化 Δm、试件直径 d、称重间隔时间 t 的重复性标准差。

2）天平精度引入的不确定度 $u(\Delta_{天平})$

由计量证书查得，该设备的校准标准砝码为 E_1 级，砝码质量 200g，质量允许误差为 ±0.3mg，扩展不确定度 $U=0.10mg$，包含因子 $k=2$，则 $u(\Delta_{天平})=\frac{0.10}{2}mg=0.00005g=5.0\times10^{-5}g$。

3）箱体温湿度精度导致水蒸气迁移质量误差引入的不确定度 $u(\Delta_{温湿度})$

查校准证书得，该试验箱体 23℃ 条件下，相对湿度 90% 的扩展不确定度为 $U=1.2\%RH$，其中包含因子 $k=2$，则 $u(\Delta_{温湿度})=\frac{1.2}{2\times90}\times\Delta m=0.0212g=2.12\times10^{-2}g$。

4）卡尺测量试件直径误差引入的不确定度 $u(\Delta_d)$

查卡尺的计量证书得，卡尺测量的扩展不确定度为 $U=0.01mm$，其中包含因子 $k=2$，则 $u(\Delta_d)=\frac{0.01}{2}mm=0.005mm=0.000005m=5.0\times10^{-6}m$。

5）秒表精度导致称重时间间隔误差引入的不确定度 $u(\Delta_t)$

查电子秒表的计量证书得，每天（24h）秒表测量的扩展不确定度为 $U=0.06s$，包含因子 $k=2$，则 $u(\Delta_t)=\frac{0.06}{2}s=8.33\times10^{-6}h$。

5　合成相对标准不确定度

将上述评定的不确定度分量内容逐项填入不确定度分量明细表，见表 1。

表 1　不确定度分量明细表

序号	影响量	符号	灵敏系数	影响量的不确定度	不确定度分量	相关性
1	测量重复性	WVT_{repeat}	c_{repeat}	$u(WVT_{repeat})$	$c_{repeat}u(WVT_{repeat})$	
2	天平的测量误差	$\Delta_{天平}$	$c_{\Delta_{天平}}$	$u(\Delta_{天平})$	$c_{\Delta_{天平}}u(\Delta_{天平})$	
3	恒温恒湿箱体的温湿度精度引起水蒸气迁移质量的误差	$\Delta_{温湿度}$	$c_{\Delta_{温湿度}}$	$u(\Delta_{温湿度})$	$c_{\Delta_{温湿度}}u(\Delta_{温湿度})$	
4	卡尺的示值误差	Δ_d	c_{Δ_d}	$u(\Delta_d)$	$c_{\Delta_d}u(\Delta_d)$	
5	秒表的示值误差	Δ_t	c_{Δ_t}	$u(\Delta_t)$	$c_{\Delta_t}\cdot u(\Delta_t)$	

其中，已知 $WVT=\frac{24\cdot\Delta m}{A\cdot t}=\frac{96\cdot\Delta m}{\pi\cdot d^2\cdot t}=636\text{g/(m}^2\cdot 24\text{h)}$，$A=50\text{cm}^2$，$t=24\text{h}$，计算第3节的灵敏系数数值如下：

$$c_{\text{repeat}}=\frac{\partial WVT}{\partial WVT}=1$$

$$c_{\Delta_{天平}}=\frac{\partial WVT}{\partial \Delta_{天平}}=\frac{-96}{\pi\cdot(d-\Delta_d)^2\cdot(t-\Delta_t)}\approx\frac{-96}{\pi\cdot d^2\cdot t}=-200(\text{m}^2\cdot 24\text{h})^{-1}$$

$$c_{\Delta_{温湿度}}=\frac{\partial WVT}{\partial \Delta_{温湿度}}=\frac{-96}{\pi\cdot(d-\Delta_d)^2\cdot(t-\Delta_t)}\approx\frac{-96}{\pi\cdot d^2\cdot t}=-200(\text{m}^2\cdot 24\text{h})^{-1}$$

$$c_{\Delta_d}=\frac{\partial WVT}{\partial \Delta_d}=\frac{2\cdot 96\cdot(\Delta m-\Delta_{天平}-\Delta_{温湿度})}{\pi\cdot(d-\Delta_d)^3\cdot(t-\Delta_t)}\approx\frac{192\cdot\Delta m}{\pi\cdot d^3\cdot t}=1.594\times 10^4\text{g/(m}^3\cdot 24\text{h)}$$

$$c_{\Delta_t}=\frac{\partial WVT}{\partial \Delta_t}=\frac{96\cdot(\Delta m-\Delta_{天平}-\Delta_{温湿度})}{\pi\cdot(d-\Delta_d)^2\cdot(t-\Delta_t)^2}\approx\frac{96\cdot\Delta m}{\pi\cdot d^2\cdot t^2}=26.5\text{g/(m}^2\cdot 24\text{h}^2)$$

假设各变量相互独立，则依据 JJF 1059.1—2012《测量不确定度评定与表示》合成标准不确定度为：

$$u_c(y)=\sqrt{\begin{array}{l}[c_{\text{repeat}}\cdot u(WVT_{\text{repeat}})]^2+[c_{\Delta_m}]^2\cdot[u(\Delta_{天平})^2+u(\Delta_{温湿度})^2]\\+[c_{\Delta_d}\cdot u(\Delta_d)]^2+[c_{\Delta_t}\cdot u(\Delta_t)]^2\end{array}}$$

$$=\sqrt{\begin{array}{l}[c_{\text{repeat}}\cdot u(WVT_{\text{repeat}})]^2+[c_{\Delta_{天平}}\cdot u(\Delta_{天平})]^2+[c_{\Delta_{温湿度}}\cdot u(\Delta_{温湿度})]^2\\+[c_{\Delta_d}\cdot u(\Delta_d)]^2+[c_{\Delta_t}\cdot u(\Delta_t)]^2\end{array}}$$

$$=5.19\text{g/(m}^2\cdot 24\text{h)}$$

6 扩展不确定度与测量结果的表示

扩展不确定度需要考虑应用需求选择包含因子，一般选 k =2，包含概率为95%，则：

$$U=k\cdot u_c(y)=2\times 5.19\text{g/(m}^2\cdot 24\text{h)}=10.4\text{g/(m}^2\cdot 24\text{h)}$$

所以该防水透汽膜水蒸气透过量的测量结果表示：

$$WVT=636\text{g/(m}^2\cdot 24\text{h)};\ U=10.4\text{g/(m}^2\cdot 24\text{h)}(k=2)$$

7 分析与探讨

由灵敏系数偏导公式可以看出，增大透湿杯直径，以及延长透湿杯前后两次的称重间隔，均可减小测量不确定度的值，从而提高测量结果的精确度。此外，通过第4节中对不确定度分量的计算也可以看出，提高天平的精度，提高恒温恒湿箱的温湿度精度，以及提高有效透湿面积的测量精确度同样可以减小测量不确定度的值，从而达到提高测量结果精确度的目的。

由于考虑该水蒸气透过系统测试仪的内部空间有限，现有透湿杯尺寸固定，且经检定表明该设备的温湿度精度已经达到较高水平（温度精度 ±0.2℃，相对湿度精度 ±1%），所以在现有条件下有效地减小测量不确定度的方法为延长透湿杯前后两次的称重间隔。

参 考 文 献

[1] 国家食品药品监督管理总局. 水蒸气透过量测定法：YBB00092003—2015[S]. 北京：中国医药科技出版社，2015.

[2] 国家标准局. 塑料薄膜和片材透水蒸气性试验方法　杯式法：GB/T 1037—1988[S]. 北京：中国标准出版社，1989.

[3] 刘春浩. 测量不确定度评定方法与实践[M]. 北京：中国工信出版集团电子工业出版社，2019.

[4] 窦思红，谢兰桂，赵霞，等. 测量塑料薄膜水蒸气透过量的不确定度评定[J]. 药物分析杂志，2019，39(4)：709－715.

[5] 中华人民共和国国家质量监督检验检疫总局. 测量不确定度评定与表示：JJF 1059.1—2012[S]. 北京：中国标准出版社，2013.

案例 33　空气动力试验台 $PM_{2.5}$ 净化效率不确定度评定报告

中国建材检验认证集团股份有限公司　王　鹏

1　概述

1）评定依据：JJF 1059.1—2012《测量不确定度评定与表示》。

2）测量方法：GB/T 34012—2017《通风系统用空气净化装置》。

3）环境条件：平均温度（23 ±5）℃，相对湿度（50 ±20）%。

4）试验仪器（主要仪器）：空气动力试验台、气溶胶发生器、粉尘测试仪等。

5）被测对象：空气过滤器。

6）测量原理：

在空气净化装置入口段发生 KCl 固态气溶胶，分别测定空气净化装置入口和出口处管道空气中 $PM_{2.5}$ 质量浓度，通过空气净化装置入口、出口空气中 $PM_{2.5}$ 质量浓度之差与入口空气中 $PM_{2.5}$ 质量浓度之比，得到 $PM_{2.5}$ 净化效率。产品测试示意图，如图 1 所示。

2　建立数学模型

本次评定中，被测 $PM_{2.5}$ 净化效率是经过测量 $PM_{2.5}$ 质量浓度并计算得出的，$PM_{2.5}$ 净化效率 E 的测量模型为：

$$E_{PM2.5} = \left(1 - \frac{C_{PM2.5,2}}{C_{PM2.5,1}}\right) \times 100\%$$

式中　$E_{PM2.5}$ ——空气净化装置 $PM_{2.5}$ 净化效率；

$C_{PM2.5,1}$ ——上游采样处 $PM_{2.5}$ 平均质量浓度，$\mu g/m^3$；

$C_{PM2.5,2}$ ——下游采样处 $PM_{2.5}$ 平均质量浓度，μg/m^3。

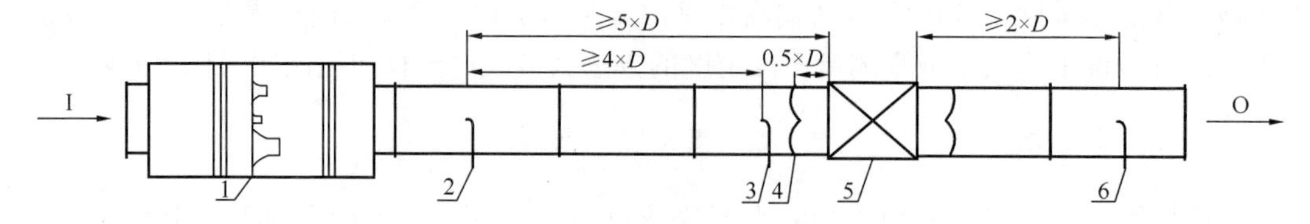

图1　产品测试示意图

D—管径；I—进气；O—排气；1—风量测量装置；2 —气溶胶发生器；3—上游采样管；4—静压环；5—待测样机；6—下游采样管

3　灵敏系数计算

对各项影响量求偏导数，得到各项影响量的灵敏系数：

$$c_{C_{PM2.5,1}} = \frac{\partial E_{PM2.5}}{\partial C_{PM2.5,1}} = \frac{C_{PM2.5,2}}{C^2_{PM2.5,1}}$$

$$c_{C_{PM2.5,2}} = \frac{\partial E_{PM2.5}}{\partial C_{PM2.5,2}} = -\frac{1}{C_{PM2.5,1}}$$

4　不确定度分量的主要来源及其分析

1）$PM_{2.5}$ 质量浓度测量重复性引起的不确定度分量，通过多次独立重复测量，采用A类方法评定。

2）粉尘测量仪的示值引用误差1% FS，分辨力0.001mg/m^3。

3）空气动力试验台尺寸、通电时间、取样口与出风口距离等引入的不确定度可以忽略不计。

5　标准不确定度的评定

1）测量重复性引入的标准不确定度分量 u_A 的评定

在过滤器上下游采样处分别测量 $PM_{2.5}$ 质量浓度，并计算净化效率。测试值见表1。

表1　$PM_{2.5}$ 质量浓度数据表

次数	1	2	3	4	5
上游 $PM_{2.5}$ 质量平均浓度/(μg/m^3)	296	324	297	320	312
下游 $PM_{2.5}$ 质量平均浓度/(μg/m^3)	25	24	22	17	30
$PM_{2.5}$ 净化效率 E/%	91.6	92.6	92.6	94.7	90.4
平均值/%			92.4		

根据贝塞尔法，标准不确定度为：

$$u_A = \sqrt{\frac{1}{n-1}\sum_{i=1}^{n}(E_i - \bar{E})^2} = 1.6\ \%$$

式中　E_i ——每次 $PM_{2.5}$ 净化效率的计算值，%；

$\overline{E}$ ——$PM_{2.5}$净化效率的平均值,%；

n——测量次数。自由度 $v = n - 1 = 4$。

相对标准不确定度：

$$u_{Arel} = 0.9/92.4 = 1.7\%$$

2）粉尘测量仪引入的不确定度分量 u_B 的评定

粉尘测量仪示值误差引入的不确定度分量，按 B 类评定，设均匀分布，粉尘测量仪的精度为 ±0.1%，满刻度时的最大相对误差为 ±0.1%，引入不确定度：

$$u_{Brel} = \frac{0.1\%}{\sqrt{3}} = 0.06\%$$

6 合成相对标准不确定度

空气净化器 $PM_{2.5}$净化效率测量不确定度如表 2 所示。

表 2 A 类和 B 类标准不确定度一览表

序号	不确定度来源	分布	相对标准不确定度符号	数值
1	测量重复性	正态	u_{Arel}	1.7%
2	粉尘测试仪示值误差	均匀	u_{Brel}	0.06%

其中，已知 $C_{PM2.5,1} = 310\mu g/m^3$，$C_{PM2.5,2} = 24\mu g/m^3$

代入第 3 节的灵敏系数计算公式进行计算，得到灵敏系数数值：

$$c_{C_{PM2.5,1}} = \frac{C_{PM2.5,2}}{C_{PM2.5,1}^2} = 0.00025$$

$$c_{C_{PM2.5,2}} = -\frac{1}{C_{PM2.5,1}} = -0.0032$$

各分量中 $C_{PM2.5,2}$、$C_{PM2.5,1}$ 不确定度分量相关，合成相对标准不确定度 u_{Crel} 采用方和根方法合成：

$$u_{Crel} = \sqrt{{u_{Arel}}^2 + (c_{C_{PM2.5,1}}u_{Brel} + c_{C_{PM2.5,2}}u_{Brel})^2} = 1.7\%$$

空气净化器 $PM_{2.5}$净化效率的合成标准不确定度：

$$u_C = 1.7\% \times 92.4\% = 1.6\%$$

7 扩展不确定度评定

取包含因子 $k = 2$（包含概率为 95%），则：

$$U = 2 \times 1.6\% = 3.2\%$$

8 结果

分析得空气净化器 $PM_{2.5}$净化效率测量扩展不确定度为：

$$U = 3.2\%,\ k = 2\ （包含概率为 95\%）$$

案例34 超细粉体材料比表面积不确定度评定

中国建材检验认证集团股份有限公司
王 清 吴文军 王 阳

摘要： 采用气体吸附BET法测定超细粉体材料比表面积，选择标准物质炭黑进行试验，对试验测量过程中的不确定度来源进行分析，评定测量结果的不确定度，从而使测量结果更加科学、准确。

关键词： 超细粉体材料；比表面积；不确定度

Evaluate uncertainty of the specific surface area of Superfine powder material

Abstract: Measure the specific surface area of superfine powder material by gas adsorption using the BET method, select the standard substance carbon black to test, analyze the source of uncertainty of the test measurement process, evaluate the uncertainty of the measurement result, so as to make the measurement result more scientific and accuracy.

Key words: superfine powder material; the specific surface area; uncertainty

1 前言

任何测量均存在不同程度的测量误差，由于误差的存在使得测量结果有一定程度的不确定性。影响测量误差的因素是多方面的，存在于测量本身全过程。不确定度可以科学地从数学方面的角度再现整个测量过程中误差的影响量，从而准确表达测量结果，使得到的测量结果更加科学、准确。

2 试验过程概述

气体吸附BET法适用于具有Ⅱ型（分散的、无孔或大孔固体）和Ⅳ型（介孔固体，孔径为2～50nm）吸附等温曲线的固态物质。对于气体分子难以到达的孔隙，其表面积测不到。BET法不适用于对气体分子有吸收性的固态物质。

测试过程中依据的核心原理BET公式如下：

$$\frac{p/p_0}{n_a(1-p/p_0)}=\frac{1}{n_m C}+\frac{C-1}{n_m C}\frac{p}{p_0}$$

式中 p/p_0——相对压力；

n_m——单分子吸附量。

通过多点法测定，在BET图中，$\frac{p/p_0}{n_a(1-p/p_0)}$为纵坐标，$p/p_0$为横坐标，在相对压力

p/p_0 为 0.05 ~0.30 范围内，$y = a + bx$ 通常是线性的，可以求出单分子层吸附量 $n_m = \frac{1}{a+b}$，进而推算出比表面积。

吸附等温曲线的建立对于比表面积的测试是最为关键的，被吸附的气体量可以通过容量法、质量法、气相色谱法等方法以及使用连续或不连续操作的载气法得到。综上所述，影响比表面积的测试有众多因素，包括测定吸附气体量选择的方法、吸附量、平衡吸附压力、饱和蒸汽压、相对压力等。

在构建比表面积不确定度的数学模型过程中，无法从直接影响因素方面来直接准确地构建，这些因素的不确定度分量很难进行数学量化。因此通过对标准物质炭黑进行测试，以示值误差的不确定度来表征比表面积的测量结果。

标准依据：GB/T 19587—2017《气体吸附 BET 法测定固态物质比表面积》；测试设备：JW-BK112 比表面积及孔隙度分析仪。

3 超细粉体材料比表面积不确定来源分析

依据标准：GB/T 19587—2017，采用标准物质炭黑进行试验，以示值误差的不确定度来表征比表面积的测量结果。

对于采用气体吸附 BET 法测定固态物质比表面积试验，测量结果示值误差不确定的主要来源主要是：①测量对象的不确定度 $u(f_a)$，主要是由于样品炭黑颗粒不均匀及检测人员测量重复性引起的；②标准物质引入的不确定度 $u(f_b)$；③试验用仪器本身最大允许误差引入不确定度 $u(f_c)$；④试验用仪器分辨率引入不确定度 $u(f_d)$；⑤试验用天平称量影响测量结果引入的不确定度 $u(f_m)$；⑤试验环境影响测量结果引入的不确定度 $u(f_t)$。

比表面积示值误差的计算公式表达为 $y = y_a - y_b - f(c) - f(d) - f(m) - f(t)$。

式中，y_a 为样品重复性测试的比表面积；y_b 为标准物质的比表面积；$f(c)$ 为试验用仪器本身最大允许误差影响的比表面积；$f(d)$ 为试验用仪器本身分辨率影响的比表面积；$f(m)$ 为试验用天平称量影响的比表面积；$f(t)$ 为试验环境温度影响的比表面积。

4 标准不确定度分量的评定

4.1 A 类标准不确定度的评定

$u(f_a)$ 是样品重复性测试引入的不确定度，通过对同一样品标准物质炭黑，重复 10 次测试其比表面积，测试结果见表 1，用统计方法进行 A 类标准不确定度评定。

表 1 比表面积测试结果

测量序号	1	2	3	4	5	6	7	8	9	10
比表面积（m^2/g）	105.2	105.5	105.3	105.3	104.0	105.9	104.7	105.1	104.6	105.4

按 JJF 1059.1—2012《测量不确定度评定与表示》标准，A 类标准不确定度，按下式计算：

$$u(f_a) = \frac{s}{\sqrt{n}}$$

式中 s——标准差；

n——测量次数。

用贝塞尔公式计算本次试验的标准差：

$$s=\sqrt{\frac{\sum_{i=1}^{n}(x_i-\bar{x})^2}{n-1}}=0.0141\mathrm{m^2/g}$$

样品进行10次测量的A类标准不确定度：$u(f_a)=\frac{s}{\sqrt{n}}=0.0446\mathrm{m^2/g}$，自由度 $\nu=10-1=9$。

4.2　B类标准不确定度的评定

通过查阅标准物-炭黑的校准证书，$U=2.2\mathrm{m^2/g}$，包含因子 $k=2$，由标准物质引入的B类标准不确定度为 $u(f_b)=\frac{2.2}{2}\mathrm{m^2/g}=1.1\mathrm{m^2/g}$。

由仪器最大允许误差引入的标准不确定度 $u(f_c)$，最大允许误差 ±1.0%，半宽为1.0%：

$$u(f_c)=105.1\times\frac{0.01}{\sqrt{3}}\mathrm{m^2/g}=0.607\mathrm{m^2/g}$$

由仪器分辨率引入的标准不确定度 $u(f_d)$，分辨率0.0005m²/g，半宽为0.0005m²/g。

$$u(f_d)=\frac{0.0005}{\sqrt{3}}=0.000289\mathrm{m^2/g}$$

通过查阅试验用天平的校准证书，天平最大允许误差0.001g，对比表面积的测量结果影响见表2。

表2　试验用天平称量最大允许误差影响的比表面积

测量序号	1	2	3	4	5	6	7	8	9	10
比表面积差值/($\mathrm{m^2/g}$)	0.2934	0.2951	0.2983	0.3000	0.2977	0.2993	0.3067	0.3085	0.2858	0.2874

由试验用天平称量最大允许误差引入的标准不确定度 $u(f_m)$，比表面积差值的平均值为0.2972m²/g，半宽为0.2972m²/g：

$$u(f_m)=\frac{0.2972}{\sqrt{3}}\mathrm{m^2/g}=0.172\mathrm{m^2/g}$$

试验环境温度可控为20℃，使用特定仪器JW-BK112比表面积及孔隙度分析仪进行测试，仪器本身是全封闭条件（严格控制压力条件和温度条件）下进行测试，试验环境的温度对比表面积的测量结果的影响可以忽略，所以认为试验环境影响测量结果引入的标准不确定度 $u(f_t)=0$。

4.3　合成不确定度的计算

对样品重复性测试标准不确定度 $u(f_a)$、标准物质标准不确定度 $u(f_b)$、仪器本身最大允许误差引入的标准不确定度 $u(f_c)$、仪器本身分辨率引入的标准不确定度 $u(f_d)$、试验用天平称量最大允许误差引入的标准不确定度 $u(f_m)$、试验环境温度引入的标准不确定 $u(f_t)$ 按下式进行合成：

$$u_c(f)=\sqrt{u^2(f_a)+u^2(f_b)+u^2(f_c)+u^2(f_d)+u^2(f_m)+u^2(f_t)}$$

$$=\sqrt{0.0446^2+1.1^2+0.607^2+0.000289^2+0.172^2+0^2}=1.27\mathrm{m^2/g}$$

4.4 扩展不确定度的评定

取置信概率 95%，包含因子 $k=2$，计算扩展不确定度 U：

$$U=2u_c(f)=2.5\mathrm{m^2/g}$$

超细粉体材料使用 BET 法测量比表面积的扩展不确定度：$U=2.5\mathrm{m^2/g}$ ($k=2$)。

4.5 不确定度报告

对于选取的超细粉体材料（标准物质炭黑），其平均值为 105.1$\mathrm{m^2/g}$，在包含因子 $k=2$（置信概率为 95%）时，测量的扩展不确定度为 2.5$\mathrm{m^2/g}$。

5 结论

上述不确定报告的意义：采用 BET 法进行通过仪器 JW-BK112 比表面积及孔隙度分析仪测试超细粉体材料（标准物质炭黑），比表面积的测量结果可以期望在每次的仪器显示值 ±2.5$\mathrm{m^2/g}$ 之间，包含了该批超细粉体材料——标准物质炭黑比表面积测量结果可能值的 95%。

采用 BET 法测试超细粉体材料的比表面积，测试原理和试验过程复杂，无法通过分析各测量过程中的直接影响因素进行比表面积不确定度的计算，宏观的影响因素可以通过仪器示值误差的不确定度进行表征。

试验要求采用特定的仪器设备来进行测量，关于此类设备目前还无特定的校准规范，采用标准物质间接地评价比表面积的不确定度为此类仪器校准提供了一种方法。综上所述，本案例选择将影响测量结果的复杂多因素转化为宏观可量化通过标准物质量化的示值误差的不确定度具有一定的实际意义。

参 考 文 献

[1] 中华人民共和国国家质量监督检验检疫总局. 测量不确定的评定：JJF 1059.1—2021[S]. 北京：中国标准出版社，2013.

[2] 中华人民共和国国家质量监督检验检疫总局，中国国家标准化管理委员会. 气体吸附 BET 法测定固态物质表面积：GB/T 19587—2017[S]. 北京：中国标准出版社，2017.

案例 35 模塑板表观密度测量不确定度评定

中国建材检验认证集团股份有限公司 曾春燕

1 概述

1）评定依据：JJF 1059.1—2012《测量不确定度评定与表示》。

2）测试方法：GB/T 6343—2009《泡沫塑料及橡胶 表观密度的测定》。

3）环境条件：平均温度 (23±2)℃，相对湿度 (50±5)%。

4）试验仪器：电子天平（分度值0.001g）、数显卡尺（分度值0.01mm）。

5）被测对象：模塑板。

6）测量过程：通过数显卡尺和电子天平测试5块试样的尺寸和质量，每块试样的长度、宽度、厚度均测量5次，数显卡尺读数按0.2mm修约，结果取5次测量的平均值；每块试样的质量测量1次，按天平示数读取，表观密度结果取5块试样的平均值。

2 建立测量模型

表观密度测试结果计算公式见式（1），对于一些低密度闭孔材料（密度小于15kg/m³），空气浮力可能导致测量结果产生误差，此时计算公式见式（2）。

$$\rho = \frac{m}{l \times w \times h} \times 10^6 \tag{1}$$

$$\rho_a = \frac{m + m_a}{l \times w \times h} \times 10^6 \tag{2}$$

式中 ρ——表观密度，kg/m^3；

ρ_a——表观密度，kg/m^3；

m——试样质量，g；

m_a——排出空气质量，g；

V——试样体积，mm^3；

l,w,h——长、宽、厚。

当压力为101325Pa，温度为23℃时空气密度取值为$1.220 \times 10^{-6} g/mm^3$，即$\frac{m_a}{V}$为定值，故评定不确定度时采用式（1）进行。

表观密度测试结果的测量模型为：

$$\rho = \frac{m - \Delta m}{(l - \Delta l - l_x) \times (w - \Delta w - w_x) \times (h - \Delta h - h_x)} \times 10^6 \tag{3}$$

式中 ρ——测试结果真值估计值，kg/m^3；

m——电子天平测量的质量，g；

Δm——电子天平的误差，g；

$l、w、h$——数显卡尺测量的长度、宽度、厚度，mm；

$\Delta l、\Delta w、\Delta h$——数显卡尺长度、宽度、厚度的示值误差，mm；

$l_x、w_x、h_x$——数值修约后长度、宽度、厚度的误差，mm。

3 灵敏系数计算

对各项影响量求偏导数，得到各项影响量的灵敏系数：

$$c_{repeat} = \frac{\partial \rho}{\partial \rho} = 1$$

$$c_{\Delta m} = \frac{\partial \rho}{\partial \Delta m} = \frac{-10^6}{(l - \Delta l - l_x) \times (w - \Delta w - w_x) \times (h - \Delta h - h_x)} \approx \frac{-10^6}{l \times w \times h}$$

$$c_{\Delta l} = c_{l_x} = \frac{\partial \rho}{\partial \Delta l} = (l - \Delta l - l_x)^{-2} \times \frac{(m - \Delta m) \times 10^6}{(w - \Delta w - w_x) \times (h - \Delta h - h_x)} \approx l^{-2} \times \frac{m \times 10^6}{w \times h}$$

$$c_{\Delta w} = c_{w_x} = \frac{\partial \rho}{\partial \Delta w} = (w - \Delta w - w_x)^{-2} \times \frac{(m - \Delta m) \times 10^6}{(l - \Delta l - l_x) \times (h - \Delta h - h_x)} \approx w^{-2} \times \frac{m \times 10^6}{l \times h}$$

$$c_{\Delta h} = c_{h_x} = \frac{\partial \rho}{\partial \Delta h} = (h - \Delta h - h_x)^{-2} \times \frac{(m - \Delta m) \times 10^6}{(l - \Delta l - l_x) \times (w - \Delta w - w_x)} \approx h^{-2} \times \frac{m \times 10^6}{l \times w}$$

4 不确定度分量的评估

（1）测量重复性 $u(\rho_{repeat})$

依据标准，对一个编号的试样（模塑板）裁取 5 块进行测试，结果取 5 块试样测试值的平均值，采用极差法计算重复性标准差见表 1。

表 1 表观密度测试数据

试样	1	2	3	4	5
长度示值/mm	100. 4	100. 2	101. 0	100. 6	100. 4
	100. 4	100. 4	101. 2	100. 6	100. 6
	100. 4	100. 4	101. 2	100. 6	100. 6
	100. 4	100. 4	101. 2	100. 4	100. 8
	100. 4	100. 4	101. 2	100. 4	100. 6
长度示值平均值/mm	100. 4	100. 4	101. 2	100. 5	100. 6
宽度示值/mm	100. 6	100. 6	101. 0	101. 0	100. 8
	100. 8	100. 6	101. 0	101. 0	101. 2
	101. 0	101. 0	101. 2	101. 0	101. 4
	101. 0	101. 0	101. 2	100. 8	101. 2
	101. 0	101. 0	101. 0	100. 8	101. 4
宽度示值平均值/mm	100. 9	100. 2	101. 1	100. 9	101. 2
厚度示值/mm	99. 8	100. 0	100. 2	100. 0	100. 6
	100. 0	99. 8	100. 2	100. 0	100. 2
	99. 8	100. 0	100. 2	100. 0	100. 0
	99. 8	100. 2	100. 4	100. 2	100. 4
	99. 8	100. 0	100. 2	100. 0	100. 2
厚度示值平均值/mm	99. 8	100. 0	100. 2	100. 0	100. 3
质量示值/g	18. 063	18. 271	19. 042	17. 984	18. 845
表观密度/(kg/m³)	17. 87	18. 05	18. 57	17. 73	18. 46
表观密度标准差/(kg/m³)			0. 36		
表观密度标准不确定度/(kg/m³)			0. 16		

$$s(\rho_{repeat}) = \frac{R}{C} = \frac{18.57 - 17.73}{2.33} = 0.36\text{kg/m}^3$$

$$u(\rho_{repeat}) = s(\overline{\rho_{repeat}}) = s(\rho_{repeat})/\sqrt{n} = s(\rho_{repeat})/\sqrt{5} = 0.16\ \text{kg/m}^3$$

（2）数显卡尺示值误差的标准不确定度 $u(\Delta l)$、$u(\Delta w)$、$u(\Delta h)$

根据数显卡尺的证书，200mm 范围内的示值误差范围 ±0.03mm，试验过程中采用同一把数显卡尺进行测量，按均匀分布，数显卡尺示值误差的标准不确定度为：

$$u(\Delta l) = u(\Delta w) = u(\Delta h) = 0.03\text{mm}/\sqrt{3} = 0.02\text{mm}$$

（3）电子天平示值误差的标准不确定度 $u(\Delta m)$

根据电子天平的证书，实际分度值 $d = 0.001$g，检定分度值 $e = 0.01$g，在 $0 \leqslant m \leqslant 50$g 时示值误差为 0.0$e$ 即 0.000g，用电子天平的实际分度值引入的不确定度来代替示值误差引入的不确定度，电子天平示值误差的标准不确定度：

$$u(\Delta m) = 0.0005/\sqrt{3}\text{g} = 0.0003\text{g}$$

（4）数值修约的标准不确定度 $u(l_x)$、$u(w_x)$、$u(h_x)$

标准要求读数修约至 0.2mm，按均匀分布，数值修约的标准不确定度：

$$u(l_x) = u(w_x) = u(h_x) = 0.1\text{mm}/\sqrt{3} = 0.06\text{mm}$$

5 合成相对标准不确定度

不确定度分量明细表见表 2。

表 2 不确定度分量明细表

序号	影响量	符号	灵敏系数	影响量的不确定度	不确定度分量	相关性
1	测量重复性	ρ_{repeat}	c_{repeat}	$u(\rho_{repeat})$	$c_{\rho repeat} \cdot u(\rho_{repeat})$	—
2	数显卡尺示值误差（长度）	Δl	$c_{\Delta l}$	$u(\Delta l)$	$c_{\Delta l} \cdot \mu(\Delta l)$	与 $u(\Delta w)$、$u(\Delta h)$ 正相关
3	数显卡尺示值误差（宽度）	Δw	$c_{\Delta w}$	$u(\Delta w)$	$c_{\Delta w} \cdot \mu(\Delta w)$	与 $u(\Delta l)$、$u(\Delta h)$ 正相关
4	数显卡尺示值误差（高度）	Δh	$c_{\Delta h}$	$u(\Delta h)$	$c_{\Delta h} \cdot u(\Delta h)$	与 $u(\Delta h)$、$u(\Delta w)$ 正相关
5	修约误差（长度）	l_x	c_{l_x}	$u(l_x)$	$c_{l_x} \cdot u(l_x)$	与 $u(w_x)$、$u(h_x)$ 正相关
6	修约误差（宽度）	w_x	c_{w_x}	$u(w_x)$	$c_{w_x} \cdot u(w_x)$	与 $u(l_x)$、$u(h_x)$ 正相关
7	修约误差（高度）	h_x	c_{h_x}	$u(h_x)$	$c_{h_x} \cdot u(h_x)$	与 $u(l_x)$、$u(h_x)$ 正相关
8	电子天平示值误差	Δm	$c_{\Delta m}$	$u(\Delta m)$	$c_{\Delta_m} \cdot u(\Delta m)$	—

其中，已知 $m = 18.063$g、$l = 100.4$mm、$w = 100.9$mm，$h = 99.8$mm，代入第 3 节的灵敏系数计算公式进行计算，得到灵敏系数数值：

$$c_{repeat} = \frac{\partial \rho}{\partial \rho} = 1$$

$$c_{\Delta m} = \frac{\partial \rho}{\partial \Delta m} = \frac{-10^6}{l \times w \times h} = -0.99$$

$$c_{\Delta l} = c_{l_x} = \frac{\partial \rho}{\partial \Delta l} = l^{-2} \times \frac{m \times 10^6}{w \times h} = 0.18$$

$$c_{\Delta w} = c_{w_x} = \frac{\partial \rho}{\partial \Delta w} = w^{-2} \times \frac{m \times 10^6}{l \times w} = 0.018$$

$$c_{\Delta h} = c_{h_x} = \frac{\partial \rho}{\partial \Delta h} = h^{-2} \times \frac{m \times 10^6}{l \times w} = 0.18$$

合成标准不确定度为：

$$u(y) = \sqrt{\begin{array}{c}[c_{\rho_{\text{repeat}}} u(\rho_{\text{repeat}})]^2 + [c_{\Delta l} u(\Delta l) + c_{\Delta w} u(\Delta w) + c_{\Delta h} u(\Delta h)]^2 + \\ [c_{l_x} u(l_x) + c_{w_x} u(w_x) + c_{h_x} u(h_x)]^2 + [c_{\Delta m} u(\Delta m)]\end{array}}$$

即 $u(y) = 0.16\text{kg/m}^3$

6 扩展不确定度与测量结果的表示

取包含概率 95%，包含因子 $k=2$，计算扩展不确定度：

$$U = u(y) \cdot k = 0.32\text{kg/m}^3$$

模塑板表观密度的测量不确定度 $U = 0.32\text{kg/m}^3$（$k=2$）。

案例 36　45μm 细度测量不确定度评定

中国建材检验认证集团股份有限公司　郭　旭

1 概述

1）评定依据：JJF 1059.1—2012《测量不确定度评定与表示》；

2）测量方法：GB/T 1345—2005《水泥细度检测方法　筛析法》；

3）环境条件：温度（20 ±2）℃；

4）试验仪器：FSY-150D 水泥负压筛析仪、AND FX-200GD 电子天平；

5）被测对象：普通硅酸盐水泥 42.5；

6）测量过程：试验前保持所用负压筛清洁干燥，取 45μm 细度标准值为 8.20% 的标准样品对该负压筛进行标定，称取标准水泥 10g，置于洁净负压筛中，放在筛座上盖上筛盖，接通电源，启动负压筛析仪筛析 120s，过程中将附在筛盖上的样品轻轻敲击使其落下。筛毕用天平称量筛余物并记录，重复试验 10 次。

取被测普通硅酸盐水泥重复试验过程 10 次，记录试验结果。

2 计算公式

$$F = C\frac{R_1}{W} = \frac{F_S}{F_T} \cdot \frac{R_1}{W}$$

式中　F——水泥试样筛余百分数；

R_1——水泥筛余物的质量；

W——水泥试样的质量；

C——试验用水泥试验筛的修正系数；

F_S——标准样品的筛余标准值；

F_T——标准样品在试验筛上的筛余值。

3　计算灵敏系数

$$c_F = \frac{\partial F}{\partial F} = 1$$

$$c_C = \frac{R_1 - R'_1}{W - W'} \approx \frac{R_1}{W}$$

$$c_{R_1} = \frac{C}{W - W'} \approx \frac{C}{W}$$

$$c_W = -\frac{C(R_1 - R'_1)}{W^2} \approx -\frac{CR_1}{W^2}$$

$$c_{R'_1} = -\frac{C}{W - W'} \approx -\frac{C}{W}$$

$$c_{W'} = \frac{C(R_1 - R'_1)}{W'^2} \approx \frac{CR_1}{W^2}$$

式中，由于天平称量样品产生的标准差极小，因此由天平重复性称量样品引起的不确定度（R'_1、W'）可忽略不计。

4　评估不确定分量

1）称取水泥所用天平示值误差的标准不确定度 $u(W)$

根据天平的检定证书，扩展不确定度 $U=0.003$g，包含因子 $k=2$；

因此，天平示值误差的标准不确定度：

$$u(W) = \frac{U}{k} = 0.0015\text{g}$$

2）筛余物 R_1 测量重复性

依据标准 GB/T 1345—2005《水泥细度检测方法　筛析法》进行10次45μm水泥细度测量试验，记录数据并计算重复性标准差，试验数据见表1。

表1　筛余物 R_1 重复测量试验数据

次数	1	2	3	4	5	6	7	8	9	10
筛余物 R_1（g）	1.12	1.14	1.14	1.11	1.15	1.14	1.12	1.15	1.12	1.12

$$\overline{R_1} = \frac{1.12 + 1.14 + 1.14 + 1.11 + 1.15 + 1.14 + 1.12 + 1.15 + 1.12 + 1.12}{10} = 1.13\text{g}$$

$$u(R_{\text{repeat}}) = s(R_{\text{repeat}}) = \sqrt{\frac{\sum_{i=1}^{10}(R_i - \overline{R})^2}{10 - 1}} = 0.01\text{g}$$

3）修正系数 C 测量重复性

依据标准 GB/T 1345—2005 进行 10 次用细度标准样品标定试验筛修正系数操作，记录数据并计算重复性标准差，试验数据见表 2。

表 2　修正系数 C 重复测量试验数据

次数	1	2	3	4	5	6	7	8	9	10
筛余值 F_T	0.818	0.855	0.836	0.862	0.884	0.834	0.866	0.861	0.830	0.869
修正系数 C	1.00	0.96	0.98	0.95	0.93	0.98	0.95	0.95	0.99	0.94

$$\overline{C} = \frac{1.00 + 0.96 + 0.98 + 0.95 + 0.93 + 0.98 + 0.95 + 0.95 + 0.99 + 0.94}{10} = 0.96$$

$$u(C_{\text{repeat}}) = s(C_{\text{repeat}}) = \sqrt{\frac{\sum_{i=1}^{10}(C_i - \overline{C})^2}{10-1}} = 0.02$$

5　不确定度合成与扩展

不确定的分量明细如表 3 所示。

表 3　不确定度分量明细表

序号	影响量	符号	灵敏系数	影响量的不确定度	不确定度分量
1	天平示值误差	K	$c(K)$	$u(K)$	$c(K)\cdot u(K)$
2	筛余物测量重复性	R_1	$c(R_1)$	$u(R_1)$	$c(R_1)\cdot u(R_1)$
3	修正系数测量重复性	C	$c(C)$	$u(C)$	$c(C)\cdot u(C)$

合成标准不确定度满足：

$$u(F) = \sqrt{[c(R_1)u(R_1)]^2 + [c(C)u(C)]^2 + [c(R_1)u(W) + c(C)u(W)]^2} = 0.076\%$$

取包含概率 95%，包含因子 $k=2$，计算扩展不确定度 $U(F) = 0.15\%$。

案例 37　中空玻璃气体泄漏率测量不确定度评定

中国建材检验认证集团股份有限公司　闫　冉

1　概述

1）评定依据：JJF 1059.1—2012《测量不确定度评定与表示》；

2）测量方法：EN1279-3：2018《气相色谱法》；

3）环境条件：20℃，1000hPa；

4）试验仪器：气相色谱仪；

5）被测对象：充气中空玻璃；

6）测量过程：将样品放入箱体内，检测中空玻璃的气体泄漏率。

2　建立测量模型

依据 EN1279-3：2018 中描述的方法及原理

$$L_i = 87.6 \times 10^6 \frac{m_i}{C_i V_{\text{int}} \rho_{0,i}} \frac{T}{T_0} \frac{P_0}{P} \tag{1}$$

式中　L_i——气体泄漏率，$\% \cdot a^{-1}$；

m_i——规定时间内泄漏的气体质量，μg/h；

C_i——气体含量实测值，%；

T_0、P_0——标准条件下的温度、压强，为常量；

$\rho_{0,i}$——标准条件下气体的密度，为常量；

T、P——实验室的温度、压强；

V_{int}——中空玻璃的内腔体积，mm^3。

其中：

$$V_{\text{int}} = d_1 d_2 d_3 \tag{2}$$

式中　d_1、d_2、d_3——中空玻璃内腔的长、宽、高。

$$m_i = \frac{C_{\text{Ar}}(V_b - V_{\text{ext}}) \rho_{0,i} T_0 P}{t_0 P_0 T} \tag{3}$$

式中　C_{Ar}——标准曲线横坐标氩气含量，10^{-6}；

t_0——气体泄漏所需的时间，为 8h；

V_b——箱体的体积，为常量。

$$V_{\text{ext}} = d_4 d_5 d_6 \tag{4}$$

d_4、d_5、d_6——中空玻璃的长、宽、高。

将式（2）~式（4）代入式（1）中可得：

$$L_i = 87.6 \times 10^6 \frac{C_{\text{Ar}}(V_b - d_4 d_5 d_6)}{C_i d_1 d_2 d_3 \rho_{0,i} t_0} \frac{T}{T_0} \frac{P_0}{P} \tag{5}$$

3　灵敏系数计算

$$\frac{\partial L_i}{\partial L_i} = 1 \tag{6}$$

$$\frac{\partial L_i}{\partial C_{\text{Ar}}} = \frac{L_i}{C_{\text{Ar}}} \tag{7}$$

$$\frac{\partial L_i}{\partial T} = \frac{L_i}{T} \tag{8}$$

$$\frac{\partial L_i}{\partial d_4} = -87.6 \times 10^6 \frac{(C_{\text{Ar}} - d_5 d_6)}{C_i d_1 d_2 d_3 \rho_{0,i} t_0} \frac{T}{T_0} \frac{P_0}{P} \tag{9}$$

$$\frac{\partial L_i}{\partial d_5} = -87.6 \times 10^6 \frac{(C_{\text{Ar}} - d_4 d_6)}{C_i d_1 d_2 d_3 \rho_{0,i} t_0} \frac{T}{T_0} \frac{P_0}{P} \tag{10}$$

$$\frac{\partial L_i}{\partial d_6}=-87.6\times10^6\frac{(C_{Ar}-d_4d_5)}{C_id_1\ d_2d_3\rho_{0,i}\ t_0}\frac{T}{T_0}\frac{P_0}{P} \tag{11}$$

$$\frac{\partial L_i}{\partial C_i}=-\frac{L_i}{C_i} \tag{12}$$

$$\frac{\partial L_i}{\partial d_1}=-\frac{L_i}{d_1} \tag{13}$$

$$\frac{\partial L_i}{\partial d_2}=-\frac{L_i}{d_2} \tag{14}$$

$$\frac{\partial L_i}{\partial d_3}=-\frac{L_i}{d_3} \tag{15}$$

$$\frac{\partial L_i}{\partial P}=-\frac{L_i}{P} \tag{16}$$

4 不确定度分量的评估

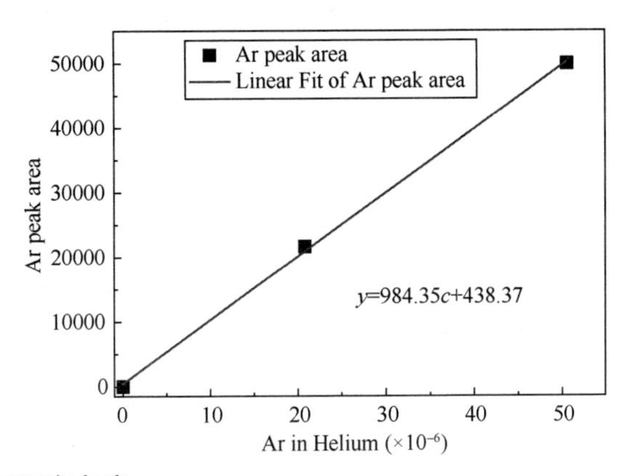

4.1 标准曲线引入的不确定度

标准曲线方程：$y=kc+b$

式中 y——峰面积；

k——标准曲线斜率；

c——Ar 的泄漏量；

b——标准曲线截距。

$$S_R=\sqrt{\frac{\sum_{j=1}^{n_2}[y_j-(b_0+k_1c_j)]^2}{n_2-2}}=1005.3288$$

$$u(y)=\frac{s_R}{k}\sqrt{\frac{1}{n_1}+\frac{1}{n_2}+\frac{(C_x-\bar{c})^2}{\sum_{j=1}^{n_2}(c_j-\bar{c})^2}}=0.7654$$

标准曲线引入的相对不确定度：$u_1=u(\Delta C)/\Delta C=0.7654/40=0.01914$。

4.2 气体含量实测值 c_i 引入的不确定度

根据文件《中空玻璃气体密封耐久性测量不确定度评定》中可知：

$$u_2 = 2 \times 1.15\% = 2.3\%$$

4.3 测量样品尺寸引入的不确定度

4.3.1 重复测量引入的不确定度分量，见表1和表2。

表1 样品外部尺寸实测结果

d_4（长）/mm	d_5（宽）/mm	d_6（高）/mm
502	351	20.16
501	350	20.17
501	351	20.16
501	350	20.17

采用极差法分析重复性引起的标准不确定度分量：$u_{d_4} = 1/2.06 = 0.4854$，$u_{d_5} = 1/2.06 = 0.4854$，$u_{d_6} = 0.01/2.06 = 0.0049$。

表2 样品内部尺寸实测结果

d_1（长）/mm	d_2（宽）/mm	d_3（高）/mm
345	234	12.16
346	235	12.15
346	235	12.15
345	236	12.15

采用极差法分析重复性引起的标准不确定度分量：$u_{d_1} = 1/2.06 = 0.4854$，$u_{d_2} = 1/2.06 = 0.4854$，$u_{d_3} = 0.01/2.06 = 0.0049$。

4.3.2 钢卷尺引入的不确定度

$U = 0.2\text{mm}$，$k = 2$，则 $u_3 = 0.1\text{mm}$。

4.3.3 电子数显游标卡尺引入的不确定度

$U = 0.01\text{mm}$，$k = 2$，则 $u_4 = 0.005\text{mm}$。

4.4 干湿温度计引入的不确定度

$U = 0.46℃$，$k = 2$，则 $u_5 = 0.23\text{mm}$。

4.5 空盒气压表引入的不确定度

$U = 0.8\text{hPa}$，$k = 2$，则 $u_6 = 0.4\text{mm}$。

5 合成相对标准不确定度

已知样品泄漏率 $L_i = 1\%$，内长 $d_1 = 345\text{mm}$，外长 $d_4 = 501\text{mm}$；内宽 $d_2 = 235\text{mm}$，外宽 $d_5 = 350\text{mm}$；内厚 $d_3 = 12.15\text{mm}$，外厚 $d_6 = 20.16\text{mm}$；气体含量实测值 $c_i = 85.8\%$，泄漏的氩气量 $c_{Ar} = 10 \times 10^{-6}$，$\rho_{0,i} = 1762\text{kg/m}^3$，$t_0 = 8\text{h}$，环境温度 T 为20℃，P 为1000hPa。

可根据第3节灵敏度计算公式计算出灵敏度系数：

$$\frac{\partial L_i}{\partial L_i} = 1 \tag{17}$$

$$\frac{\partial L_i}{\partial C_{Ar}} = \frac{L_i}{C_{Ar}} = 0.001 \tag{18}$$

$$\frac{\partial L_i}{\partial T} = \frac{L_i}{T} = 0.0005 \tag{19}$$

$$\frac{\partial L_i}{\partial d_4} = -87.6\times10^6 \frac{(c_{Ar} - d_5 d_6)}{c_i d_1\ d_2 d_3 \rho_{0,i}\ t_0} \frac{T}{T_0}\frac{P_0}{P} = 0.1558 \tag{20}$$

$$\frac{\partial L_i}{\partial d_5} = -87.6\times10^6 \frac{(c_{Ar} - d_4 d_6)}{c_i d_1\ d_2 d_3 \rho_{0,i}\ t_0} \frac{T}{T_0}\frac{P_0}{P} = 0.2232 \tag{21}$$

$$\frac{\partial L_i}{\partial d_6} = -87.6\times10^6 \frac{(c_{Ar} - d_4 d_5)}{C_i d_1\ d_2 d_3 \rho_{0,i}\ t_0} \frac{T}{T_0}\frac{P_0}{P} = 6.4334 \tag{22}$$

$$\frac{\partial L_i}{\partial c_i} = -\frac{L_i}{c_i} = -0.017 \tag{23}$$

$$\frac{\partial L_i}{\partial d_1} = -\frac{L_i}{d_1} = -0.0021 \tag{24}$$

$$\frac{\partial L_i}{\partial d_2} = -\frac{L_i}{d_2} = -0.0030 \tag{25}$$

$$\frac{\partial L_i}{\partial d_3} = -\frac{L_i}{d_3} = -0.082 \tag{26}$$

$$\frac{\partial L_i}{\partial P} = -\frac{L_i}{P} = -0.001 \tag{27}$$

对于尺寸的不确定度分量为重复性不确定度与准确性不确定度的合成：

则

$$u_{i,d_1} = \sqrt{u_{rel}^2 + u_{d_1}^2} = \sqrt{0.1^2 + 0.4854^2} = 0.4956$$

$$u_{i,d_2} = \sqrt{u_{rel}^2 + u_{d_2}^2} = \sqrt{0.1^2 + 0.4854^2} = 0.4956$$

$$u_{i,d_3} = \sqrt{u_{rel}^2 + u_{d_3}^2} = \sqrt{0.1^2 + 0.0049^2} = 0.1001$$

$$u_{e,d_4} = \sqrt{u_{rel}^2 + u_{d_4}^2} = \sqrt{0.1^2 + 0.4854^2} = 0.4956$$

$$u_{e,d_5} = \sqrt{u_{rel}^2 + u_{d_5}^2} = \sqrt{0.1^2 + 0.4854^2} = 0.4956$$

$$u_{e,d_6} = \sqrt{u_{rel}^2 + u_{d_6}^2} = \sqrt{0.1^2 + 0.0049^2} = 0.1001$$

将上述评定的不确定度分量内容逐项填入不确定分量明细表见表 3。

表 3　不确定度分量汇总表

序号	不确定度来源	不确定度类型	灵敏系数	影响量的不确定度	不确定度分量	相关性
1	氩气泄漏量	A	0.001×10^{-6}	0.025	0.000025	不相关
2	外部长度	A、B	0.1558mm	0.4854	0.0756	具有相关性
3	外部宽度	A、B	0.2232mm	0.4854	0.1083	
4	内部长度	A、B	−0.0021mm	0.4854	−0.0010	
5	内部宽度	A、B	−0.0030mm	0.4854	−0.0014	

续表

序号	不确定度来源	不确定度类型	灵敏系数	影响量的不确定度	不确定度分量	相关性
6	外部厚度	A、B	6.4334mm	0.0049	0.0315	具有相关性
7	内部厚度	A、B	-0.082mm	0.0049	-0.0004	
8	气体含量	A	-0.017%	0.023	-0.00000391	不相关
9	环境温度	B	0.0005℃	0.23	0.000115	不相关
10	环境压强	B	-0.001hPa	0.4	-0.0004	不相关

从表3可知，将小于0.01的分量舍去，所以标准不确定度则合成不确定度：

$$\sqrt{[0.4956\times(0.1558+0.2232-0.0021-0.0030)]^2+[0.007\times(6.4334-0.082)]^2}$$
$$=0.1906$$

6 扩展不确定度与测量结果的表示

取包含因子$k=2$，则扩展不确定度为：

$$U=2\times0.1906\%=0.572\%$$

测量结果的表示：

$$L_i=1.00\%\pm0.572\%(k=2)$$

案例38 卡尔费休法测定水气密封耐久性测量不确定度评定

中国建材检验认证集团股份有限公司 王 赓

1 概述

1）评定依据：JJF 1059.1—2012《测量不确定度评定与表示》；

2）测量方法：依据GB/T 11944—2012《中空玻璃》；

3）环境条件：(23±2)℃，相对湿度30%~75%；

4）试验仪器：卡尔费休水分仪、分析天平；

5）被测对象：中空玻璃密封胶条；

6）测量过程：将中空样品剖开，取出密封胶条进行称量，将称量结果输入卡尔费休水分仪，通过卡尔费休水分仪计算出密封胶条的水分含量。

2 建立测量模型

卡尔费休法测定密封胶条水分含量的计算结果满足公式：

$$I=\frac{T_f-T_i}{T_c-T_i} \tag{1}$$

式中 I——水分渗透指数,%；

T_f——最终水分含量，%；

T_c——标准水分含量，%；

T_i——初始水分含量，%。

3 灵敏系数计算

$$\frac{\partial I}{\partial I} = 1$$

$$\frac{\partial I}{\partial T_f} = \frac{1}{T_c - T_i}$$

$$\frac{\partial I}{\partial T_c} = -\frac{T_f - T_i}{(T_c - T_i)^2}$$

$$\frac{\partial I}{\partial T_i} = \frac{T_f - T_c}{(T_c - T_i)^2}$$

4 不确定度分量的评估

4.1 测量重复性

分别从五块中空玻璃上各取一份密封胶条计算，且通过上述公式计算得出密封胶条水分渗透指数重复性的标准不确定度，如表 1 所示。

表 1 干燥剂水分含量实测结果

样品编号	1	2	3	4	5	R	C
水分含量/%	11.04	13.13	14.72	10.67	15.09	4.42	2.33

用极差法计算重复性引入的相对标准不确定度为 $u_A = 4.42\%/2.33 = 1.90\%$。

4.2 T_i、T_c和 T_f的测量误差不确定度

T_i、T_c和 T_f均由同一台卡尔费休水分仪测量。根据卡尔费休水分仪计量证书得到密封胶条常用测量范围内的测量仪示值误差的扩展不确定度：$U = 2.0\%$（$k = 2$）。

则 T_i、T_c和 T_f的测量误差的不确定度 $u(T_i) = u(T_c) = u(T_f) = 1.0\%$。

5 合成相对标准不确定度

已知 $T_i = 2.15\%$，$T_c = 10.3\%$，$T_f = 3.05\%$，$I = 11.04\%$。

则灵敏系数为：

$$\frac{\partial I}{\partial I} = 1$$

$$\frac{\partial I}{\partial T_f} = \frac{1}{T_c - T_i} = 12.26$$

$$\frac{\partial I}{\partial T_c} = -\frac{T_f - T_i}{(T_c - T_i)^2} = -1.35$$

$$\frac{\partial I}{\partial T_i} = \frac{T_f - T_c}{(T_c - T_i)^2} = -10.92$$

测量不确定度分量汇总如表 2 所示。

表2 不确定度分量汇总表

影响量	不确定度类型	灵敏系数	影响量的不确定度	不确定度分量	相关性
测量重复性	A	1	1.90%	1.90%	不相关
T_f测量仪示值误差	B	12.26	1.0%	12.26%	相关
T_c测量仪示值误差	B	−1.35	1.0%	−1.35%	
T_i测量仪示值误差	B	−10.92	1.0%	−10.92%	

合成相对标准不确定度：$u^2(C) = u^2(A) + u^2(B) = 1.90\%^2 + (12.26\% - 1.35\% - 10.92\%)^2$

卡尔费休法测定水分渗透指数的合成相对标准不确定度为 $u(C) = 1.9\%$。

6 扩展不确定度的表示

取包含因子 $k = 2$，则扩展不确定度：

$$U = 2 \times u = 2 \times 1.9\% = 3.8\%$$

第二部分　化学性能

第8章　成分分析

案例39　胺值不确定度评定报告

北京玻钢院检测中心有限公司　袁慧霞

1　概述

1）评定依据：JJF 1059.1—2012《测量不确定度评定与表示》。

2）测量方法：DIN 16945—1989。

3）环境条件：温度23℃，相对湿度50%。

4）试验仪器：电子天平ME-204，滴定管。

5）被测对象：胺类固化剂。

6）测量步骤：称量约0.2g试样加入250mL的锥形瓶中，加入15mL冰乙酸使其溶解，加入3～4滴结晶紫指示剂，摇匀，然后用0.1mol/L的高氯酸标准滴定溶液进行滴定，当溶液由蓝色变为绿色时即到达了滴定终点。

2　建立测量模型

胺值计算公式如下：

$$A = \frac{V \times c \times 56.1}{m}$$

式中　A——胺值，mgKOH/g；

V——消耗的高氯酸标准滴定溶液的体积，mL；

c——高氯酸标准滴定溶液的浓度，mol/L；

m——试样的质量，g。

3　计算灵敏系数

对各项影响量求偏导数，得到各项影响量的灵敏系数：

$$c_{\text{repeat}} = \frac{\partial A}{\partial A} = 1$$

$$c_{\text{V}} = \frac{\partial A}{\partial V} = \frac{c \times 56.1}{m}$$

$$c_{\text{c}} = \frac{\partial A}{\partial c} = \frac{V \times 56.1}{m}$$

$$c_{\text{m}} = \frac{\partial A}{\partial m} = -\frac{V \times c \times 56.1}{m^2}$$

由于在模型中只有乘除，因此采用相对不确定度的快速合成法，此时每个影响量的相对标准差的灵敏系数都为 1 或 -1。

4 评估不确定度分量

1）测量重复性 $u(A_{reapeat})$

对被测仪器读取 10 次测量结果（表 1），采用贝塞尔公式计算测量重复性标准差。

表 1 胺值测定结果

序号	试样质量 m（g）	消耗高氯酸溶液体积 V（mL）	胺值 A（mgKOH/g）
1	0.1963	17.68	505
2	0.1988	17.87	504
3	0.1974	17.82	506
4	0.1992	17.67	498
5	0.1840	16.77	511
6	0.1896	17.22	510
7	0.1734	15.43	499
8	0.1801	16.22	505
9	0.1828	16.37	502
10	0.1903	16.92	499
平均值	0.1892	17.00	504

胺值平均值计算公式为：

$$\bar{A} = \frac{1}{n}\sum_{i=1}^{n} A_i = 504\text{mgKOH/g}$$

式中 A_i——每个试样的胺值，mgKOH/g；

n——试样数量。

样品的标准差计算公式：

$$s = \sqrt{\frac{1}{n-1}\sum_{i=1}^{n}(A_i - \bar{A})} = 4.5\text{mgKOH/g}$$

在本试验中，样本数量 $n=10$，测定重复性引入的标准不确定度分量 $u(A_{reapeat})$ 计算公式为：

$$u(A_{reapeat}) = \frac{s}{\sqrt{n}} = \frac{4.5}{\sqrt{10}} = 1.42\text{mgKOH/g}$$

由于直接评估了胺值的测量重复性，因此无需重复分析 m 示值和 V 示值的测量重复性。

2）电子天平示值误差的标准不确定度 $u(m)$

根据电子天平的校准证书，其不确定度为 $U=0.0003\text{g}$，包含因子 $k=2$，因此电子天平示值误差的标准不确定度：

$$u(m) = \frac{0.0003}{2} = 0.00015\text{g}$$

3）标准滴定溶液浓度引入的不确定度 $u(c)$

高氯酸标准滴定溶液浓度的标准不确定度，查高氯酸标准溶液评定报告得出：

$$u(c)=0.0005\text{mol/L}$$

4）滴定溶液体积引入的不确定度 $u(V)$

根据滴定管的校准证书，其不确定度为 $U=0.01\text{mL}$，包含因子 $k=2$，因此滴定溶液体积误差的标准不确定度：

$$u(V)=\frac{0.01}{2}=0.005\text{mL}$$

5　不确定度合成与扩展

根据上述计算可以得到不确定度数据，见表 2。

表 2　测定胺值的不确定度

符号	描述	值 x	标准不确定度 $u(x)$	相对标准不确定度 $u(x)/x$
A_{reapeat}	胺值测量过程重复性	504mgKOH/g	1.42mgKOH/g	0.0029
m	天平示值误差	0.1892g	0.00015g	0.00079
c	高氯酸标准溶液	0.09795mol/L	0.0005mol/L	0.005
V	滴定示值误差	17.00mL	0.005mL	0.00029
A	胺值	504mgKOH/g	2.89mgKOH/g	0.0057

将标准不确定度的每个分量代入下式，得到相对合成标准不确定度：

$$u_{\text{rel}}(A)=\sqrt{\left[\frac{u(A)}{A}\right]^2+\left[\frac{u(m)}{m}\right]^2+\left[\frac{u(c)}{c}\right]^2+\left[\frac{u(V)}{V}\right]^2}$$

$$=\sqrt{0.0029^2+0.00079^2+0.005^2+0.00029^2}=0.0057$$

因此，可以根据相对合成标准不确定度，计算合成标准不确定度：

$$u_c=0.0057\times504=2.89\text{mgKOH/g}$$

胺值 A 的扩展不确定度 U 通过使用包含因子 $k=2$ 计算得到：

$$U=2.89\times2=6\text{mgKOH/g}$$

因此，按照 DIN 16945—1989 标准胺值为（504 ±6）mgKOH/g（$k=2$）。

案例 40　氟硅酸钾容量法测量黏土中二氧化硅含量测量不确定度评定

中国建材检验认证集团西安有限公司　吕　蒙　韩　妮

1　概述

（1）评定依据：JJF 1059.1—2012《测量不确定度评定与表示》；

（2）测量方法：GB/T 16399—1996《黏土化学分析方法》中氟硅酸钾容量法；

（3）主要原理：试样经碱熔融生成可溶性硅酸盐，在硝酸介质中，与过量钾离子、氟离子作用，定量生成氟硅酸钾沉淀。沉淀在热水中水解生成氢氟酸，用氢氧化钠标准滴定溶液滴定，求得试样中二氧化硅含量；

（4）环境条件：温度 23℃，相对湿度 58%；

（5）试验仪器：电子分析天平，滴定管；

（6）被测对象：黏土；

（7）测量过程：

①配制并标定氢氧化钠标准滴定溶液，计算氢氧化钠标准滴定溶液对二氧化硅的滴定度；

②按照标准要求进行试样分析。

称取约 0.1g 试样于银坩埚中，加入 3g 氢氧化钠；

先低温熔融，经常摇动坩埚。然后于 600～700℃下熔融 15～20min。旋转坩埚，使熔融物均匀地附着在坩埚内壁；

冷却，用热水浸取熔融物于 300mL 的塑料烧杯中；

盖上表皿，一次加入 15mL 浓硝酸。再用少量（1+1）盐酸及水洗净坩埚，洗液并于塑料烧杯中，控制试液体积在 60mL 左右，冷却至室温；

在搅拌下加入氯化钾至过饱和，然后缓慢加入 10mL15% 氟化钾溶液，边搅拌边加入。放置 7～10min；

用塑料漏斗以快速定性滤纸过滤，用 5% 氯化钾溶液洗涤塑料烧杯 2～3 次，再洗涤滤纸 1 次；

将滤纸和沉淀放回原塑料烧杯中，沿杯壁加入 5～7mL5% 氯化钾-乙醇溶液及 15 滴 1% 酚酞指示剂。用 0.15mol/L 氢氧化钠标准滴定溶液中和未洗净的残余酸，仔细搅拌滤纸，并擦洗杯壁直至试液及滤纸呈微红色不消失；

加入 200mL 中和至微红色的沸水，立即以 0.15mol/L 氢氧化钠标准滴定溶液滴定至微红色。

2 测量模型

二氧化硅的质量百分含量：

$$SiO_2(\%) = \frac{T_{SiO_2} \times (V - V_0)}{m \times 1000} \times 100$$

式中 SiO_2——二氧化硅的质量百分数，%；

T_{SiO_2}——氢氧化钠标准滴定溶液对二氧化硅的滴定度，mg/mL；

V——滴定时消耗氢氧化钠标准滴定溶液的体积，mL；

V_0——滴定空白试验时消耗氢氧化钠标准滴定溶液的体积，mL；

m——试样质量，g。

3 不确定度的主要来源

在二氧化硅滴定分析中，导致分析结果具有不确定度的因素有很多，在所有的不确定度分量中，往往其中的某个或者几个分量决定了合成不确定度的大小，本次试验从以下几个主要方面分析探讨：

（1）二氧化硅含量的测量重复性引入的相对标准不确定度分量 u_{1Arel}；

（2）氢氧化钠标准滴定溶液对二氧化硅滴定度引入的相对标准不确定度 u_{2rel}；

（3）试样称量引入的相对标准不确定度分量 u_{3Brel}；

（4）空白试验与滴定时标准滴定溶液体积引入的相对标准不确定度分量 u_{4Brel}；

（5）数值修约引入的相对标准不确定度分量 u_{5Brel}。

4　不确定度分量的评估

4.1　二氧化硅含量的测量重复性引入的相对标准不确定度分量 u_{1Arel}

按 GB/T 16399—1996 进行测量，在相同条件下，同一试样重复测定 10 次，测定结果见表 1。

表 1　测定结果

次数 n	1	2	3	4	5	6	7	8	9	10
二氧化硅含量 W%	49.81	49.86	49.78	50.00	49.82	49.96	49.98	49.83	50.03	49.80

求得样品中二氧化硅含量的平均值为 49.89%。

根据贝塞尔公式：

$$s(w)=\sqrt{\frac{\sum_{i=1}^{n}(w_i-w)^2}{n-1}}$$

求得标准偏差 $s=0.095\%$。

实际测量时在重复性试验条件下独立测定样品 2 次的平均值作为检测结果，平行测定的结果为 49.86% 和 49.78%，其算术平均值为 49.82%，即

二氧化硅测量重复性引入的标准不确定度：

$$u_{1A}=\frac{s(w)}{\sqrt{2}}=\frac{0.095}{\sqrt{2}}=0.067\%$$

二氧化硅测量重复性引入的相对标准不确定度：

$$u_{1Arel}=\frac{u_{1A}}{w}=\frac{0.065\%}{49.82\%}=0.0013$$

4.2　氢氧化钠标准滴定溶液对二氧化硅滴定度引入的相对标准不确定度 u_{2rel}

氢氧化钠标准滴定溶液对二氧化硅滴定度是通过配制并标定氢氧化钠标准滴定溶液，然后计算得到的。

测量过程：

① 配制氢氧化钠标准滴定溶液：将 30g 氢氧化钠溶加入已煮沸除去二氧化碳并冷却至室温的 5L 水中，充分摇匀，贮存于聚乙烯瓶中。

② 标定：准确称取 0.6g 苯二甲酸氢钾基准试剂置于 300mL 烧杯中，加入约 150mL 新煮沸、冷却，并用 0.15mol/L 氢氧化钠溶液中和至酚酞呈微红色的水，搅拌使其溶解。加 10 滴 1% 酚酞指示剂，用上述氢氧化钠溶液滴定至微红色。

氢氧化钠标准滴定溶液对二氧化硅的滴定度：

$$T_{SiO_2} = \frac{m \times 60.08 \times 1000}{V \times 204.22 \times 4}$$

式中　T_{SiO_2}——氢氧化钠标准滴定溶液对二氧化硅的滴定度，mg/mL；

m——称取苯二甲酸氢钾质量，g；

60.08——二氧化硅的相对分子质量；

V——标定氢氧化钠中，滴定时消耗氢氧化钠标准滴定溶液的体积，mL；

204.22——苯二甲酸氢钾的相对分子质量；

4——转换系数。

氢氧化钠标准滴定溶液对二氧化硅滴定度的不确定度由以下几个方面引入：

① 标定氢氧化钠溶液两人八平行测量重复性引入的相对标准不确定度 u_{2relA}；

② 称量苯二甲酸氢钾时电子天平引入的相对标准不确定度 u_{2relB1}；

③ 滴定时消耗氢氧化钠标准滴定溶液的体积引入的相对标准不确定度 u_{2relB2}；

④ 二氧化硅的相对分子质量 60.08 和苯二甲酸氢钾的相对分子质量 204.22 为常数，其引入的相对标准不确定度很小，可忽略不计。

4.2.1　标定氢氧化钠溶液两人八平行测量重复性引入的相对标准不确定度 u_{2relA}

标定氢氧化钠，两人八平行的重复性测量数据见表 2。

表 2　测量数据

组 1	测量次数 n/次	1	2	3	4
	滴定度 T/（mg/mL）	2.2541	2.2607	2.2630	2.2576
组 2	测量次数 n/次	1	2	3	4
	滴定度 T/（mg/mL）	2.2553	2.2630	2.2595	2.2607

根据表 2 结果，计算得出滴定度算术平均值为 2.2593mg/mL。

两组测量的合成样品标准差：

$$s_{T_i} = \sqrt{\frac{1}{m}\sum_{j=1}^{m} s_j^2} = \sqrt{\frac{1}{m(n-1)}\sum_{j=1}^{m}\sum_{i=1}^{n}(x_{ji} - \overline{x_j})^2} = 0.0036\text{mg/mL}$$

两人八平行合成样品的标准不确定度为：

$$u_T = \frac{S_{T_i}}{\sqrt{8}} = \frac{0.0036}{\sqrt{8}} = 0.0013\text{mg/mL}$$

标定氢氧化钠溶液两人八平行测量重复性引入的相对标准不确定度：

$$u_{1Arel} = \frac{u_{1A}}{w} = \frac{0.065\%}{49.82\%} = 0.0013$$

4.2.2　称量苯二甲酸氢钾时电子天平引入的相对标准不确定度 u_{2relB1}

依据检定证书，电子天平的误差为 0.1mg，服从均匀分布，即

$$u_m = \frac{0.1}{\sqrt{3}} = 0.058\text{mg}$$

称取苯二甲酸氢钾的平均质量为 0.6000g，电子天平引入的相对标准不确定度：

$$u_{2relB1} = \frac{u_m}{m} = \frac{0.058}{600} = 0.000097$$

4.2.3　滴定时消耗氢氧化钠标准滴定溶液的体积引入的相对标准不确定度 u_{2relB2}

4.2.3.1　本试验使用 50mL 碱式滴定管，经检定为 A 级，按 JJG 196—2006《常用玻璃量器检定规程》，50mL 滴定管的容量允差为 ±0.05mL，服从三角分布标准不确定度：

$$u_{V_1} = \frac{0.05}{\sqrt{6}} = 0.020\text{mL}$$

4.2.3.2　标定过程中，消耗氢氧化钠标准滴定溶液体积的平均值为 19.53mL，水的体积膨胀系数 r 为 2.1×10^{-4}/℃，试验环境的温度允差 t 为 ±2℃，服从均匀分布，因此温度变化引起滴定体积的标准不确定度：

$$u_{V_2} = \frac{19.53 \times 2 \times 2.1 \times 10^{-4}}{\sqrt{3}} = 0.00475\text{mL}$$

滴定过程中体积引起的标准不确定度：

$$u_V = \sqrt{u_{V1}^2 + u_{V2}^2} = \sqrt{0.020^2 + 0.0047^2} = 0.021\text{mL}$$

因此，滴定体积引入的相对标准不确定度：

$$u_{2relB2} = \frac{u_V}{V} = \frac{0.021}{19.53} = 0.0011$$

综上所述，氢氧化钠标准滴定溶液对二氧化硅滴定度引入的相对标准不确定度：

$$u_{2rel} = \sqrt{u_{2relA}^2 + u_{2relB1}^2 + u_{2relB2}^2}$$
$$= \sqrt{0.00057^2 + 0.000097^2 + 0.0011^2} = 0.0012$$

4.3　试样称量引入的相对标准不确定度分量 u_{3Brel}

依据检定证书，电子天平的误差为 0.1mg，服从均匀分布，标准不确定度：

$$u = \frac{0.1}{\sqrt{3}} = 0.058\text{mg}$$

试样称量引入的相对标准不确定度：

$$u_{3Brel} = \frac{0.058}{100} = 0.00058$$

4.4　空白试验与滴定时标准滴定溶液体积引入的相对标准不确定度分量 u_{4Brel}

4.4.1　滴定空白试样消耗的氢氧化钠标准滴定液的体积引入的标准不确定度很小，可以忽略不计。

4.4.2　本试验使用 50mL 碱式滴定管，经检定为 A 级，按 JJG 196—2006《常用玻璃量器检定规程》，50mL 滴定管的容量允差为 ±0.05mL，服从三角分布，标准不确定度：

$$u_{4B1} = \frac{0.05}{\sqrt{6}} = 0.020\text{mL}$$

4.4.3　样品测量时，消耗的氢氧化钠标准滴定溶液的体积为 22.41mL，氢氧化钠标准溶液标定时与使用时实验室的温度允差为 ±2℃，水的体积膨胀系数 r 为 2.1×10^{-4}/℃。则消耗的标准溶液体积变化：

$$22.41 \times 2.1 \times 10^{-4} \times 2 = 0.0094\text{mL}$$

服从均匀分布，标准不确定度：

$$u_{4B2} = \frac{0.0094}{\sqrt{3}} = 0.0054\text{mL}$$

以上两项合成得出标准滴定溶液体积引入的相对标准不确定度分量 u_{4Brel}：

$$u_{4Brel} = \frac{\sqrt{0.020^2 + 0.0054^2}}{22.41} = 0.00092$$

4.5 数值修约引入的相对标准不确定度 u_{5Brel}

二氧化硅含量的实际测量结果为 49.82%，标准要求修约至小数点后第二位，即 0.01%，半宽度为 0.005%，服从均匀分布，即

$$u_{修约} = \frac{0.005}{\sqrt{3}} = 0.0029\%$$

故数值修约引入的相对标准不确定度：

$$u_{5Brel} = \frac{u_{修约}}{W_{SiO_2}} = \frac{0.0029}{49.82} = 0.000058$$

5 合成标准不确定度

序号	不确定度分量	符号	相对标准不确定度
1	试样测量重复性	u_{1Arel}	0.0013
2	氢氧化钠标准滴定溶液对二氧化硅滴定度	u_{2rel}	0.0012
3	称量试样	u_{3Brel}	0.00058
4	滴定体积	u_{4Brel}	0.00092
5	数值修约	u_{5Brel}	0.000058

由表中数据可得相对合成标准不确定度：

$$u_{相对} = \sqrt{u_{1Arel} + u_{2rel} + u_{3Brel} + u_{4Brel} + u_{5Brel}}$$
$$= \sqrt{0.0013^2 + 0.0012^2 + 0.00058^2 + 0.00092^2 + 0.000058^2} = 0.0021$$

合成标准不确定度：

$$u = u_{相对} \times \overline{W} = 0.0021 \times 49.82\% = 0.10\%$$

6 扩展不确定度及测量结果的表达

取包含因子 $k=2$，其扩展不确定度：

$$U = u \times k = 0.10\% \times 2 = 0.20\%$$

二氧化硅含量为 $W = (49.82 \pm 0.2)\%\ (k=2)$。

案例 41　夹层玻璃用聚乙烯醇缩丁醛中间膜挥发物质量分数测量不确定度评定

中国建材检验认证集团秦皇岛有限公司　贾鼎伟

1 概述

1）评定依据：JJF 1059.1—2012《测量不确定度评定与表示》；

2）测量方法：GB/T 32020—2015《夹层玻璃用聚乙烯醇缩丁醛中间膜》；

3）环境条件：温度（23±2）℃，相对湿度（50±5）%；

4）试验仪器：真空干燥箱QCTC-A-233；电子天平QCTC-A-231；

5）被测对象：夹层玻璃用聚乙烯醇缩丁醛中间膜；

6）测量过程：取约10gPVB膜放入已干燥恒重的称量瓶中称重（精确至0.1mg），将称量瓶与PVB膜一起放入（40±2）℃真空恒温箱内，在负压为8.5×10^4Pa以下保持3h后，迅速移至干燥器中自然冷至（23±2）℃后称量，精确至0.1mg，以3个试样的算术平均值为试验结果。这里对测量结果的不确定度进行评估。

2　建立测量模型

夹层玻璃用聚乙烯醇缩丁醛中间膜挥发物质量分数的测量结果满足公式：

$$W=\frac{m_1-m_2}{m_1-m_0}\times100\%$$

式中　W——挥发物质量分数；

m_0——称量瓶质量，g；

m_1——放入真空恒温箱前称量瓶和样品的质量，g；

m_2——放入真空恒温箱后称量瓶和样品的质量，g。

3　不确定度分量的评估

3.1　不确定度的A类评定

测量重复性的不确定度：

重复性不确定度主要来源于样品不均匀、环境变化、天平称量等。现将各种重复性分量合并考虑，按测定方法对样品进行6次测定结果见表1。

表1　夹层玻璃用聚乙烯醇缩丁醛中间膜挥发物质量分数重复6次测定结果

编号	1	2	3	4	5	6	平均值
m_0	41.9665g	47.669g	45.3323g	44.4826g	48.9521g	45.0303g	45.5721g
m_1	52.0886g	57.7429g	56.4434g	54.5415g	58.9942g	55.0621g	55.8121g
m_2	52.038g	57.6888g	56.3843g	54.4901g	58.9419g	55.0098g	55.7612g
w	0.50%	0.54%	0.53%	0.51%	0.52%	0.52%	0.52%

检测数据平均值为0.52%，测量结果的标准偏差采用贝塞尔公式计算：

$$u_{(A1)}=S_{(A1)}=\sqrt{\frac{\sum_{i=1}^{6}(x_i-\bar{x})^2}{6-1}}=0.01\%$$

相对标准不确定度为：$u_{rel(A1)}=\dfrac{u(A1)}{0.52\%}=0.02$

3.2　不确定度的B类评定

3.2.1　电子天平称量引入的相对标准不确定度$u_{rel}(B_1)$

对称量瓶m_0已恒重的称取，分别称量两次，万分之一天平感量为0.0001g，按矩形分布处理，其标准不确定度：

$$u(m_0) = \sqrt{2 \times \left(\frac{0.0001\text{g}}{\sqrt{3}}\right)^2} = 0.00008\text{g}$$

测量时分别称量放入真空恒温箱前称量瓶和样品的质量 m_1 一次、放入真空恒温箱后称量瓶和样品的质量 m_2 一次，万分之一天平感量为 0.0001g，按矩形分布处理，其标准不确定度：

$$u(m_1) = u(m_2) = \frac{0.0001\text{g}}{\sqrt{3}} = 0.000058\text{g}$$

放入真空恒温箱前样品的质量，其标准不确定度：

$$u(m_1 - m_0) = \sqrt{0.00008\text{g}^2 + 0.000058\text{g}^2} = 0.000099\text{g}$$

相对标准不确定度：

$$u_{\text{rel}}(m_1 - m_0) = \frac{u(m_1 - m_0)}{55.8121\text{g} - 45.5721\text{g}} = 0.0000097$$

放入真空恒温箱前后样品的质量差，其标准不确定度：

$$u(m_1 - m_2) = \sqrt{0.000058\text{g}^2 + 0.000058\text{g}^2} = 0.00008\text{g}$$

相对标准不确定度：

$$u_{\text{rel}}(m_1 - m_2) = \frac{u(m_1 - m_2)}{55.8121\text{g} - 55.7612\text{g}} = 0.0016$$

$$u_{\text{rel}}(B_2) = u_{\text{rel}}(m_1 - m_0) + u_{\text{rel}}(m_1 - m_2) = 0.0016$$

3.2.2 真空干燥箱引入的相对标准不确定度

3.2.2.1 真空干燥箱温度引入的相对标准不确定度 u_{rel} （B_2）

根据真空干燥箱的证书，在温度为 40℃时，扩展不确定度 $U = 0.3$℃，包含因子 $k = 2$；因此真空干燥箱在 40℃时的标准不确定度为：

$$\frac{0.3℃}{2} = 0.15℃$$

相对标准不确定度为 $u_{\text{rel}}(B_2) = \dfrac{0.15℃}{40℃} = 0.00375$

3.2.2.2 真空干燥箱真空度引入的相对标准不确定度 $u_{\text{rel}}(B_3)$

根据医用真空表的证书 $u_{\text{rel}}(B_3) = 0.0034$

4 合成相对标准不确定度

由于各分量的不确定度来源彼此独立，互不相关，相对合成标准不确定度：

$$u_{\text{rel}} = \sqrt{u^2_{\text{rel(A1)}} + u^2_{\text{rel(B1)}} + u^2_{\text{rel(B2)}} + u^2_{\text{rel(B3)}}} = \sqrt{0.02^2 + 0.0016^2 + 0.00375^2 + 0.0034^2}$$
$$= 0.02$$

5 扩展不确定度与测量结果的表示

包含概率为 95%，包含因子 $k = 2$，扩展不确定度 $U = k \cdot u_{\text{rel}} = 2 \times 0.01 = 0.02$。

检测结果的不确定度为 $U = k \cdot u_{\text{rel}} \cdot \overline{w} = 2 \times 0.01 \times 0.52\% = 0.02\%$。

案例 42　EDTA 容量法测量黏土中三氧化二铁含量测量不确定度评定

中国建材检验认证集团西安有限公司　罗鹏辉　李　雯

1　概述

1）评定依据：JJF 1059.1—2012《测量不确定度评定与表示》；

2）测量方法：GB/T 16399—1996《粘土化学分析方法》中的 EDTA 容量法；

3）环境条件：温度 22℃，相对湿度 58%；

4）试验仪器：电子分析天平、滴定管、移液管、容量瓶；

5）被测对象：黏土；

6）测量过程：

① 配制 EDTA 标准溶液，标定 EDTA 标准溶液对三氧化二铁的滴定度；

② 准确称取 0.5g 左右试样（精确到 0.0001），置于盛有 2g 混合溶剂的铂坩埚中，混匀，再用 1g 混合溶剂覆盖其上。加盖并留有缝隙，以室温开始升至 960℃熔融至无二氧化碳产生，继续熔融 7 ~ 10min，取下，旋转坩埚使熔体均匀的附于坩埚内壁，冷却。将坩埚及盖放入盛有 100mL 热水的烧杯中，浸取熔块至松软状，并用玻璃棒将大块压碎，一次加入 10mL 浓盐酸，搅拌使溶解，移至电路上加热至二氧化碳气泡逸尽为止，用水洗出坩埚及盖，冷却。将上述溶液转移入 250mL 容量瓶中，用水稀释至刻度，摇匀；

③ 移取 25mL 的 A 溶液于 300mL 烧杯中，加 15 滴 10% 氨基水杨酸钠指示剂，用水稀释至 100mL，用（1 + 1）氨水调节 pH 至 1.5 ~ 1.7（以 pH 计或精密 pH 试纸检验）。加热 70 ~ 80℃，用 0.005mol/L EDTA 标准溶液滴定至溶液由紫色变为亮黄色（或无色）为终点（终点时溶液温度应不低于 65℃）。

2　测量模型

三氧化二铁的质量百分含量：

$$Fe_2O_3(\%) = \frac{T_{Fe_2O_3} \times V_1}{m \times \frac{V_2}{V} \times 1000} \times 100$$

式中　$Fe_2O_3(\%)$——三氧化二铁的质量百分数，%；

$T_{Fe_2O_3}$——EDTA 标准溶液对三氧化二铁的滴定度，mg/mL；

V_1——滴定所消耗 EDTA 标准溶液的体积，mL；

V_2——移取试液的体积，mL；

V——试液总体积，mL；

m——试样质量，g。

3　不确定度的主要来源

在三氧化二铁滴定分析中，导致分析结果具有不确定度的因素有很多，本次从以下几个主要方面分析探讨：

（1）三氧化二铁含量的测量重复性引入的相对标准不确定度分量 u_{1rel}；

（2）EDTA 标准溶液对三氧化二铁的滴定度引入的相对标准不确定度 u_{2rel}；

（3）试样称量引入的相对标准不确定度分量 u_{3rel}；

（4）EDTA 标准溶液的体积引入的相对标准不确定度分量 u_{4rel}；

（5）移取试液的体积引入的相对标准不确定度分量 u_{5rel}；

（6）试液总体积定容引入的相对标准不确定度分量 u_{6rel}；

（7）数值修约引入的相对标准不确定度分量 u_{7rel}。

4 不确定度分量的评估

4.1 三氧化二铁含量的测量重复性引入的相对标准不确定度分量 u_{1rel}

按 GB/T 16399—1996《粘土化学分析方法》进行测量，在相同条件下，同一试样重复测定 10 次，Fe_2O_3 含量的测定结果 w（%）见表 1。

表 1 Fe_2O_3 含量测量结果

次数	1	2	3	4	5	6	7	8	9	10
w/%	3.53	3.51	3.46	3.46	3.51	3.46	3.46	3.44	3.51	3.48

根据表 1 结果，计算得出算术平均值：

$$\bar{w} = \sum_{i=1}^{10} w_i = 3.48\%$$

根据贝塞尔公式：

$$s(w) = \sqrt{\frac{1}{9}\sum_{i=1}^{10}(w_i - \bar{w})^2} = 0.031\%$$

实际测量时在重复性试验条件下独立测定样品 2 次的平均值作为检测结果，平行测定的结果为 3.50% 和 3.47%，其算术平均值为 3.48%，即测量重复性引入的标准不确定度：

$$u_1 = \frac{s(w)}{\sqrt{2}} = \frac{0.031\%}{\sqrt{2}} = 0.022\%$$

三氧化二铁含量重复性引入的相对标准不确定度：

$$u_{1rel} = \frac{u_1}{\bar{w}} = \frac{0.022\%}{3.48\%} = 0.0063$$

4.2 EDTA 标准溶液对三氧化二铁滴定度引入的相对标准不确定度 u_{2rel}

具体过程：

1）EDTA 标准溶液配制（0.005mol/L）：将 1.86gEDTA 溶解冷却，定容至 1000mL 的容量瓶中；

2）碳酸钙标准溶液配制（0.5mg/mL）：准确称取 0.8924g 碳酸钙基准试剂置于烧杯中，加入（1+1）盐酸至碳酸钙全部溶解后定容至 1000mL 的容量瓶中；

3）EDTA 对三氧化二铁的滴定度：准确吸取碳酸钙标准溶液 10mL，加水稀释后用 EDTA 标准溶液滴定。

EDTA 标准溶液对三氧化二铁的滴定度：

$$T_{Fe_2O_3} = \frac{c \times V_1}{V_2} \times 0.7977$$

式中　$T_{Fe_2O_3}$——EDTA 标准溶液对三氧化二铁的滴定度，mg/mL；

c——每毫升氧化钙标准溶液含有氧化钙的毫克数，mg/mL；

V_1——吸取氧化钙标准溶液的体积，mL；

V_2——标定时消耗 EDTA 标准溶液的体积，mL。

EDTA 标准溶液对三氧化二铁滴定度的不确定度由以下几个方面引入：

① 标定 EDTA 标准溶液对三氧化二铁的滴定度重复性引入的相对标准不确定度 u_{2arel}；

② 称量碳酸钙时电子天平引入的相对标准不确定度 u_{2brel}；

③ 吸取氧化钙标准溶液的体积引入的相对标准不确定度 u_{2crel}；

④ 滴定时消耗 EDTA 标准溶液的体积引入的相对标准不确定度 u_{2drel}。

4.2.1　标定 EDTA 标准溶液对三氧化二铁的滴定度重复性引入的相对标准不确定度 u_{2arel}

标定 EDTA 标准溶液对三氧化二铁的滴定度，两人八平行的重复性测量数据见表 2。

表 2　标定 EDTA 标准溶液对三氧化二铁的滴定度测量结果

测量次数 n	1	2	3	4
滴定度 T/(mg/mL)	0.3981	0.4007	0.4021	0.3996
	0.4003	0.4024	0.3985	0.4011

根据表 2 结果，计算得出滴定度算术平均值为 0.4004mg/mL，两组测量结果的标准差：

$$s = \sqrt{\frac{1}{2 \times (4-1)} \sum_{i=1}^{2} \sum_{j=1}^{4} (x_{ij} - \bar{x})^2} = 0.0017\text{mg/mL}$$

两人八平行合成样品的标准不确定度：

$$u_{2a} = \frac{0.0017\text{mg/mL}}{\sqrt{8}} = 0.0006\text{mg/mL}$$

标定 EDTA 标准溶液对三氧化二铁的滴定度测量重复性引入的相对标准不确定度：

$$u_{2arel} = \frac{0.0006\text{mg/mL}}{0.4004\text{mg/mL}} = 0.0015$$

4.2.2　称量碳酸钙时电子天平引入的相对标准不确定度 u_{2brel}

依据检定证书，电子天平在该量程的允差为 ±0.5mg，服从均匀分布，标准不确定度：

$$u_{2b} = \frac{0.5\text{mg}}{\sqrt{3}} = 0.29\text{mg}$$

称取碳酸钙的质量为 0.8924g，电子天平引入的相对标准不确定度：

$$u_{2brel} = \frac{0.29\text{mg}}{0.8924\text{g}} = 0.0003$$

4.2.3　吸取氧化钙标准溶液的体积引入的相对标准不确定度 u_{2crel}

本试验使用 10mL 移液管，经检定为 A 级，10mL 移液管的允差为 ±0.05mL，服从三角分布，标准不确定度：

$$u_{2c} = \frac{0.05\text{mL}}{\sqrt{6}} = 0.0204\text{mL}$$

吸取氧化钙标准溶液的体积 10mL，吸取氧化钙标准溶液的体积引入的相对标准不确定度为：

$$u_{2crel} = \frac{0.0204\text{mL}}{10\text{mL}} = 0.0020$$

4.2.4 滴定时消耗 EDTA 标准溶液的体积引入的相对标准不确定度 u_{2drel}

本试验使用 50mL 滴定管，经检定为 A 级，50mL 滴定管的允差为 ±0.05mL，服从三角分布，标准不确定度：

$$u_{2d_1} = \frac{0.05\text{mL}}{\sqrt{6}} = 0.0204\text{mL}$$

滴定时消耗 EDTA 标准溶液的体积为 10.20mL，水的体积膨胀系数为 2.1×10^{-4}/℃，试验环境的温度与滴定管检定时的温差为 2℃，服从均匀分布，因此温度变化引起滴定体积的标准不确定度：

$$u_{2d_2} = \frac{10.20 \times 2 \times 2.1 \times 10^{-4}\text{mL}}{\sqrt{3}} = 0.0025\text{mL}$$

滴定过程中体积引起的标准不确定度：

$$u_{2d} = \sqrt{u_{2d_1}^2 + u_{2d_2}^2} = \sqrt{0.0204^2 + 0.0025^2} = 0.0206\text{mL}$$

因此，滴定体积引入的相对标准不确定度：

$$u_{2drel} = \frac{0.0206\text{mL}}{10.20\text{mL}} = 0.0020$$

综上所述，EDTA 标准溶液对三氧化二铁滴定度引入的相对标准不确定度：

$$\begin{aligned} u_{2rel} &= \sqrt{u_{2arel}^2 + u_{2brel}^2 + u_{2crel}^2 + u_{2drel}^2} \\ &= \sqrt{0.0015^2 + 0.0003^2 + 0.0020^2 + 0.0020^2} \\ &= 0.0032 \end{aligned}$$

4.3 试样称量引入的相对标准不确定度分量 u_{3rel}

依据检定证书，电子天平在该量程的允差为 ±0.5mg，服从均匀分布，标准不确定度：

$$u_3 = \frac{0.5\text{mg}}{\sqrt{3}} = 0.29\text{mg}$$

试样称量引入的相对标准不确定度：

$$u_{3rel} = \frac{0.29\text{mg}}{500\text{mg}} = 0.0006$$

4.4 EDTA 标准溶液的体积引入的相对标准不确定度分量 u_{4rel}

滴定空白试样消耗的 EDTA 标准溶液标准滴定液的体积引入的标准不确定度很小，可以忽略不计。

本试验滴定使用25mL滴定管，经检定为A级，允差为±0.04mL，服从三角分布，标准不确定度：

$$u_{4a}=\frac{0.04\text{mL}}{\sqrt{6}}=0.0163\text{mL}$$

样品测量时，消耗的EDTA标准溶液的体积为8.69mL，试验环境的温度与定滴管检定时的温差为2℃，水的体积膨胀系数为2.1×10^{-4}/℃。则消耗的标准溶液体积膨胀引入的标准不确定度服从均匀分布，标准不确定度：

$$u_{4b}=\frac{8.69\times2\times2.1\times10^{-4}\text{mL}}{\sqrt{3}}=0.0021\text{mL}$$

综上所述，EDTA标准溶液的体积引入的相对标准不确定度分量：

$$u_{4rel}=\frac{\sqrt{u_{4a}^2+u_{4b}^2}}{8.69}=\frac{\sqrt{0.0163^2+0.0021^2}}{8.69}=0.0019$$

4.5　移取试液的体积引入的相对标准不确定度分量 u_{5rel}

本试验移取试液使用50mL移液管，经检定为A级，允差为±0.05mL，服从三角分布，标准不确定度：

$$u_5=\frac{0.05\text{mL}}{\sqrt{6}}=0.0204\text{mL}$$

移取试液的体积引入的相对标准不确定度分量：

$$u_{5rel}=\frac{0.0204\text{mL}}{50\text{mL}}=0.0004\text{mL}$$

4.6　试液总体积定容引入的相对标准不确定度分量 u_{6rel}

本试验试液定容使用250mL容量管，经检定为A级，允差为±0.15mL，服从三角分布，标准不确定度：

$$u_6=\frac{0.15\text{mL}}{\sqrt{6}}=0.0612\text{mL}$$

移取试液的体积引入的相对标准不确定度分量：

$$u_{6rel}=\frac{0.0612\text{mL}}{250\text{mL}}=0.0002$$

4.7　数值修约引入的相对标准不确定度 u_{7rel}

三氧化二铁含量的实际测量结果为3.48%，标准要求修约至小数点后第二位，即0.01%，半宽度为0.005%，服从均匀分布，即

$$u_7=\frac{0.005\%}{\sqrt{3}}=0.0003\%$$

数值修约引入的相对标准不确定度：

$$u_{7rel}=\frac{0.0003\%}{3.48\%}=0.0001$$

5 合成标准不确定度

序号	不确定度分量	符号	相对标准不确定度
1	测量重复性	u_{1rel}	0.0063
2	EDTA 标准溶液对三氧化二铁滴定度	u_{2rel}	0.0032
3	称量试样	u_{3rel}	0.0006
4	滴定体积	u_{4rel}	0.0019
5	移取试液体积	u_{5rel}	0.0004
6	试液总体积定容	u_{6rel}	0.0002
7	数值修约	u_{7rel}	0.0001

相对合成标准不确定度：

$$u_{crel} = \sqrt{u_{1rel}^2 + u_{2rel}^2 + u_{3rel}^2 + u_{4rel}^2 + u_{5rel}^2 + u_{6rel}^2 + u_{7rel}^2}$$
$$= \sqrt{0.0063^2 + 0.0032^2 + 0.0006^2 + 0.0019^2 + 0.0004^2 + 0.0002^2 + 0.0001^2}$$
$$= 0.0074$$

合成标准不确定度：

$$u_c = \bar{w} \times u_{crel} = 3.48\% \times 0.0074 = 0.026\%$$

6 扩展不确定度及测量结果的表达

取包含因子 $k=2$，其扩展不确定度：

$$U = k \times u_c = 2 \times 0.026 = 0.05\%$$

三氧化二铁含量为 $w = (3.48 \pm 0.05)\%$ $(k = 2)$。

案例 43 微波消解 - ICP 法测定水泥及原材料中重金属含量的不确定度评定

中国建材检验认证集团股份有限公司 鹿晓泉

1 概述

2016 年中华人民共和国生态环境部发布《水泥窑协同处置固体废物污染防治技术政策》（以下简称“政策”）。政策规定严格控制水泥窑协同处置入窑废物中重金属含量及投加量；水泥熟料中可浸出重金属含量限值应满足 GB 30760—2014《水泥窑协同处置固体废物技术规范》的相关要求。为确保水泥熟料重金属含量满足要求，GB 30760—2014《水泥窑协同处置固体废物技术规范》还给出了入窑生料和水泥熟料中重金属含量的参考限值。电感耦合等离子体发射光谱法（ICP）相较于其他检测手段，具有可同时测定多种元素且测定结果稳定、准确的优点。近年来，在重金属检测领域应用越来越多，修订中的 GB 30760 也拟定加入 ICP 的方法，因此对此方法检测重金属含量不确定度的评定具有重大意义。

1）评定依据：JJF 1059.1—2012《测量不确定度评定与表示》。

2）测量方法：微波消解-ICP 法。

3）环境条件：有空调实验室，室温在（20 ±5）℃。

4）试验仪器：电感耦合等离子体发射光谱仪、微波消解仪、电子天平。

5）被测对象：水泥及原材料中重金属元素。

6）测量过程：

① 称取 0.2500g 试样，准确到 0.0001g，依次将 6mL 盐酸、2mL 硝酸、2mL 氢氟酸和 10mL 试验用水加入消解罐，安装固定后加热至 180℃，保温 30min；后将消解罐移出消解仪，加入 12mL 硼酸饱和溶液，放入赶酸仪直至样品全部消解，转移溶液，定容至 50mL 容量瓶，待测。

② 采用逐级稀释的方法将外购的 1000μg/mL 的铬、锌、铜、锰、镍、铅、砷标准溶液配制成浓度为 0.1μg/mL、1μg/mL、10μg/mL、100μg/mL 的标准溶液。采用逐级稀释的方法将外购的 1000μg/mL 的镉标准溶液配制成浓度为 0.001μg/mL、0.01μg/mL、0.1μg/mL、1μg/mL、10μg/mL 的标准溶液。在仪器最佳工作参数下，按照仪器使用说明书的有关规定，由低到高浓度顺次测定标准溶液的强度。

③ 以标准溶液的浓度（以 μg/mL 计）为横坐标，以相应的强度值为纵坐标，绘制工作曲线。按照工作曲线测定中仪器的条件测定空白溶液和试样溶液的吸光度，在工作曲线中查出试样溶液浓度。

2　建立测量模型

重金属的质量分数 w 按式（1）计算：

$$w = \frac{c \times V}{m} \tag{1}$$

式中　w——重金属含量，mg/kg；

c——在工作曲线上查得的重金属的浓度，μg/mL；

V——试样溶液的体积，mL；

m——试料的质量，g。

3　不确定度分量的评估

3.1　不确定度分量来源

结合本试验方法以及测量模型，分析得到影响结果的不确定度分量主要来源于称量试样、试样的消解、待测液定容过程、标准溶液配制、工作曲线建立、试样溶液重复测定等。

3.2　不确定度分量分析

3.2.1　称量试样

称量引起的不确定度来源于两个方面：

1）天平校准产生的不确定度。根据万分之一天平计量证书，给出在 0 ~ 20g 范围内测量误差为 ±0.1mg，按均匀分布计算，$k=\sqrt{3}$，其标准不确定度为 $0.1/\sqrt{3}=0.058$mg。通常称量过程包含毛重和空盘两步，也因此引入不确定度为$\sqrt{2\times0.058^2}=0.082$。

2）称量重复性。其包括天平本身的重复性和读数的重复性，称量重复性用标准差表示，可通过多次称量或者经验的数值。对万分之一天平而言其标准不确定度约为 0.050mg。

合成以上两个分量，得出称量试样带入的不确定度为$\sqrt{0.082^2+0.050^2}=0.096$mg。

本试验中称样量为 0.2500g，带入的相对不确定度为$\frac{u_m}{m}=\frac{0.096}{250}=0.0004$。

3.2.2 试样的消解

试样在消解过程中受设置条件、消解液特性、样品性质、元素种类等影响，引起待测样品污染、吸附、消解不完全，或在赶酸过程中造成挥发，都会使得样品中的重金属元素无法完全进入待测液。此过程的不确定度可以通过加标回收试验计算得出。详见表 1。

表 1　实测回收率

测量元素	测得回收率/%（$n=6$）	平均回收率/%
Cr	94.5，97.3，103.5，101.7，90.4，94.3	96.2
Cd	105.4，102.3，99.6，92.5，96.4，92.7	98.2
Cu	99.3，104.5，92.7，90.4，93.6，99.1	96.6
Ni	91.5，93.3，95.3，101.5，102.4，95.8	97.0
Pb	99.2，96.4，103.1，105.2，93.3，100.1	99.6
As	92.7，93.4，95.1，99.5，103.4，96.7	96.8
Zn	96.4，99.2，105.7，106.5，93.3，98.2	99.9
Mn	107.5，102.4，95.5，93.7，98.1，101.2	99.7

理想回收率按照 100% 计算，其并不在实测回收率区间的中心，因此 100% 在此区间不会是对称分布，在缺乏准确判定其分布状态的，按矩形分布处理采用以下近似评定，消解引入的不确定度 $=\frac{u_x}{X}$，$u_x=\sqrt{\frac{(b_+ + b_-)}{12}}$。以 Cr 为例：$b_+=103.5-100=3.5\%$，$b_-=100-90.4=9.6\%$，$u_{Cr}=\sqrt{\frac{(3.5+9.6)^2}{12}}=3.78\%$，$\frac{u_{Cr}}{X}=\frac{3.78}{96.2}=0.039$。其他元素不确定度用相同方法计算，结果见表 2。

表 2　不同元素消解引入的不确定度

测量元素	消解引入相对标准不确定度 u_x
Cr	0.039
Cd	0.038
Cu	0.043
Ni	0.038
Pb	0.035
As	0.032
Zn	0.038
Mn	0.040

3.2.3　待测液的定容

待测液定容过程引入的不确定度主要是由 50mL 容量瓶产生的，包括刻度、估读、温度三个分量。

1）容量瓶刻度：试验所用 50mL 容量瓶，其校准证书表明，其在 20℃时容量允许差为 ±0.05mL，按均匀分布计算，标准不确定度为 $0.05/\sqrt{3}=0.029$mL。

2）定容时估读：估读误差可以按照经验值判断，经验值为 0.02mL，按照均匀分布计算，标准不确定度为 $0.02/\sqrt{3}=0.012$mL。

3）温差：由于使用时和校准时的温差可能导致的不确定度。已知水的膨胀系数为 2.1×10^{-4}℃$^{-1}$，鉴于目前实验室通常配备空调设施，温差视为 5℃，体积是 50mL，体积变化为 $2.1\times10^{-4}\times50\times5=0.053$mL，按照均匀分布计算，标准不确定度为 $0.053/\sqrt{3}=0.031$mL。

综上所述，待测液在定容过程可能产生的相对不确定度为 $\frac{u_v}{V}=\frac{\sqrt{0.029^2+0.012^2+0.031^2}}{50}=0.0009$。

3.2.4　配制标液

在配制做工作曲线所需不同浓度标准溶液过程中，可能引入的不确定度由标准储备液定值、移液管、容量瓶三个分量构成。

1）标准储备液：外购的标准溶液浓度为 1000μg/mL，其标准证书中给出的拓展不确定度为 0.5μg/mL，按照正态分布（$k=2$）计算，相对不确定度为 $\frac{0.5}{2\times1000}=0.0003$。

2）移液管：试验采用的是 10mL 分刻度移液管，可能产生的不确定度有刻度、估读、温差三个方面。①移液管刻度，其校准证书表明，其容量允许差为 ±0.05mL，按均匀分布计算，标准不确定度为 $0.05/\sqrt{3}=0.029$mL。②估读时误差，估读误差可以按照经验值判断，经验值为 0.02mL，按照均匀分布计算，标准不确定度为 $0.02/\sqrt{3}=0.012$mL。③温差，由于使用时和校准时的温差可能导致的不确定度。已知水的膨胀系数为 2.1×10^{-4}℃$^{-1}$，鉴于目前实验室通常配备空调设施，温差视为 5℃，体积是 10mL，体积变化为 $2.1\times10^{-4}\times10\times5=0.011$mL，按照均匀分布计算，标准不确定度为 $0.011/\sqrt{3}=0.006$mL。结合以上三点可以计算得出，移液管所引入的不确定度为 $\frac{\sqrt{0.029^2+0.012^2+0.006^2}}{10}=0.003$。因采用逐级稀释的方法配制标液，移液管通常会使用到两次，因此整个过程移液管引入的不确定度为 $0.003\times2=0.006$。

3）容量瓶：试验采用的是 100mL 容量瓶，可能产生的不确定度有刻度、估读、温差三个方面。①容量瓶刻度，其校准证书表明，其在 20℃时容量允许差为 ±0.10mL，按均匀分布计算，标准不确定度为 $0.10/\sqrt{3}=0.058$mL。②估读时误差，估读误差可以按照经验值判断，经验值为 0.02mL，按照均匀分布计算，标准不确定度为 $0.02/\sqrt{3}=0.012$mL。③温差，由于使用时和校准时的温差可能导致的不确定度。已知水的膨胀系数为 2.1×10^{-4}℃$^{-1}$，鉴于目前实验室通常配备空调设施，温差视为 5℃，体积是 10mL，体积变化为 $2.1\times10^{-4}\times100\times5=0.105$mL，按照均匀分布计算，标准不确定度为 $0.105/\sqrt{3}=$

0.061mL。结合以上三点可以计算得出，移液管所引入的不确定度为 $\frac{\sqrt{0.058^2+0.012^2+0.061^2}}{100}=0.0006$。因采用逐级稀释的方法配制标液，容量瓶通常会使用到两次，因此整个过程容量瓶引入的不确定度为 $0.0006\times2=0.0012$。

综上所述，在配制不同浓度标准溶液过程中引入的相对不确定度为 $\frac{u_b}{b}=\sqrt{0.0003^2+0.006^2+0.0012^2}=0.006$。

3.2.5 工作曲线的绘制

ICP法是一种相对分析法，此类方法都需要绘制工作曲线，通过工作曲线计算测量结果。在本试验中，铬、锌、铜、锰、镍、铅、砷标准溶液配制成浓度为0.01μg/mL、0.1μg/mL、1μg/mL、10μg/mL、100μg/mL，镉标准溶液配制成浓度为0.001μg/mL、0.01μg/mL、0.1μg/mL、1μg/mL、10μg/mL。用ICP测定两次，工作曲线为一次回归曲线，根据最小二乘法原理，可以得到待测液中重金属含量和相应光谱强度的线性回归方程 $A_i=B_1\times c_i+B_0$，式中 A_i 为强度；B_1 为工作曲线斜率；c_i 为待测标液中元素浓度；B_0 为工作曲线截距。

根据贝塞尔公式可以计算回归标准曲线的标准差：$s_R=\sqrt{\frac{\sum_{i=1}^{n}[A_i-(B_0+B_1\times c_i)]^2}{n-2}}$。式中，$n$ 为标液测定的次数，本试验中算上零点，每个标线共有6个浓度点，每个点测定两次，因此 $n=12$。

由工作曲线拟合引入的标准不确定度为 $u_c=\frac{s_R}{B_1}\sqrt{\frac{1}{P}+\frac{1}{n}+\frac{(c_0-\bar{c})^2}{\sum_{i=1}^{n}(c_i-\bar{c})^2}}$，式中，$B_1$ 为工作曲线斜率；P 为待测样品平行测定次数；n 为参与回归标准溶液点的数目；s_R 为回归曲线标准差；c_0 为待测液根据强度计算出的浓度含量；$\bar{c}$ 为工作曲线浓度含量平均值；c_i 为待测标液中元素浓度含量。

由工作曲线拟合引入的相对不确定度为 $u_g=\frac{u_c}{c_0}$。各元素工作曲线不确定度如表3所示。

表3 不同元素工作曲线引入的不确定度

测量元素	工作曲线相对标准不确定度 u_g
Cr	0.025
Cd	0.007
Cu	0.016
Ni	0.022
Pb	0.037
As	0.041
Zn	0.015
Mn	0.021

3.2.6 试样溶液重复测定

用绘制好的工作曲线，测定待测液5次，用得到的数据计算出溶液中各重金属元素浓度、质量浓度、浓度平均值、试验标准偏差。注：测定结果均为扣除空白后的结果，试验所用的水为超纯水，试剂均为优级纯以上，空白相对较低，对浓度几乎没有影响，因此可忽略不计可能由空白引入的不确定度，详细结果见表4。

表4　试样溶液测定结果

	Cr		Cu		Mn		Ni	
	μg/mL	mg/kg	μg/mL	mg/kg	μg/mL	mg/kg	μg/mL	mg/kg
1	0.380	76.00	0.283	56.60	3.022	604.40	0.328	65.60
2	0.377	75.40	0.279	55.80	3.016	603.20	0.334	66.80
3	0.385	77.00	0.288	57.60	3.065	613.00	0.330	66.00
4	0.381	76.20	0.286	57.20	3.057	611.40	0.334	66.80
5	0.374	74.80	0.283	56.60	3.012	602.40	0.333	66.60
$\bar{c}_0$	0.379	75.88	0.284	56.76	3.036	606.88	0.332	66.36
s	0.0042	0.8319	0.0034	0.6841	0.0247	4.9409	0.0027	0.5367

	Pb		Zn		As		Cd	
	μg/mL	mg/kg	μg/mL	mg/kg	μg/mL	mg/kg	μg/mL	mg/kg
1	0.414	82.80	1.405	281.00	0.109	21.80	0.010	2.00
2	0.419	83.80	1.422	284.40	0.112	22.40	0.012	2.40
3	0.422	84.40	1.407	281.40	0.108	21.60	0.011	2.20
4	0.426	85.20	1.425	285.00	0.114	22.80	0.012	2.40
5	0.427	85.40	1.423	284.60	0.111	22.20	0.011	2.20
$\bar{c}_0$	0.422	84.32	1.416	283.28	0.111	22.16	0.011	2.24
s	0.0053	1.0640	0.0048	0.9550	0.0070	1.4100	0.0013	0.2608

通过得到的结果，计算由试样重复性测定引入的相对标准不确定度为 $\frac{u_c}{c}=\frac{s}{\sqrt{n}\times\bar{c}_0}$，$n=5$。计算得出各重金属元素重复测定的相对标准不确定度结果见表5。

表5　各重金属元素重复测定相对标准不确定度

元素	Cr	Cu	Mn	Ni	Pb	Zn	As	Cd
不确定度	0.0049	0.0054	0.0036	0.0036	0.0056	0.0030	0.0096	0.033

4　合成相对标准不确定度

微波消解-ICP法测定水泥及原材料中重金属中各不确定度分量见表6。

表 6　不确定度分量汇总

不确定度名称（来源）	不确定度分量	相对标准不确定度			
		Cr	Cu	Mn	Ni
称量试样	$\frac{u_m}{m}$	0.0004	0.0004	0.0004	0.0004
试样消解	$\frac{u_x}{X}$	0.039	0.043	0.040	0.038
溶液定容	$\frac{u_v}{V}$	0.0009	0.0009	0.0009	0.0009
标液配制	$\frac{u_b}{b}$	0.006	0.006	0.006	0.006
绘制工作曲线	$\frac{u_g}{g}$	0.025	0.016	0.021	0.022
重复测定	$\frac{u_c}{c}$	0.0049	0.0054	0.0036	0.0036
不确定度名称（来源）	不确定度分量	相对标准不确定度			
		Pb	Zn	As	Cd
称量试样	$\frac{u_m}{m}$	0.0004	0.0004	0.0004	0.0004
试样消解	$\frac{u_x}{X}$	0.035	0.038	0.032	0.038
溶液定容	$\frac{u_v}{V}$	0.0009	0.0009	0.0009	0.0009
标液配制	$\frac{u_b}{b}$	0.006	0.006	0.006	0.006
绘制工作曲线	$\frac{u_g}{g}$	0.037	0.015	0.041	0.007
重复测定	$\frac{u_c}{c}$	0.0056	0.0030	0.0096	0.033

按照公式 $u_{c,r} = \frac{u_w}{w} = \sqrt{\left(\frac{u_m}{m}\right)^2 + \left(\frac{u_x}{X}\right)^2 + \left(\frac{u_v}{V}\right)^2 + \left(\frac{u_b}{b}\right)^2 + \left(\frac{u_g}{g}\right)^2 + \left(\frac{u_c}{c}\right)^2}$ 计算每种元素合成相对标准不确定度，其结果见表 7。

表 7　各元素合成相对标准不确定度

元素名称	Cr	Cu	Mn	Ni	Pb	Zn	As	Cd
不确定度	0.047	0.047	0.046	0.044	0.052	0.041	0.053	0.051

5　扩展不确定度与测量结果的表示

扩展不确定度计算按照公式：$U = k \times u_w$，选择置信概率 95% 的包含因子 $k = 2$。求得

微波消解 - ICP 法测定水泥及原材料中重金属的扩展不确定度。详见表 8。

表 8　各元素的拓展不确定度

元素名称	Cr	Cu	Mn	Ni	Pb	Zn	As	Cd
合成相对不确定度	0.047	0.047	0.046	0.044	0.052	0.041	0.053	0.051
平均浓度/(mg/kg)	76	57	6.1×10^2	66	84	2.8×10^2	22	2.2
扩展不确定度/(mg/kg)	7.1	5.4	56	5.8	8.7	23	2.3	0.22

案例 44　石英玻璃羟基含量测量不确定度评定

中国建材检验认证集团股份有限公司　张浩运

1　概述

1）评定依据：JJF 1059.1—2012《测量不确定度评定与表示》；
2）测量方法：依据 GB/T 12442—2019；
3）环境条件：室温条件（无特殊要求）；
4）试验仪器：Spectrum 100 傅里叶变换红外光谱仪、游标卡尺；
5）被测对象：石英玻璃；
6）测量步骤：测量试样厚度—测量试样透射比—计算—结果。

2　建立测量模型

石英玻璃羟基含量的计算模型：

$$C = 965 \times \frac{1}{d}\log_{10}\left(\frac{T_0}{T}\right) \tag{1}$$

式中　C——试样的羟基含量，μg/g；
d——试样厚度，mm；
T_0——2.73μm 处基线的透射比，%；
T——2.73μm 处吸收峰的透射比，%。

3　计算灵敏系数

对测量模型公式（1）中各影响量求偏导计算其灵敏系数：

$$\frac{\partial C}{\partial C} = 1$$

$$\frac{\partial C}{\partial d} = -\frac{965}{d^2}\log_{10}\left(\frac{T_0}{T}\right)$$

$$\frac{\partial C}{\partial T_0}=\frac{965}{dT_0\ln 10}$$

$$\frac{\partial C}{\partial T}=-\frac{965}{dT\ln 10}$$

4　评定影响量的不确定度

4.1　测量重复性（A 类评定）

对一个样品分别进行 10 次重复测量，并且通过上述公式计算得出羟基含量测量重复性的标准不确定度，如表 1 所示。

表 1　羟基含量实测结果

测量次数	羟基含量 /(μg/g)	平均值/(μg/g)	标准差/(μg/g)
1	105.1	104.2	0.966
2	103.7		
3	103.7		
4	103.3		
5	103.4		
6	102.8		
7	104.3		
8	105.7		
9	104.2		
10	105.4		

测量重复性引入的不确定度为 $u_{\text{repeat}}=0.966$（μg/g）。

4.2　测量仪器示值误差（B 类评定）

4.2.1　游标卡尺示值误差引入的标准不确定度 u_{d}

由游标卡尺计量校准证书可知，测量厚度的扩展不确定度 $U=0.01\text{mm}$（$k=2$）。由此得出游标卡尺的标准不确定度 $u_{\text{d}}=0.01\text{mm}/2=0.005\text{mm}$。

4.2.2　红外光谱仪透射比示值误差引入的标准不确定 u_{T}

由仪器校准证书可知，仪器透射比的重复性为 0.1%。依据经验，仪器透射比重复性为 0.1% 时，示值误差应为 ±0.2%，假设是均匀分布。由此得出 B 类标准不确定度为 $u_{\text{T}}=0.2\%/\sqrt{3}=0.001$。

5　不确定度合成与扩展

1）不确定度分量表格

已知样品厚度 $d=1.36\text{mm}$，$T_0=94.07\%$，$T=67.20\%$，则各影响量的灵敏系数：

$$\frac{\partial C}{\partial C}=1$$

$$\frac{\partial C}{\partial d} = -\frac{965}{d^2}\log_{10}\left(\frac{T_0}{T}\right) \approx -77$$

$$\frac{\partial C}{\partial T_0} = \frac{965}{dT_0 \ln 10} \approx 327$$

$$\frac{\partial C}{\partial T} = -\frac{965}{dT \ln 10} \approx -458$$

测量标准不确定度分量汇总如表 2 所示。

表 2　不确定度分量汇总表

序号	影响量	灵敏系数	影响量的相对不确定度	不确定度分量	相关性
1	测量重复性	1	0.966	0.966	不相关
2	游标卡尺示值误差	-77	0.005	-0.385	不相关
3	基线透射比 T_0 示值误差	327	0.001	0.327	相关
4	吸收峰透射比 T 示值误差	-458	0.001	-0.458	相关

2）合成标准不确定度的计算

$$u_c = \sqrt{(c_{repeat}u_{repeat})^2 + (c_d u_d)^2 + (c_{T0}u_{T0} + c_T u_T)}$$

$$u_c = \sqrt{0.966^2 + 0.385^2 + (0.327 - 0.458)^2} = 1.048$$

3）扩展不确定度与测量结果的表达

扩展不确定度需要考虑应用需求选择包含因子，选包含因子 $k=2$，包含概率为 95%。

扩展不确定度表达：

$$U = u_c \cdot k = 1.048 \times 2 = 2.096 \approx 2 \ (\mu g/g)$$

羟基含量测量结果表达：

$$C = 104.2\mu g/g \pm 2\mu g/g \ (k=2)$$

案例 45　水泥中氧化钾、氧化钠的测量不确定度评定

中国建材检验认证集团浙江有限公司　姜欣彦　郭程铭

1　概述

1）评定依据：JJF 1059.1—2012《测量不确定度评定与表示》；

JJF 1135—2005《化学分析测量不确定度评定》。

2）测量方法：依据 GB/T 176—2017《水泥化学分析方法》中 6.14 的操作进行。

3）环境条件：20℃。

4）试验仪器：火焰光度计、容量瓶和移液管。其中，容量瓶和移液管经计量检定均为 A 级。

5）被测对象：水泥。

6）测量过程：称取约 0.2g 试样，精确至 0.0001g，至于聚四氟乙烯器皿中，加入少量水湿润，加入 5 ~7mL 氢氟酸和 15 ~20 滴硫酸（1 +1），放入通风橱内的电热板上从低温加热，近干时摇动器皿，待氢氟酸驱尽后逐渐升高温度，继续加热至三氧化硫白烟冒尽，取下冷却。加入 40 ~50mL 热水，用胶头擦棒碎残渣使其分散，加入 1 滴甲基红指示剂溶液，用氨水（1 +1）中和至黄色，再加入 10mL 碳酸铵溶液，搅拌，在加热至沸并继续微沸 20 ~30min。用快速滤纸过滤，以热水充分洗涤，用胶头擦棒擦洗器皿，滤液及洗液收集于 100mL 容量瓶中，冷却至室温。用盐酸（1 +1）中和至溶液呈微红色，用水稀释至刻度，摇匀。在火焰光度计上，按仪器使用规程操作，保持与曲线测定是相同条件。在工作曲线上分别求出氧化钾和氧化钠的含量。

2　建立测量模型

$$w_{K_2O} = \frac{m_{30}}{m_{29}} \times 0.1$$

$$w_{Na_2O} = \frac{m_{31}}{m_{29}} \times 0.1$$

式中　w_{K_2O} ——氧化钾的质量分数，%；

w_{Na_2O} ——氧化钠的质量分数，%；

m_{29} ——试料的质量，g；

m_{30} ——扣除空白试验值后 100mL 测定溶液中氧化钾的含量，mg；

m_{31} ——扣除空白试验值后 100mL 测定溶液中氧化钠的含量，mg。

3　不确定度分量的评估

由测量模型结合试验可知，影响样品中氧化钾和氧化钠含量测定的不确定度主要包括以下几个方面。

3.1　测量重复性引入的不确定度

对标准样品（硅酸盐水泥）进行 10 次平行测定，由贝塞尔公式：

$$s_{K_2O} = \sqrt{\frac{\sum_{i=1}^{n} [w(K_2O) - \overline{\omega}(K_2O)]^2}{n-1}}$$

$$s_{Na_2O} = \sqrt{\frac{\sum_{i=1}^{n} [w(Na_2O) - \overline{w}(Na_2O)]^2}{n-1}}$$

计算氧化钾试验标准偏差 s_{K_2O}，测量结果见表 1。

表 1　氧化钾试验重复 10 次测定结果

样品编号	$w(K_2O)$ /%	$\overline{w}(K_2O)$/ %	s_{K_2O}
1	0.71	0.70	0.012472
2	0.69		
3	0.68		
4	0.69		
5	0.70		
6	0.71		
7	0.72		
8	0.71		
9	0.71		
10	0.70		

计算氧化钠试验标准偏差 s_{Na_2O}，测量结果见表 2。

表 2　氧化钠试验重复十次测定结果

样品编号	$w(Na_2O)$/ %	$\overline{w}(Na_2O)$/ %	s_{Na_2O}
1	0.10	0.12	0.013333
2	0.11		
3	0.10		
4	0.12		
5	0.12		
6	0.14		
7	0.12		
8	0.13		
9	0.13		
10	0.11		

重复测定水泥中氧化钾和氧化钠含量引入的标准不确定度：

$$u[w(K_2O)] = \frac{s_{K_2O}}{\sqrt{n}} = 0.00394\%$$

$$u[w(Na_2O)] = \frac{s_{Na_2O}}{\sqrt{n}} = 0.00422\%$$

测量重复性引入的相对标准不确定度为：

$$u'_{rel1} = \frac{u[w(K_2O)]}{\overline{w}(K_2O)} = 5.63 \times 10^{-3}$$

$$u''_{rel1} = \frac{u[w(Na_2O)]}{\overline{w}(Na_2O)} = 3.52 \times 10^{-2}$$

3.2　标准溶液配制时引入的不确定度

配制 1mg/mL 标准溶液的测量模型：

$$c_K = \frac{m' \times P}{V_K \times 1000}$$

$$c_{Na} = \frac{m' \times P}{V_{Na} \times 1000}$$

式中　m' ——称取氧化钾和氧化钠的质量，g；

P ——氯化钾和氯化钠的纯度；

V_K、V_{Na} ——配制标准溶液的体积，mL。

3.2.1　称量时 m' 引入的相对标准不确定度 u_{rel}

1）天平校准引入的不确定度

用经过检定的万分之一的电子天平，线性 0.0001g，按矩形分布，$k = \sqrt{3}$，测定过程中使用电子天平称取试样 0.2000g，天平称量的标准不确定度：

$$u_1(m_n) = \frac{\alpha}{k} = 0.000058，自由度 \nu 为 \infty$$

线性分量应重复计算两次，一次为空盘，另一次为毛重，每次称量均为独立观察结果，产生的不确定度：

$$u_1 = \sqrt{u_1^2(m_1) + u_2^2(m_2)} = 0.082\text{mg}$$

2）称量重复性引入的标准不确定度

万分之一天平称量重复性偏差为 0.00005g，即 $u_2(m) = 0.05\text{mg}$。

称取 0.2g 过程引入的标准不确定度及相对标准不确定度：

$$u(m) = \sqrt{u_1^2(m) + u_2^2(m)} = 0.096\text{mg}$$

合成以上两个标准不确定度分量，得电子天平称量过程中引入的标准不确定度：

$$u_c(m') = \sqrt{u_1^2(m_1) + u_2^2(m_2)} = 0.126\text{mg}$$

因称取氯化钾质量 m' 为 1.5829g，氯化钠质量 m' 为 1.8859g，则称取氯化钾和氧化钠质量 m' 引入的相对标准不确定度：

氯化钾：$$u'_{rel} = \frac{u_c(m')}{m' \times 1000} = 7.96 \times 10^{-5}$$

氯化钠：$$u''_{rel} = \frac{u_c(m')}{m' \times 1000} = 6.68 \times 10^{-5}$$

3.2.2　纯度 P 引入的相对标准不确定度 $u_{rel}p$

试验使用的基准级氯化钾和基准级氯化钠含量均为（100.0 ± 0.05）%，按均匀分布，纯度 P 引入的标准不确定度 $u_c(P) = 0.05 \div \sqrt{3} = 0.0289\%$，则其相对标准不确定度：

$$u_{relp} = \frac{u_c(P)}{P} = 2.89 \times 10^{-4}$$

3.2.3　基准氯化钾和氯化钠的摩尔质量引入的相对标准不确定度

根据标准试验方法，称取的基准试剂为氯化钾和氯化钠，试验结果按氧化钾和氧化钠计算。从最新 IUPAC 元素周期表中查得氧化钾（K_2O）、氧化钠（Na_2O）组成元素的相对原子质量及扩展不确定度，按矩形分布，$k = \sqrt{3}$，求得各元素相对原子质量的不确定度，结果见表 3 和表 4。

表 3　氧化钾（K_2O）组成元素的相对质量及不确定度

元素	相对原子质量	扩展不确定度	标准不确定度
K	39.098	0.0002	1.155×10^{-4}
O	15.999	0.0003	1.73×10^{-4}

$M(K_2O)$ 引入的标准不确定度以及相对标准不确定度：

$$u[M(K_2O)] = \sqrt{2u^2(K) + u^2(O)} = 2.38 \times 10^{-4}$$

$$u''_{relM} = \frac{u[M(K_2O)]}{M(K_2O)} = 2.53 \times 10^{-6}$$

表 4　氧化钠（Na_2O）组成元素的相对质量及不确定度

元素	相对原子质量	扩展不确定度	标准不确定度
Na	22.990	0.0002	1.155×10^{-4}
O	15.999	0.0003	1.73×10^{-4}

$M(Na_2O)$ 引入的标准不确定度以及相对标准不确定度：

$$u[M(Na_2O)] = \sqrt{2u^2(Na) + u^2(O)} = 2.38 \times 10^{-4}$$

$$u''_{relM} = \frac{u[M(Na_2O]}{M(Na_2O)} = 3.84 \times 10^{-6}$$

3.2.4　对标准溶液定容引入的相对标准不确定度 u_{relVK} 和 u_{relVNa}

配制标准溶液采用 1000mLA 级容量瓶，其不确定度由 1000mLA 级容量瓶产生。

1）经过检定的 A 级 1000mL 容量瓶在 20℃允差为 0.40mL，按矩形分布，$k = \sqrt{3}$，则容量瓶校准引入的标准不确定度：

$$u_1(V_{1000}) = \frac{0.40}{\sqrt{3}} = 0.231\text{mL}$$

2）溶液温度与校准时温度不同（按 ±3℃）引入的标准不确定度，则表示为：

$$u_2(V_{1000}) = \frac{2.1 \times 10^{-4} \times 3 \times 1000}{\sqrt{3}} = 0.364\text{mL}$$

定容过程 1000mL 玻璃瓶校准引入的标准不确定度，按三角分布：

$$u_3(V_{1000}) = \frac{0.05 \times 2}{\sqrt{6}} = 0.041\text{mL}$$

配制标准溶液的体积 V_K 和 V_{Na} 引入的标准不确定度分量合成：

$$u(V_K) = u(V_{Na}) = \sqrt{u_1^2(V_{1000}) + u_2^2(V_{1000}) + u_3^2(V_{1000})} = 0.433\text{mL}$$

相对不确定度：

$$u_{relVK} = u_{relVNa} = \frac{u(V_K)}{V_K} = \frac{u(V_{Na})}{V_{Na}} = 4.33 \times 10^{-4}$$

3.2.5　配制标准系列溶液引入的不确定度

5mL（A 级刻度）刻度移液管最大允许误差为 ±0.025mL，按照均匀分布评定标准不确定度 $= 0.025/\sqrt{3} = 0.0144$mL；10mL（A 级刻度）刻度移液管最大允许误差为 ±0.050mL，按照均匀分布评定标准不确定度 $= 0.050/\sqrt{3} = 0.0289$mL；25mL（A 级刻度）刻度移液管最大允许误差为 ±0.050mL，按照均匀分布评定标准不确定度 $=0.050/\sqrt{3}=0.0289\text{mL}$。

配制标准系列溶液时需 2 次使用 5mL 移液管，1 次使用 10mL 移液管，2 次使用 25mL 移液管，共移取标准使用溶液 52.5mL，其合成标准不确定度 $=\sqrt{0.0144^2\times 2+0.0289^2\times 3}=0.0540\text{mL}$，相对合成不确定 $u_{relV'}=0.0540/52.5=0.103\%$。

3.2.6 配制标准溶液引入的相对标准不确定度分量合成

$$u'_{rel2,c_K}=\frac{u_c(c_K)}{c_K}=\sqrt{u'^2_{rel}+u^2_{relP}+u^2_{relM}+u^2_{relV}+u^2_{relV'}}=1.16\times 10^{-3}$$

$$u''_{rel2,c_{Na}}=\frac{u_c(c_{Na})}{c_{Na}}=\sqrt{u'^2_{rel}+u^2_{relP}+u^2_{relM}+u^2_{relV}+u^2_{relV'}}=1.16\times 10^{-3}$$

3.3 样品称取时引入的相对标准不确定度 u_{relm2}

上文中已知天平的不确定度为 $u_c(m')=0.126\text{mg}$，试验时称取样品质量为 0.2000g，则样品称取时引入的相对标准不确定度 $u_{rel3}=\frac{u_c(m')}{(m\times 1000)}=6.3\times 10^{-4}$。

3.4 样品体积定容引入的相对不确定度 u_{relV1}

根据常用玻璃量器检定规程，100mLA 级容量瓶在 20℃ 容量允差为 0.10mL，试验与校准温差按 ±3℃ 计，假设定容时液面视觉误差为 1 滴，则 100mLA 级容量瓶引入的合成标准不确定度：

$$u_c(V)=\sqrt{u_c^2(V_{100})+u_c^2(V)+u_c^2(Б)}=0.071\text{mL}$$

相对标准不确定度：$u_{rel4}=\frac{u_c(V)}{V}=7.1\times 10^{-4}$。

4 合成相对标准不确定度

分量	描述	数值	标准不确定度 $u(x)$	相对标准不确定度 $u(x)/x$
$u[w(K_2O)]$	仪器测量引入的不确定度	0.70%	0.00394%	0.00563
$u[w(Na_2O)]$	仪器测量引入的不确定度	0.12%	0.00422%	0.0352
u'_{rel2,c_K}	配制标准溶液引入的相对标准不确定度	—	—	0.00116
$u''_{rel2,c_{Na}}$	配制标准溶液引入的相对标准不确定度	—	—	0.00116
$u_c(m')$	称取样品引入的不确定度	0.2000g	0.126mg	0.00063
$u_c(V)$	样品体积定容引入的相对不确定度	100mL	0.071mL	0.00071

用火焰光度计测定样品中氧化钾含量的相对标准不确定度分量合成为

$$u_{relx}=\sqrt{u'^{\,2}_{rel1}+u'^{\,2}_{rel2}+u^2_{rel3}+u^2_{rel4}}=0.0058$$

用火焰光度计测定样品中氧化钠含量的相对标准不确定度分量合成为

$$u_{relx}=\sqrt{u''^{\,2}_{rel1}+u''^{\,2}_{rel2}+u^2_{rel3}+u^2_{rel4}}=0.035$$

5 扩展不确定度与测量结果的表示

测定样品中氧化钾含量的标准不确定度为 $u_c(X)=0.0058\%$，氧化钠含量的标准不

确定度为 $u_c(X) = 0.035\%$。

取包含因子 $k=2$（包含概率为 95%），则测试样品中氧化钾含量的扩展不确定度为 $U_{95} = k \cdot u_c(X) = 0.01$，氧化钠含量的扩展不确定度为 $U_{95} = 0.07$。

火焰光度法测定水泥中碱含量，测量结果为 K_2O：$(0.70 \pm 0.01)\%$，$k=2$；Na_2O：$(0.12 \pm 0.07)\%$，$k=2$。

案例 46 化工产品中水分含量的测定不确定度评定

中国建材检验认证集团股份有限公司成都分公司 谷 燕 余 伦

1 概述

1）评定依据：JJF 1059.1—2012《测量不确定度评定与表示》；

2）测量方法：化工产品中水分含量的测定卡尔·费休法（通用方法）；

3）环境条件：温度：25.1℃，相对湿度：55%；

4）试验仪器：卡尔·费休水分测定仪（瑞士万通 KF870）电子天平（ME204）；

5）被测对象：液体化工产品；

6）测量步骤：通过排泄嘴将滴定容器中残夜放完，用注射器经橡皮塞注入 25mL（或按待测试样规定的质量称量 0.1000g）甲醇中，打开电磁搅拌器，使用卡尔·费休滴定液与存在试样中的任何水分（游离水或结晶水）与已知滴定度的卡尔·费休试剂（碘、二氧化硫、吡啶和甲醇组成的溶液）进行定量反应。

2 建立测量模型

$$X = \frac{V \times T}{m \times 10} \tag{1}$$

$$T = \frac{m_1}{v_1} \tag{2}$$

式中 X——试样水分含量（固体试样），%；

m——试样的质量（固体试样），g；

V——测定时，消耗卡尔·费休的体积，mL；

T——卡尔·费休滴定液的滴定液，mg/mL；

m_1——用水标定时，加入纯水的质量，mg；

v_1——标定时，消耗卡尔·费休滴定液的体积，mL。

3 评定输入量（影响量）的不确定度

1）试剂滴定度 T 引入的不确定 $u(T)$；

2）试样称量引入的不确定度 $u(m)$；

3）消耗卡尔·费休试剂体积引入的不确定度 $u(v)$；

4）测量重复性引入的不确定度 $u(s)$。

4 各测量不确定度分量的评定

1. 试剂滴定度 T 引入的不确定度 $u(T)$

1）用精度为 0.1mg 的天平，查证书可得，天平的误差为 ±0.5mg，称取水样的体积为 40mg，在天平上通过减差法称量四次，按照均匀分布，标准不确定度：

$$u(m_1) = \sqrt{4 \times (0.5/\sqrt{3})^2} = 0.57\text{mg}$$

相对标准不确定度为：

$$u_{rel}(m) = 0.57\text{mg}/40\text{mg} = 1.43 \times 10^{-2}$$

2）标定重复性引入不确定度 $u(c)$

称取 8 份水样，按照标定的方法进行，结果见表 1。

表 1 结　果

序号	测定值 $x/(\text{mg/mL})$	平均值 $\bar{x}/(\text{mg/mL})$	单次测定值的标准偏差 $s(x)/(\text{mg/L})$	测定平均值的标准偏差 $s(\bar{x})/(\text{mg/L})$
1	5.2228	5.1949	0.018	0.006
2	5.1782			
3	5.2003			
4	5.1751			
5	5.1843			
6	5.1832			
7	5.2142			
8	5.2017			

由表 1 可知，重复性试验的标准不确定度：

$$u(c) = s\sqrt{n} = 0.018/\sqrt{8} = 0.006\text{mg/mL}$$

重复性试验的相对标准不确定度：

$$u_{rel}(c) = 0.006/5.1949 = 1.15 \times 10^{-3}$$

2. 卡尔·费休试剂体积引入的不确定度 $u(v_1)$

1）滴定器的校准的不确定度 $u_1(v_1)$：10mL 滴定器的相对扩展不确定度为 $U_1 = 4\%$，包含因子 $k=2$；所以滴定器引入的相对标准不确定度：

$$u_{rel}(v_1) = U_{rel}/2 = 2\%;\ u(v_1) = 2\% \times 10\text{mL} = 0.2\text{mL}$$

2）实验室温度引起的不确定度 $u(v_2)$：其体积膨胀系数为 1.2×10^{-3}/℃，标定时实验室温度波动范围为 ±3℃，按照矩形分布，滴定体积为 8mL，则：

$$u_2(v_2) = 8 \times 3 \times 1.2 \times 10^{-3}/\sqrt{3} = 0.017\text{mL}$$

将 $u_1(v_1)$ 和 $u_2(v_2)$ 两个分量合成一个分量 $u_1(v)$：

$$u_1(v) = \sqrt{u_1(v_1)^2 + u_2(v_2)^2} = \sqrt{0.02^2 + 0.017^2} = 2.62 \times 10^{-2}$$

相对合成标准不确定度：$u_{rel}(v_2) = 2.62 \times 10^{-2}/8 = 3.27 \times 10^{-3}$

所以试剂滴定度 T 引入的合成不确定度 $u_{rel}(T)$：

$$u_{rel}(T) = \sqrt{u_{rel}(m_1)^2 + u_{rel}(c)^2 + u_{rel}(v_2)^2}$$

$$= \sqrt{(1.43 \times 10^{-2})^2 + (1.15 \times 10^{-3})^3 + (3.27 \times 10^{-3})^2}$$
$$= 1.47 \times 10^{-2}$$

3）试样称量引入的不确定度

用精度为 0.1mg 的天平，查证书可得，天平的误差为 ±0.5mg，称取水样的体积为 100mg，在天平上通过减差法称量四次，按照均匀分布；

标准不确定度：

$$u(m_2) = \sqrt{4 \times (0.5/\sqrt{3})^2} = 0.57\text{mg}$$

相对标准不确定度：

$$u_{rel}(m_2) = 0.57\text{mg}/100\text{mg} = 5.7 \times 10^{-3}$$

3. 消耗卡尔·费休试剂体积引入的不确定度 $u(v)$

1）滴定器的校准的不确定度 $u_3(v_3)$：10mL 滴定器的相对扩展不确定度为 $U_{rel} = 4\%$，包含因子 $k=2$；所以滴定器引入的相对标准不确定度：

$$u_{rel}(v_3) = U_{rel}/2 = 0.02\text{mL}$$

2）实验室温度引起的不确定度 $u(v_2)$：其体积膨胀系数为 1.2×10^{-3}/℃，标定时实验室温度波动范围为 ±3℃，按照矩形分布，滴定体积为 2.7mL，则：

$$u_4(v_4) = 2.7 \times 3 \times 1.2 \times 10^{-3}/\sqrt{3} = 0.00561\text{mL}$$

将 $u_3(v_3)$ 和 $u_4(v_4)$ 两个分量合成一个分量 $u_1(v)$：

$$u_2(v) = \sqrt{u_3(v_3)^2 + u_4(v_4)^2} = \sqrt{0.02^2 + 0.00561^2}$$
$$= 2.08 \times 10^{-2}$$

相对合成标准不确定度：

$$u_{rel}(v_2) = 2.08 \times 10^{-2}/2.7 = 7.7 \times 10^{-3}$$

4. 测量重复性引入的不确定度 $u(s)$

称取 8 分试样，按照标准测定的方法进行测定，结果见表 2。

表 2　结　果

序号	测定值/%	平均值 x/%	单次测定值的标准偏差 $s(x)$/%	测定平均值的标准偏差 $s(x)$/%
1	13.21	13.22	0.07	0.025
2	13.18			
3	13.32			
4	13.25			
5	13.11			
6	13.33			
7	13.19			
8	13.20			

由表 2 可知，重复性试验的标准不确定度：

$$u(s) = s/\sqrt{n} = 0.07/\sqrt{8} = 0.025\%$$

重复性试验的相对标准不确定度：

$$u_{rel}(s) = 0.025/13.22 = 1.89 \times 10^{-3}$$

5 不确定度合成与扩展

1. 不确定度分量表格

不确定度分量表格见表 3。

表 3 不确定分量表格

序号	标准不确定度 $u(X)$	不确定度的来源	相对标准不确定度的值
1	$u_{rel}(T)$	试剂滴定度 T 引入的不确定度	1.47×10^{-2}
2	$u_{rel}(m_2)$	试样称量引入的不确定度	5.70×10^{-3}
3	$u_{rel}(v_2)$	消耗卡尔・费休试剂体积引入的不确定度	7.70×10^{-3}
4	$u_{rel}(s)$	测量重复性引入的不确定度	1.89×10^{-3}

2. 合成标准不确定度 u（$w_{水分}$）

$$u_{rel}(w_{水分}) = \sqrt{u_{rel}^2(T) + u_{rel}^2(m_2) + u_{rel}^2(v_2) + u_{rel}^2(s)}$$

$$= \sqrt{(1.47 \times 10^{-2})^2 + (5.70 \times 10^{-3})^2 + (7.70 \times 10^{-3})^2 + (1.89 \times 10^{-3})^2}$$

$$= 1.76 \times 10^{-2}$$

标准不确定度：

$$u(w_{水分}) = 1.76 \times 10^{-2} \times 13.22 = 0.23$$

3. 扩展不确定度的表达

取包含因子 $k = 2$，水分的扩展不确定度：

$$U = u(w_{水分}) \times 2 = 0.23\% \times 2 = 0.46\%$$

第9章 环　境

案例47　玻璃工业废水化学需氧量测量不确定度评定

中国建材检验认证集团秦皇岛有限公司　赵文涛

1　概述

1）评定依据：JJF 1059.1—2012《测量不确定度评定与表示》。

2）测量方法：HJ 828—2017《水质　化学需氧量的测定　重铬酸盐法》。

3）环境条件：温度22℃，相对湿度72.5%。

4）试验仪器：回流装置：磨口250mL锥形瓶的全玻璃风冷回流装置；

分析天平：感量为0.0001g；

分光光度计；

容量瓶：1000mL；

分度吸管：5mL，10mL；

酸式滴定管：25mL。

5）被测对象：玻璃工业废水化学需氧量。

6）测量过程：取10.0mL水样于锥形瓶中，依次加入硫酸汞溶液(100g/L)、重铬酸钾标准溶液(0.250mol/L)5.00mL和几颗防爆沸玻璃珠，摇匀。硫酸汞溶液按质量比$m[HgSO_4]$：$m[Cl^-]$≥20：1的比例加入，最大加入量为2mL。将锥形瓶连接到回流装置冷凝管下端，从冷凝管上端缓慢加入15mL硫酸银-硫酸溶液(10g/L)，不断旋动锥形瓶使之混合均匀。自溶液开始沸腾起保持微沸回流2h。回流冷却后，自冷凝管上端加入45mL水冲洗冷凝管，取下锥形瓶。溶液冷却至室温后，加入3滴(约0.15mL)试亚铁灵指示剂，用硫酸亚铁铵标准溶液(约0.05mol/L)滴定，溶液的颜色由黄色经蓝绿色变为红褐色即为终点。记下硫酸亚铁铵标准溶液的消耗体积V_1，同时进行空白试验。

硫酸亚铁铵溶液浓度的标定：取5.00mL重铬酸钾标准溶液(0.250mol/L)置于锥形瓶中，用水稀释至约50mL，缓慢加入15mL浓硫酸，混匀，冷却后加入3滴试亚铁灵指示剂，硫酸亚铁铵标准溶液(约0.05mol/L)滴定，溶液的颜色由黄色经蓝绿色变为红褐色即为终点。记下硫酸亚铁铵标准溶液的消耗体积V。

2　建立测量模型

$$\rho = \frac{C \times (V_0 - V_1) \times 8000}{V_2} \times f \tag{1}$$

式中　C——硫酸亚铁铵标准溶液的浓度，mol/L；

V_0——空白试验所消耗的硫酸亚铁铵标准溶液的体积，mL；
V_1——水样测定所消耗的硫酸亚铁铵标准溶液的体积，mL；
V_2——水样的体积，mL；
f——样品稀释倍数；
8000——1/4 O_2的摩尔质量以 mg/L 为单位的换算值。

$$C = \frac{C_k \times V_k}{V_t} \tag{2}$$

式中 C——硫酸亚铁铵标准溶液的浓度，mol/L；
C_k——重铬酸钾标准溶液的浓度，0.2500mol/L；
V_k——重铬酸钾标准溶液的体积，5mL；
V_t——标定硫酸亚铁铵时，消耗硫酸亚铁铵的体积，mL。

$$C_k = \frac{1000 \times m \times P}{V \times 1/6M} \tag{3}$$

式中 C_k——重铬酸钾的浓度，取 0.2500mol/L；
m——重铬酸钾的质量，取 12.258g；
P——重铬酸钾的纯度；
V——容量瓶定容体积，取 1000 mL；
M——重铬酸钾的摩尔质量。

3 不确定度分量的评估

3.1 不确定度的 A 类评定

标准中规定，当样品数小于 10 个，应至少测定一个平行样。本次试验的环境条件为温度 22.0℃，相对湿度 72.5%，同一水样，由一个人重复测定 8 次，测量值分别为 14mg/L、14mg/L、14mg/L、14mg/L、13mg/L、14mg/L、13mg/L、13mg/L，均值为 14mg/L。

根据贝塞尔公式，A 类不确定度的计算公式为 $u_c(A) = \sqrt{\frac{\sum_{i=1}^{n}(x_i - \bar{x})^2}{n-1}} = 0.1830$，因此相对不确定度为 $u_r(A) = \frac{u_c(A)}{\bar{X}} = \frac{0.1830}{14} = 0.0131$。

3.2 不确定度的 B 类评定

不确定度的 B 类评定是根据有关的信息或经验，判断被测量的可能值区间 $[\bar{x} - \alpha, \bar{x} + \alpha]$，假设被测量值的概率分布，根据概率分布和要求的概率 p 确定 k，则 B 类标准不确定度 $u_B = \alpha/k$。

3.2.1 硫酸亚铁铵标准溶液浓度 C 不确定度的评定

3.2.1.1 重铬酸钾浓度 C_k 不确定度的评定

3. 2. 1. 1. 1　重铬酸钾质量 m

由本次试验所使用的天平说明书中技术参数表及检定证书查得，天平的精度为 0. 0001g，该数值为最大质量与天平读数的最大差值，按矩形分布，其标准不确定度：

$$u_r(m) = \frac{0.0001}{\sqrt{3}} = 5.77 \times 10^{-5}\text{g}$$

因此称重 12. 258g 的相对不确定度为

$$u_r(m) = \frac{u(m)}{m} = \frac{5.77 \times 10^{-5}}{12.258} = 4.71 \times 10^{-6}$$

3. 2. 1. 1. 2　试剂纯度 P

试剂级别为 GR，根据证书可查得重铬酸钾的纯度为（100 ±0. 05）%，将此不确定度视为矩形分布，其标准不确定度：

$$u_r(P) - \frac{0.0005}{\sqrt{3}} = 2.9 \times 10^{-4}$$

因此其相对不确定度为 $u_r(P) = \frac{u(P)}{P} = \frac{0.00029}{1.0000} = 2.9 \times 10^{-4}$

3. 2. 1. 1. 3　容量瓶体积 V

1000mL 容量瓶引起的不确定度来自 3 个分量：

1. 容量瓶的容量

1000mL 容量瓶的容量允许误差为 0. 4mL，其不确定度按三角分布，可得出标准不确定度：

$$u(V_1) = \frac{0.4}{\sqrt{6}} = 0.16\text{mL}$$

2. 估读误差

用纯水充满 1000mL 容量瓶 10 次并称重，得出标准不确定度为 0. 2mL，其不确定度按均匀分布，可得出：

$$u(V_2) = \frac{0.2}{\sqrt{3}} = 0.12\text{mL}$$

3. 温度

玻璃的膨胀系数远远小于液体的膨胀系数，因此可以忽略温度对容量瓶体积的影响。当测量温度与标准温度（20℃）不同时，液体体积的改变量为 $\Delta V = 2.1 \times 10^{-4}\Delta TV$($2.1 \times 10^{-4}$/℃ 为水的膨胀系数)，温度变化为 2℃，测定温度下液体体积的改变量为 $\Delta V = 2.1 \times 10^{-4} \times 2 \times 1000 = 0.42\text{mL}$，其不确定度按均匀分布，可得出：

$$u(V_3) = \frac{0.42}{\sqrt{3}} = 0.24\text{mL}$$

由以上三项可得出 1000mL 容量瓶引起的标准不确定度：

$$u(V) = \sqrt{u^2(V_1) + u^2(V_2) + u^2(V_3)} = \sqrt{(0.16)^2 + (0.12)^2 + (0.24)^2} = 0.31\text{mL}$$

因此 1000mL 容量瓶引起的相对标准不确定度：

$$u_r(V) = \frac{u(V)}{V} = \frac{0.31}{1000} = 3.1 \times 10^{-4}$$

4. 摩尔质量 M 不确定度的评定

自国际原子量表中查得各元素的原子量及其不确定度分别为 K：39.0983 ±0.00001；Cr：51.9961 ±0.0006；O：15.9994 ±0.0003。重铬酸钾的摩尔质量为 294.1846g/mol，各元素的不确定度按矩形分布，按照重铬酸钾的分子式组成可算出各元素在摩尔质量中的标准不确定度：

$$K: 2 \times \frac{0.0001}{\sqrt{3}} = 1.16 \times 10^{-4}$$

$$Cr: 2 \times \frac{0.0006}{\sqrt{3}} = 6.92 \times 10^{-4}$$

$$O: 7 \times \frac{0.0003}{\sqrt{3}} = 1.211 \times 10^{-5}$$

$$u_c(M) = \sqrt{(1.16 \times 10^{-4})^2 + (6.92 \times 10^{-4})^2 + (1.211 \times 10^{-5})^2} = 0.0014\text{g/mol}$$

其相对标准不确定度：

$$u_r(M) = \frac{0.0014}{294.1846} = 4.76 \times 10^{-6}$$

将以上四项重铬酸钾质量 m、试剂纯度 P、容量瓶体积 V、摩尔质量 M 合成铬酸钾浓度 C_k 的不确定度，见表 1。

表 1　中间值及其标准不确定度和相对不确定度

不确定度分量	描述	数值	$u(x)$	u_{rel}
m	重铬酸钾质量	12.258g	5.77×10^{-5}g	4.71×10^{-6}
P	重铬酸钾纯度	1.000	2.9×10^{-4}	2.9×10^{-4}
V	容量瓶体积	1000mL	0.31mL	3.1×10^{-4}
M	摩尔质量	294.1846	0.0014	4.76×10^{-6}

$$\begin{aligned} u_r(C_k) &= \sqrt{u_r^2(m) + u_r^2(P) + u_r^2(V) + u_r^2(M)} \\ &= \sqrt{(4.71 \times 10^{-6})^2 + (2.9 \times 10^{-4})^2 + (3.1 \times 10^{-4})^2 + (4.76 \times 10^{-6})^2} \\ &= 4.24 \times 10^{-4} \end{aligned}$$

3.2.1.2　重铬酸钾加入体积 V_k 不确定度的评定

本次试验使用的 5mL 分度吸管引起的不确定度来源三个分量。

1. 容量瓶的容量

5mL 分度吸管的容量允许误差为 0.025mL，其不确定度按三角分布，可得出标准不确定度：

$$u(V_{k1}) = \frac{0.025}{\sqrt{6}} = 0.0100\text{mL}$$

2. 估读误差

5mL 分度吸管充满液体至刻度的估读误差，依据《化学分析中不确定度的评估指南》的规定，估计值为 0.0092mL，其不确定度按均匀分布，可得出标准不确定度：

$$u(V_{k2})=\frac{0.0092}{\sqrt{3}}=0.0053\text{mL}$$

3. 温度

温度变化为2℃，测定温度下液体体积的改变量为 $\Delta V=2.1\times10^{-4}\times2\times5=0.0021$mL，其不确定度按均匀分布，可得出标准不确定度：

$$u(V_{k3})=\frac{0.0021}{\sqrt{3}}=0.0012\text{mL}$$

由以上三项可得出5mL分度吸管引起的标准不确定度：

$$u(V_k)=\sqrt{u^2(V_{k1})+u^2(v_{k2})+u^2(V_{k3})}=\sqrt{(0.0100)^2+(0.0053)^2+(0.0012)^2}$$
$$=0.0110\text{mL}$$

因此5mL分度吸管引起的相对标准不确定度：

$$u_r(V_k)=\frac{u(V_k)}{V}=\frac{0.0110}{5.00}=0.0022$$

3.2.1.3　硫酸亚铁铵的滴定体积 V_t 不确定度的评定

25mL酸式滴定管引起的不确定度来源于三个分量。

1. 酸式滴定管的容量

本次试验使用的25mL酸式滴定管最大允许误差为0.04mL，其不确定度按三角分布，可得出标准不确定度：

$$u(V_{t1})=\frac{0.04}{\sqrt{6}}=0.0160\text{mL}$$

2. 估读误差

25mL酸式滴定管充满液体至刻度的估读误差，依据《化学分析中不确定度的评估指南》的规定，估计值为0.0092mL，其不确定度按均匀分布，可得出标准不确定度：

$$u(V_{t2})=\frac{0.0092}{\sqrt{3}}=0.0053\text{mL}$$

3. 温度

温度变化为2℃，测定温度下液体体积的改变量为 $\Delta V=2.1\times10^{-4}\times2\times25=0.0105$mL，其不确定度按均匀分布，可得出标准不确定度：

$$u(V_{t3})=\frac{0.0105}{\sqrt{3}}=0.0061\text{mL}$$

由以上三项可得出25mL酸式滴定管引起的标准不确定度：

$$u(V_t)=\sqrt{u^2(V_{t1})+u^2(V_{t2})+u^2(V_{t3})}=\sqrt{(0.0160)^2+(0.0053)^2+(0.0061)^2}$$
$$=0.0170\text{mL}$$

因此，25mL酸式滴定管引起的相对标准不确定度：

$$u_r(V_t)=\frac{u(V_t)}{V}=\frac{0.0170}{25.00}=6.8\times10^{-4}$$

将以上三项合成得到硫酸亚铁铵标准溶液浓度 C 相对标准不确定度见表2。

表 2　各因子及其标准不确定度和相对不确定度

不确定度分量	描述	数值	$u(x)$	u_{rel}
C_k	重铬酸钾浓度	0.2500mol/L	1.06×10^{-4}	4.24×10^{-4}
V_k	重铬酸钾加入体积	5.00mL	0.0110mL	0.0022
V_t	硫酸亚铁铵滴定体积	25.00mL	0.017mL	6.8×10^{-4}

$$u_r(C)=\sqrt{u_r^2(C_k)+u_r^2(V_k)+u_r^2(V_t)}=\sqrt{(0.00042)^2+(0.00022)^2+(0.00068)^2}=0.00083$$

3.2.2　空白滴定体积 V_0 和样品滴定体积 V_1 不确定度的评定

3.2.2.1　按照 3.2.1.3 分析，空白滴定体积 V_0 的标准不确定度：

$$u(V_0)=\sqrt{u^2(V_{01})+u^2(V_{02})+u^2(V_{03})}=\sqrt{(0.016)^2+(0.0053)^2+(0.0061)^2}=0.0170\text{mL}$$

因此 25mL 酸式滴定管引起的相对标准不确定度：

$$u_r(V_0)=\frac{u(V_0)}{V}=\frac{0.0170}{25.00}=6.8\times10^{-4}$$

3.2.2.2　按照 3.2.1.3 分析，样品滴定体积 V_1 的标准不确定度：

$$u(V_1)=\sqrt{u^2(V_{11})+u^2(V_{12})+u^2(V_{13})}=\sqrt{(0.016)^2+(0.0053)^2+(0.0061)^2}=0.0170\text{mL}$$

因此，25mL 酸式滴定管引起的相对标准不确定度：

$$u_r(V_1)=\frac{u(V_1)}{V}=\frac{0.0170}{25.00}=6.8\times10^{-4}$$

3.2.3　水样加入量 V_2 不确定度的评定

吸取水样使用的 10mL 分度吸管引起的不确定度来源于三个分量。

3.2.3.1　分度吸管的容量

本次试验使用的 10mL 分度吸管最大允许误差为 0.05mL，其不确定度按三角分布，可得出标准不确定度：

$$u(V_{21})=\frac{0.05}{\sqrt{6}}=0.0200\text{mL}$$

3.2.3.2　估读误差

10mL 分度吸管充满液体至刻度的估读误差，依据《化学分析中不确定度的评估指南》的规定，估计值为 0.0092mL，其不确定度按均匀分布，可得出标准不确定度：

$$u(V_{22})=\frac{0.0092}{\sqrt{3}}=0.0053\text{mL}$$

3.2.3.3　温度

温度变化为 2℃，测定温度下液体体积的改变量为 $\Delta V=2.1\times10^{-4}\times2\times10=0.0042\text{mL}$，其不确定度按均匀分布，可得出标准不确定度：

$$u(V_{23})=\frac{0.0042}{\sqrt{3}}=0.0024\text{mL}$$

由以上三项可得出10mL移液管引起的标准不确定度：

$$u(V_2)=\sqrt{u^2(V_{21})+u^2(V_{22})+u^2(V_{23})}=\sqrt{(0.0200)^2+(0.0053)^2+(0.0024)^2}$$
$$=0.0210\text{mL}$$

因此10mL分度吸管引起的相对标准不确定度：

$$u_r(V_2)=\frac{u(V_2)}{V}=\frac{0.0210}{10}=0.0021$$

4 合成相对标准不确定度

将各相对标准不确定度分量汇总于表3中。

表3 各因子及其标准不确定度和相对不确定度

不确定度分量	描述	数值	$u(x)$	u_{rel}
A类不确定度		0.0131		
C	硫酸亚铁铵浓度	4.98×10^{-3}mol/L	4.1×10^{-6}	8.3×10^{-4}
V_0	空白滴定体积	21.00mL	0.017mL	6.8×10^{-4}
V_1	样品滴定体积	17.58mL	0.017mL	6.8×10^{-4}
V_2	水样加入量	10.00mL	0.021mL	0.0021

由于各分量的不确定度样品来源彼此独立，互不相关。相对合成标准不确定度：

$$\frac{U_{c(COD_{Cr})}}{C_{(COD_{cr})}}=\sqrt{u_r(A)^2+u_r(c)^2+u_r(V_0)^2+u_r(V_1)^2+u_r(V_2)^2}=0.0133$$

$$U_{c(COD_{Cr})}=14\times0.0133=0.1862\text{mg/L}$$

5 扩展不确定度与测量结果的表示

在包含水平为95%时，包含因子$k=2$，相对扩展不确定度：

$$U(COD)=2\times0.1862=0.4\text{mg/L}$$

水样的化学需氧量浓度为(14 ±0.4)mg/L，其扩展不确定度为0.4mg/L，$k=2$。

案例48 碱消解/火焰原子吸收分光光度法测定固体废物中六价铬的测量不确定度评定

中国建材检验认证集团股份有限公司 张海姣

1 概述

（1）评定依据：JJF 1059.1—2012《测量不确定度评定与表示》。

（2）测量方法：HJ 687—2014《固体废物 六价铬的测定 碱消解/火焰原子吸收分光光度法》。

（3）环境条件：温度为15～30℃，相对湿度≤80%。

（4）试验仪器：

1）火焰原子吸收分光光度计

美国 Agilent（240FS AA），仪器工作条件见表 1。

表 1　仪器工作条件

元素	Cr
测定波长/nm	357. 9
通带宽度/nm	0. 5
灯电流/mA	7. 0
乙炔流量/(L/min)	13. 50
空气流量/(L/min)	3. 36

2）电子天平[梅特勒-托利多仪器(上海)有限公司 ME204E]

（5）被测对象：碱消解/火焰原子吸收分光光度法测定固体废物中的六价铬。

（6）测量过程：

标准曲线绘制方法如下：

1）标准使用液配制

标准溶液为中国计量科学研究院购买的批号为 16051 的六价铬单元素溶液标准物质，质量浓度为 100mg/L，扩展不确定度为 0. 8 mg/L。用 10. 00mL 单标线吸量管（A 级）准确移取标准溶液 10. 00mL 至 100mL 单标线容量瓶中（A 级），用超纯水稀释至标线，配得质量浓度为 10mg/L 的六价铬标准使用液，用六价铬标准使用液配制 0mg/L，0. 2mg/L，0. 4mg/L，0. 6mg/L，0. 8mg/L，1. 0mg/L，1. 5mg/L 的六价铬标准系列溶液。

2）标准曲线绘制

点火后，30min 预热仪器，分别对浓度为 0mg/L，0. 2mg/L，0. 4mg/L，0. 6mg/L，0. 8mg/L，1. 0mg/L，1. 5mg/L 的六价铬标准系列溶液按照浓度由低到高的顺序依次进行 2 次重复吸光度测定。以零质量浓度校准吸光度为纵坐标，以相应六价铬的浓度为横坐标，绘制标准曲线。

3）样品制备

准确称取固体废物样品 2. 50g(精确至 0. 0001g)置 250mL 圆底烧瓶中，加入 50. 0mL 碳酸钠/氢氧化钠混合溶液，加 400mg 氯化镁和 50. 0mL 磷酸氢二钾-磷酸二氢钾缓冲溶液。放入搅拌用聚乙烯薄膜封口，置于搅拌加热装置上。常温下搅拌样品 5min 后，开启加热装置，加热搅拌至 90～95℃，消解 60min。消解完毕，取下圆底烧瓶，冷却至室温。用 0. 45μm 的滤膜抽滤，滤液置于 250mL 的烧杯中，用浓硝酸调节溶液的 pH 至 9. 0 ± 0. 2。将此溶液转移至 100mL 容量瓶中，用超纯水稀释定容，摇匀，待测。用同样步骤制备样品空白溶液。

4）样品测定

利用与测定标准溶液相同的方法对六价铬样品溶液、样品空白溶液、质控溶液进行测定，根据标准曲线回归方程进行全定量数据分析，得到样品中六价铬浓度。

2　建立数学模型

固体废物样品中六价铬含量 ω(mg/kg)的计算公式：

$$\omega = \frac{\rho \times V \times f}{m} \tag{1}$$

式中 ρ——试料的吸光度在校准曲线上查得的六价铬浓度，mg/L；

m——称取固体废物样品的质量，g；

f——稀释倍数；

V——试料定容的体积，mL。

标准曲线拟合的线性回归方程：

$$y = a + bC \tag{2}$$

式中 y——平均吸光度值；

C——被测溶液中六价铬的质量浓度，mg/L；

a——回归方程的截距；

b——回归方程的斜率。

根据不确定度传播律，各不确定度分量按下式合成：

$$\frac{u_c(\rho)}{c} = \sqrt{\left[\frac{u(m)}{m}\right]^2 + \left[\frac{u(V)}{V}\right]^2 + \left[\frac{u(f)}{f}\right]^2 + \left[\frac{u_1(C)}{C}\right]^2 + \left[\frac{u_2(C)}{C}\right]^2 + \left[\frac{u(R)}{R}\right]^2} \tag{3}$$

式中 $u_c(\rho)$——固体样品中六价铬含量测定的合成标准不确定；

$u(m)$——样品称量引入的不确定度；

$u(V)$——样品消解后定容体积引入的不确定度；

$u(f)$——将储备液稀释至使用液引入的不确定度；

$u_1(C)$——校准曲线拟合引入的不确定度；

$u_2(C)$——测量重复性引入的不确定度；

$u(R)$——消解过程引入的不确定度。

3 不确定度分量的来源分析

由检测方法和测量模型分析，影响固体废物样品中六价铬含量测量结果不确定性的来源如下：

（1）样品称量引入的不确定度；

（2）样品消解液定容体积引入的不确定度；

（3）测量样品消解液中六价铬的浓度引入的不确定度，包括：

① 将贮备液稀释至使用液引入的不确定度；

② 校准曲线拟合引入的不确定度；

③ 重复测定样品和空白引入的不确定度；

④ 消解过程引入的不确定度。

4 不确定度分量的评估

4.1 样品称量引入的不确定度

根据仪器检定证书，电子天平的最大允许误差为 ±0.2mg，按均匀分布考虑，$k=\sqrt{3}$，则标准不确定度：

$$u(m_1) = \frac{0.2}{\sqrt{3}} = 0.1155\text{mg} \tag{4}$$

考虑称量时为两次独立称量操作，一次为空重，一次为毛重，则天平引入的标准不确定度为 $u(m) = \sqrt{2u^2(m_1)} = \sqrt{2 \times 0.1155^2}\text{mg} = 0.1633\text{mg}$。

本次试验称样量为2.5000g，则天平引入的相对不确定度为

$$\frac{u(m)}{m} = \frac{0.1633\text{mg}}{2500.0\text{mg}} = 6.53 \times 10^{-5} \tag{5}$$

4.2　样品消解后定容体积引入的不确定度

样品消解后定容体积引入的不确定度主要是由100mL单标线容量瓶（A级）量取溶液产生的不确定度，包括以下三部分：

（1）容量瓶体积刻度引入的不确定度，通过查阅JJG 196—2006《常用玻璃容器检定规程》，50mL容量瓶的容量允差为±0.10mL，按均匀分布，标准不确定度为 $0.10\text{mL}/\sqrt{3} = 0.0577\text{mL}$。

（2）充满液体至容量瓶刻度的估读误差，经验值为0.03mL，按均匀分布，标准不确定度为 $0.05\text{mL}/\sqrt{3} = 0.0289\text{mL}$。

（3）温度变化引起的体积不确定度，实验室室温变化为2℃，水膨胀系数为 $2.1 \times 10^{-4}℃^{-1}$，则100mL溶液的体积变化为 $100\text{mL} \times 2.1 \times 10^{-4}℃^{-1} \times 2℃ = 0.042\ \text{mL}$，按均匀分布，标准不确定度为 $0.042\text{mL}/\sqrt{3} = 0.0242\text{mL}$。

所以，以上三项合成得出100mL单标线容量瓶（A级）量取溶液引入的相对不确定度：

$$\frac{u(V)}{V} = \frac{\sqrt{0.0577^2 + 0.0289^2 + 0.0242^2}\text{mL}}{100\text{mL}} = 6.89 \times 10^{-4} \tag{6}$$

4.3　将贮备液稀释至使用液引入的不确定度

标准溶液批号为16051，质量浓度为100mg/L，扩展不确定度为0.8mg/L。用10.00mL单标线吸量管（A级）准确移取标准溶液10.00mL至100mL容量瓶中（A级），用超纯水稀释至标线，配得质量浓度为10mg/L的六价铬标准使用液。

贮备液稀释至使用液引入的不确定度由以下三个分量组成。

4.3.1　标准贮备液定值时引入的不确定度

已知六价铬标准贮备液100mg/L，扩展不确定度为0.8mg/L，按正态分布，$k=2$ 计算，则：

$$\frac{u(c_{Cr^{6+}})}{c_{Cr^{6+}}} = \frac{0.05}{2 \times 100} = 0.0003 \tag{7}$$

4.3.2　10mL单标线吸量管引入的不确定度

10mL单标线吸量管（A级）引入的不确定度分量包括三个部分：

（1）吸量管体积刻度引入的不确定度，通过查阅JJG 196—2006《常用玻璃容器检定规程》，10mL单标线吸量管（A级）的容量允差为±0.020mL，按均匀分布，标准不确定度为 $0.020\text{mL}/\sqrt{3} = 0.0115\text{mL}$。

（2）充满液体至吸量管刻度的估读误差，经验值为0.002mL，按均匀分布，标准不

确定度为 $0.002mL/\sqrt{3}=0.0012mL$。

（3）温度变化引起的体积不确定度，实验室室温变化为2℃，水膨胀系数为 $2.1\times 10^{-4}℃^{-1}$，则10mL溶液的体积变化为 $10mL\times 2.1\times 10^{-4}℃^{-1}\times 2℃=0.0042mL$，按均匀分布，标准不确定度为 $0.0042mL/\sqrt{3}=0.0024mL$。

所以，以上三项合成得出10mL单标线吸量管量取溶液引入的相对不确定度：

$$\frac{u(V_1)}{V_1}=\frac{\sqrt{0.0115^2+0.0012^2+0.0024^2}mL}{10mL}=0.0012 \tag{8}$$

4.3.3 100mL单标线容量瓶引入的不确定度

100mL单标线（A级）容量瓶引入的不确定度分量包括三个部分：

（1）容量瓶体积刻度引入的不确定度，通过查阅JJG 196—2006《常用玻璃容器检定规程》，100mL容量瓶的容量允差为±0.10mL，按均匀分布，标准不确定度为 $0.10mL/\sqrt{3}=0.0577mL$。

（2）充满液体至容量瓶刻度的估读误差，经验值为0.05mL，按均匀分布，标准不确定度为 $0.05mL/\sqrt{3}=0.0289mL$。

（3）温度变化引起的体积不确定度，实验室室温变化为2℃，水膨胀系数为 $2.1\times 10^{-4}℃^{-1}$，则100mL溶液的体积变化为 $100mL\times 2.1\times 10^{-4}℃^{-1}\times 2℃=0.042mL$，按均匀分布，标准不确定度为 $0.042mL/\sqrt{3}=0.0242mL$。

所以，以上三项合成得出100mL容量瓶量取溶液引入的相对不确定度：

$$\frac{u(V_{100})}{V_{100}}=\frac{\sqrt{0.0577^2+0.0289^2+0.0242^2}mL}{100mL}=6.89\times 10^{-4} \tag{9}$$

综上所述，将贮备液稀释至使用液引入的相对不确定度：

$$\frac{u(f)}{f}=\sqrt{\left[\frac{u(c_{Cr^{6+}})}{c_{Cr^{6+}}}\right]^2+\left[\frac{u(V_1)}{V_1}\right]^2+\left[\frac{u(V_{100})}{V_{100}}\right]^2}$$

$$=\sqrt{0.0003^2+0.0012^2+(6.89\times 10^{-4})^2}=0.0014 \tag{10}$$

4.4 校准曲线拟合引入的不确定度

4.4.1 六价铬校准曲线测定

采用火焰原子吸收分光光度法测定固体废物中的六价铬，标准曲线测定结果见表2。

表2 六价铬标准曲线测定结果

序号	质量浓度 C/(mg/L)	吸光度 y(Abs)		均值
		1	2	
1	0.00	-0.0004	-0.0009	-0.0006
2	0.20	0.0431	0.0442	0.0436
3	0.40	0.0858	0.0834	0.0846
4	0.60	0.1277	0.1252	0.1264
5	0.80	0.1626	0.1629	0.1627
6	1.00	0.1999	0.1994	0.1996
7	1.50	0.2937	0.2987	0.2962

计算得：$a=0.00409$；$b=0.19643$；$r=0.9995$，回归方程为

$$y = 0.00409 + 0.19643 \times C \tag{11}$$

4.4.2 校准曲线拟合引入的不确定度

根据贝塞尔公式，试验标准差：

$$s_R = \sqrt{\frac{\sum_{i=1}^{n}[y-(a+bC'_i)]^2}{n-2}} = 0.0021 \tag{12}$$

校准曲线拟合引入的标准不确定度：

$$\frac{u_1(C)}{C} = \frac{s_R}{\bar{C}b}\sqrt{\frac{1}{p}+\frac{1}{n}+\frac{(\bar{C}-\bar{C}')^2}{\sum_{i=1}^{n}(C'_i-\bar{C}')^2}} = 0.0377 \tag{13}$$

式中 n——测试标准溶液的次数，$n=7\times2=14$；

p——实际测试时测定样品的次数，$p=2$；

$\bar{C}'$——标准溶液质量浓度的平均值，$\bar{C}'=0.64$mg/L；

$\bar{C}$——测定固体废物样品溶液质量浓度的平均值，$\bar{C}=0.221$mg/L；

b——工作曲线的斜率 $b=0.19643$。

4.5 样品重复测定引入的不确定度

样品重复性试验对固体废物样品测定次数为 6 次，结果见表 3。

表 3 固体废物样品中六价铬重复性测定结果

测定序号	测定值/(mg/L)	固体废物样品中六价铬含量/(mg/kg)
1	0.219	8.76
2	0.227	9.08
3	0.207	8.28
4	0.213	8.52
5	0.224	8.96
6	0.234	9.36
平均值 $\bar{C}$	0.221	8.83
标准差 s	0.0098	0.3908

由经验可知，在实际样品的测定过程中，在各项参数正常且质控样测定准确的情况下，通常对样品测定 2 次，即能得到较为满意的结果，因此在计算样品重复性测量平均值引入的相对标准不确定度时，对 n 的数值取为 2，测定固体废物样品溶液质量浓度的平均值 $\bar{C}=8.83$mg/L，则样品重复性测量相对不确定度：

$$\frac{u_2(C)}{C} = \frac{s}{\sqrt{n}\cdot\bar{C}} = \frac{0.0098}{\sqrt{2}\cdot0.221} = 0.0314 \tag{14}$$

表 3 中测定值均为扣除空白后六价铬的质量浓度，考虑本试验所用试剂均为优级纯，空白值很小，对六价铬浓度的影响很小，因此由空白测定引入的不确定度可忽略。

4.6　消解过程引入的不确定度

由于样品消解过程中受消解条件、样品性质、溶液性质、元素性质的影响会发生被测物质挥发损失、玷污、吸附以及消解不完全等情况，该过程引入的不确定度可通过加标回收试验进行评估。根据 HJ 687—2014《固体废物　六价铬的测定　碱消解/火焰原子吸收分光光度法》中对六价铬加标回收率要求为70% ~130%，其回收率范围相对理论值呈对称分布。因此，按 JJF 1059.1—2012《测量不确定度评价与表示》计算不确定度，半宽 $a = 30\%$。

则消解过程中引入的不确定度：

$$u(R) = \frac{1 - 30\%}{\sqrt{3}} = 40.4\% \tag{15}$$

其相对应不确定度：

$$\frac{u(R)}{R} = \frac{u(R)}{100\%} = 0.0404 \tag{16}$$

5　合成相对标准不确定度

各不确定度分量见表4。

表4　不确定度分量一览表

不确定度分量	不确定来源	量值	标准不确定度	相对标准不确定度
$u(m)$	样品称量引入的不确定度	2.5000g	0.0002g	6.53×10^{-5}
$u(V)$	样品消解后定容体积引入的不确定度	100mL	0.0689mL	6.89×10^{-4}
$u(f)$	将贮备液稀释至使用液引入的不确定度			0.0014
$u(c_{Cr6+})$	标准贮备液定值时引入的不确定度	100mg/L	0.03mg/L	0.0003
$u(V_1)$	10mL 单标线吸量管引入的不确定度	10mL	0.012mL	0.0012
$u(V_{100})$	100mL 单标线容量瓶引入的不确定度	100mL	0.0689mL	6.89×10^{-4}
$u_1(C)$	校准曲线拟合引入的不确定度	0.221mg/L	0.0083mg/L	0.0377
$u_2(C)$	样品重复测定引入的不确定度	0.221mg/L	0.0069mg/L	0.0314
$u(R)$	消解过程引入的不确定度	100%	40.4%	0.0404

合成标准不确定度：

$$\begin{aligned}\frac{u_c(\rho)}{c} &= \sqrt{\left[\frac{u(m)}{m}\right]^2 + \left[\frac{u(V)}{V}\right]^2 + \left[\frac{u(f)}{f}\right]^2 + \left[\frac{u_1(C)}{C}\right]^2 + \left[\frac{u_2(C)}{C}\right]^2 + \left[\frac{u(R)}{R}\right]^2} \\ &= \sqrt{(6.53 \times 10^{-5})^2 + (6.89 \times 10^{-4})^2 + 0.0014^2 + 0.0377^2 + 0.0314^2 + 0.0404^2} \\ &= 0.0636\end{aligned} \tag{17}$$

固体废物样品中六价铬含量：

$$\omega = \frac{\rho \times V \times f}{m} = \frac{0.221 \times 100 \times 1}{2.5000}\text{mg/kg} = 8.84\text{mg/kg} \tag{18}$$

$$u_c(\rho) = 0.0636 \times 8.84\text{mg/kg} = 0.56\text{mg/kg} \tag{19}$$

6 扩展不确定度与测量结果的表示

取包含因子 $k=2$，置信概率 95%，则扩展不确定度：

$$U = ku_c(\rho) = 2 \times 0.56\text{mg/kg} = 1.12\text{mg/kg} \tag{20}$$

案例 49 碱溶液提取-火焰原子吸收分光光度法测定土壤六价铬的测量不确定度评定

中国建材检验认证集团秦皇岛有限公司 李 飞

1 概述

1）评定依据：JJF 1059.1—2012《测量不确定度评定与表示》。

2）测量方法：HJ 1082—2019《土壤和沉积物 六价铬的测定 碱溶液提取-火焰原子吸收分光光度法》。

3）环境条件：实验室温度 22.9℃，相对湿度 35.7%。

4）试验仪器：原子吸收分光光度计（AA7000，日本岛津）。

5）被测对象：土壤样品中存在的六价铬。

6）测量过程：用 pH 值不小于 11.5 的碱性提取液提取出样品中的六价铬，喷入空气-乙炔火焰，在高温火焰中形成的铬基态原子对铬的特征谱线产生吸收，在一定范围内，其吸光度值与六价铬的质量浓度呈正比。

2 建立数学模型

$$w = \frac{\rho \times V \times D}{m \times W_{dm}}$$

式中 w——土壤样品中的六价铬的含量，mg/kg；

ρ——试样中六价铬的浓度，mg/L；

V——试样定容体积，mL；

D——试样稀释倍数；

m——称取的土壤样品的质量，g；

W_{dm}——土壤样品干物质含量（%）。

由测量过程和数学模型分析，火焰原子吸收分光光度法测定土壤中的六价铬的不确定度主要来源包括：样品重复测定引入的不确定度；样品称量引入的不确定度；样品消解液体积定容引入的不确定度；标准溶液引入的不确定度及标准曲线拟合引入的不确定度等。

3 不确定度分量的评估

3.1 不确定度的 A 类评定

3.1.1 测量重复性的不确定度

测量重复性引入的不确定度包括样品的重复称量、碱溶液提取、环境变化、溶液配制、仪器响应、数据计算修约等过程，与重复性有关的合成标准不确定度都包含在其中，采用A类方法评定。

通过对同一份土壤样品称量6个样本，每个样本独立测定，测定结果见表1。

表1　样品中六价铬含量重复6次测定结果

测定次数	样品质量（g）	六价铬浓度（mg/L）	六价铬含量（mg/kg）	测定次数	样品质量（g）	六价铬浓度（mg/L）	六价铬含量（mg/kg）
1	5.024	0.1190	2.4	4	5.082	0.1190	2.4
2	5.043	0.1102	2.2	5	5.088	0.1219	2.4
3	5.007	0.1131	2.3	6	5.076	0.1131	2.3

检测数据平均值$\bar{\rho}=0.1161$mg/L，$\bar{w}=2.3$mg/kg，测量结果的标准偏差采用贝塞尔公式计算：

$$s(w)=\sqrt{\frac{\sum_{i=1}^{n}(w_i-\bar{w})^2}{n-1}}=0.082(\text{mg/kg})$$

样品测量平均值的标准不确定度：

$$u(A_1)=s(\bar{w})=\frac{s(w)}{\sqrt{n}}=0.03348(\text{mg/kg})$$

样品测量平均值的相对标准不确定度：

$$u_{\text{rel}}(A_1)=\frac{u(A_1)}{\bar{\omega}}=0.01456$$

3.1.2　标准曲线拟合产生的不确定度

配制质量浓度分别为0mg/L、0.1mg/L、0.2mg/L、0.5mg/L、1.0mg/L、2.0mg/L的六价铬标准溶液，采用火焰原子吸收分光光度法对其进行3次重复测定，数据见表2。

表2　工作曲线参数统计

序号	x/(mg/L)	吸光度 y_i			平均吸光度 y
		1	2	3	
1	0	−0.0001	−0.0007	−0.0004	−0.0004
2	0.1	0.0036	0.0042	0.0040	0.0039
3	0.2	0.0085	0.0075	0.0082	0.0084
4	0.5	0.0185	0.0181	0.0181	0.0182
5	1.0	0.0362	0.0359	0.0362	0.0361
6	2.0	0.0682	0.0679	0.0688	0.0683

原子吸收分光光度计配套软件对表2中的数据进行线性回归：$y=a+bx$，其中$r=0.9994$，$a=0.034153$，$b=0.00073629$。

标准曲线拟合标准偏差：

$$s=\sqrt{\frac{\sum_{i}^{n}[y_i-(a+bx_i)]^2}{n-2}}=0.0008954(\text{mg/L})$$

标准曲线拟合引入的标准不确定度：

$$u(A_2)=\frac{s}{b}\sqrt{\frac{1}{p}+\frac{1}{n}+\frac{(\bar{x}'-\bar{x})^2}{\sum_{i}^{n}(x_i-\bar{x})^2}}=0.01471(\text{mg/L})$$

相对标准不确定度：

$$u_{\text{rel}}(A_2)=\frac{u(A_2)}{\bar{x}'}=0.1268$$

式中　p——未知样品重复测定次数（采用表 1 中的数据）$p=6$；

n——标准溶液重复测定次数 $n=18$；

x_i——由标准曲线得出的标准溶液的浓度，mg/L；

$\bar{x}'$——未知样品测定平均值（采用表 1 中测定结果），$\bar{x}'=\bar{\rho}=0.1161$mg/L；

$\bar{x}$——标准溶液浓度的平均值，$\bar{x}=0.6333$mg/L。

3.2　不确定度的 B 类评定

不确定度的 B 类评定是根据有关的信息或经验，判断被测量的可能值区间 $[\bar{x}-\alpha, \bar{x}+\alpha]$。假设被测量值服从某一概率分布，根据概率分布和要求的概率 p 确定 k，则 B 类标准不确定度为 $u(B)=\frac{a}{k}$。

3.2.1　样品称量的不确定度

根据天平的校准证书，可知电子天平在 0 ~ 50g 的称量范围内，天平示值误差的最大允许误差为 ±0.5mg，则区间半宽度 $a_1=0.5$mg，按均匀分布，$k_1=\sqrt{3}$，样品称量的标准不确定度：

$$u(B_1)=\frac{a_1}{k_1}=\frac{0.5\text{mg}}{\sqrt{3}}=0.2887\text{mg}$$

按称量样品质量 $m=5\text{g}=5000\text{mg}$ 计算，样品称量的相对标准不确定度：

$$u_{\text{rel}}(B_1)=\frac{u(B_1)}{m}=\frac{0.2887\text{mg}}{5000\text{mg}}=0.00005774$$

3.2.2　样品溶液定容的不确定度

碱溶液提取后的样品定容至 100mL 容量瓶中，其不确定度来源于容量瓶的校准不确定度和温度对容量瓶体积的影响。

1. 容量瓶的校准不确定度

由《常用玻璃量器检定规程》（JJG 196—2006）得，A 级 $V=100$mL 单标线容量瓶在 20℃时的允许误差为 ±0.1mL，区间半宽度 $a_{21}=0.1$mL，按三角分布，$k_{21}=\sqrt{6}$，容量瓶的校准不确定度：

$$u(B_{21})=\frac{a_{21}}{k_{21}}=\frac{0.1\text{mL}}{\sqrt{6}}=0.04083\text{mL}$$

2. 温度对容量瓶体积的影响引入的不确定度

实验室的环境温度为（20 ± 5）℃，$\Delta t=5$℃。查物理手册，水的膨胀系数为：$\alpha=2.1\times10^{-4}$/℃。用 $V=100$mL 单标线容量瓶定容，按均匀分布，$k_{22}=\sqrt{3}$，温度引起的定容

体积的标准不确定度：

$$u(B_{22})=\frac{\alpha\cdot\Delta t\cdot V}{k_{22}}=\frac{(2.1\times10^{-4}/℃)\times5℃\times100\text{mL}}{\sqrt{3}}=0.0607\text{mL}$$

3. 样品溶液定容的不确定度

样品溶液定容的不确定度：

$$u_c(B_2)=\sqrt{u^2(B_{21})+u^2(B_{22})}=\sqrt{0.04083^2+0.0607^2}\text{mL}=0.07317\text{mL}$$

样品溶液定容相对标准不确定度：

$$u_{rel}(B_2)=\frac{u_c(B_2)}{V}=\frac{0.07317\text{mL}}{100\text{mL}}=0.0007317$$

3.2.3　标准溶液的不确定度

试验中，用10mL单标线吸量管移取10.00mL铬标准贮备液至100mL容量瓶中，配制100mg/L铬标准使用液，则标准溶液的不确定度主要来源于标准贮备液的不确定度、移取标准贮备液的不确定度、标准使用液定容的不确定度。

1. 标准贮备液的不确定度

标准贮备液采用有证标准物质，$C=1000$mg/L，证书给出$k_{31}=2$时相对扩展不确定度为0.7%，则区间半宽度$a_{31}=0.007$，则相对标准不确定度：

$$u_{rel}(B_{31})=\frac{a_{31}}{k_{31}}=\frac{0.007}{2}=0.0035$$

2. 移取标准贮备液的不确定度

由《常用玻璃量器检定规程》（JJG 196—2006）得，A级10mL单标线吸量管在20℃时的允许误差为±0.02mL，区间半宽度$a_{321}=0.02$mL，按服从三角分布，$k_{321}=\sqrt{6}$，则10mL单标线吸量管校准的不确定度：

$$u(B_{321})=\frac{a_{321}}{k_{321}}=\frac{0.02\text{mL}}{\sqrt{6}}=0.008165\text{mL}$$

实验室的环境温度为(20±5)℃，$\Delta t=5$℃。查物理手册，水的膨胀系数$\alpha=2.1\times10^{-4}$/℃。用10mL单标线吸量管，$V_1=10$mL，按均匀分布，$k_{322}=\sqrt{3}$，温度变化引起的移取标准贮备液体积的标准不确定度：

$$u(B_{322})=\frac{\alpha\cdot\Delta t\cdot V_1}{k_{322}}=\frac{(2.1\times10^{-4}/℃)\times5℃\times10\text{mL}}{\sqrt{3}}=0.006063\text{mL}$$

10mL单标线吸量管引起的合成标准不确定度：

$$u_c(B_{32})=\sqrt{u^2(B_{321})+u^2(B_{322})}=\sqrt{0.008165^2+0.006063^2}\text{mL}=0.01018\text{mL}$$

10mL单标线吸量管引起的相对合成标准不确定度：

$$u_{rel}(B_{32})=\frac{u_c(B_{32})}{V_1}=\frac{0.01018\text{mL}}{10\text{mL}}=0.001018$$

3. 标准使用液定容的不确定度

用A级100mL单标线容量瓶定容配制标准使用液的过程引入的测量不确定度与样品溶液定容过程引入的不确定度相同，则标准使用液定容过程引入的相对标准不确定度$u_{rel}(B_{33})=u_{rel}(B_2)=0.0007317$。

4. 标准溶液引入的不确定度

配制 100mg/L 铬标准使用液的相对合成标准不确定度：

$$u_{rel}(B_3)=\sqrt{u_{rel}^2(B_{31})+u_{rel}^2(B_{32})+u_{rel}^2(B_{33})}=\sqrt{0.0035^2+0.001018^2+0.0007317^2}$$
$$=0.003718$$

4 合成相对标准不确定度

各不确定度分量汇总见表 3。

表 3 各不确定度分量汇总

不确定度来源	相对标准不确定度分量	相对标准不确定度
样品重复性测量	$u_{rel}(A_1)$	0.01456
校准曲线拟合	$u_{rel}(A_2)$	0.1268
样品称量	$u_{rel}(B_1)$	0.00005774
样品溶液定容	$u_{rel}(B_2)$	0.0007317
标准溶液	$u_{rel}(B_3)$	0.003718

由于各分量的不确定度来源彼此独立，互不相关。因此相对合成标准不确定度为：

$$u_{crel}=\sqrt{u_{rel}(A_1)^2+u_{rel}(A_2)^2+u_{rel}(B_1)^2+u_{rel}(B_2)^2+u_{rel}(B_3)^2}=0.1277$$

5 扩展不确定度与测量结果的表示

置信概率为 95 %，包含因子 $k=2$，检测结果的相对扩展不确定度为：

$$U_{rel}=k\cdot u_{crel}=2\times0.1277=0.2554$$

扩展不确定度为：

$$U=U_{rel}\cdot\overline{w}=0.2554\times2.3\text{mg/kg}=0.6\text{mg/kg}$$

土壤中六价铬测定结果为(2.3 ±0.6)mg/kg，$k=2$。

案例 50 石墨炉原子吸收分光光度法测定环境空气中铅的测量不确定度评定

中国建材检验认证集团秦皇岛有限公司 康 俊

1 概述

1）评定依据：JJF 1059.1—2012《测量不确定度评定与表示》。

2）测量方法：HJ 539—2015《环境空气 铅的测定 石墨炉原子吸收分光光度法》。

3）环境条件：实验室温度 21.5℃，相对湿度 42.5%。

4）试验仪器：中流量智能 TSP 采样器、石墨炉原子吸收分光光度计。

5）被测对象：环境空气中以颗粒物态存在的铅及其化合物。

6）测量过程：用石英纤维滤膜采集空气中的颗粒物样品，经消解后，注入石墨炉原子化器中，经过干燥、灰化和原子化，其基态原子对283.3nm处的谱线产生选择性吸收，其吸光度值与铅的质量浓度呈正比。

2　建立数学模型

$$C = \frac{\rho \times 50}{V_n \times 1000} \tag{1}$$

式中　C——环境空气中铅的浓度，$\mu g/m^3$；

ρ——试样中铅浓度，$\mu g/L$；

50——试样溶液体积，mL；

V_n——标准状态(273K、101.325kPa)下的采样体积，m^3。

由测量过程和数学模型可知，测定过程不确定度主要来源于样品重复性分析、工作曲线拟合、标准溶液的不确定度、样品溶液的不确定度、采样仪器和检测仪器的不确定度及数值修约的不确定度。

3　不确定度分量的评估

3.1　不确定度的A类评定

3.1.1　测量重复性的不确定度

重复性不确定度主要来源于样品不均匀、环境变化、溶液配制、仪器响应等。现将各种重复性分量合并考虑，按测定方法对样品进行6次重复测定，结果见表1。

表1　样品中铅含量重复6次测定结果

测定次数	铅含量/(μg·L^{-1})	测定次数	铅含量/(μg·L^{-1})
1	16.2	4	16.5
2	16.0	5	16.0
3	16.2	6	16.1

检测数据平均值为16.2μg/L，测量结果的标准偏差采用贝塞尔公式计算：

$$s = \sqrt{\frac{\sum_{i=1}^{n}(x_i - \bar{x})^2}{n-1}} = 0.18\mu g/L \tag{2}$$

该方法的重复性测量平均值的标准不确定度为：

$$u_{(A1)} = \frac{s}{\sqrt{n}} = 0.072\mu g/L$$

相对标准不确定度为：

$$u_{rel(A1)} = \frac{u_{(A1)}}{\bar{x}} = 0.0045$$

3.1.2　标准曲线拟合产生的不确定度

配制浓度分别为0.00μg/L、10.0μ/L、20.0μg/L、30.0μg/L、40.0μg/L和50.0μg/L铅标准溶液，采用石墨炉原子吸收分光光度法对其进行3次重复测定，数据见表2。

表 2　工作曲线参数统计

序号	$x/(\mu g/L)$	吸光度 y_i			平均吸光度 y
		1	2	3	
1	0.00	-0.0010	-0.0015	-0.0010	-0.0012
2	10.0	0.0866	0.0866	0.0884	0.0872
3	20.0	0.1505	0.1568	0.1583	0.1552
4	30.0	0.2237	0.2187	0.2253	0.2226
5	40.0	0.2952	0.2936	0.2984	0.2957
6	50.0	0.3821	0.3835	0.3827	0.3828

原子吸收分光光度计配套软件对表 2 中的数据进行线性回归：方程 $y = a + bx$，其中 $r = 0.9989$，$a = 0.0037$，$b = 0.0075$。

标准曲线拟合标准偏差：

$$s = \sqrt{\frac{\sum_{i}^{n}[y_i - (a + bx_i)]^2}{n-2}} = 0.0067(\mu g/L) \tag{3}$$

标准曲线拟合引入的标准不确定度：

$$u_{(A2)} = \frac{s}{b}\sqrt{\frac{1}{p} + \frac{1}{n} + \frac{(\overline{x'} - \overline{x})^2}{\sum_{i}^{n}(x_i - \overline{x})^2}} = 0.56(\mu g/L) \tag{4}$$

相对标准不确定度：

$$u_{rel(A2)} = \frac{u_{(A2)}}{\overline{x'}} = 0.035$$

式中　p——未知样品重复测定次数（采用表 1 中的数据）$p = 6$；

n——标准溶液重复测定次数 $n = 18$；

$\overline{x}'$——未知样品测定平均值（采用表 1 中测定结果），$\overline{x'} = 16.2\mu g/L$；

$\overline{x}$——标准溶液浓度的平均值，$\overline{x} = 25.0\mu g/L$。

3.2　不确定度的 B 类评定

不确定度的 B 类评定是根据有关的信息或经验，判断被测量的可能值区间 $[\overline{x} - \alpha, \overline{x} + \alpha]$，假设被测量值服从某一概率分布，根据概率分布和要求的概率 p 确定 k，则 B 类标准不确定度 $u_B = \alpha/k$。

3.2.1　标准溶液的不确定度

试验过程中，将浓度为 1mg/mL 的铅标准贮备液进行逐级稀释，配制成含铅 0.5μg/mL的标准使用液，稀释过程中主要使用 10mL 分度吸量管和 100mL 容量瓶，则标准溶液的不确定度主要来源于标准贮备液的不确定度、标准溶液移取的不确定度、标准溶液定容的不确定度。

3.2.1.1　标准贮备液的不确定度

标准贮备液为有证标准物质，依据标准物质证书进行不确定度评定，相对标准不确定度结果见表 3。

表3 标准贮备液的不确定度

标准物质编号	区间半宽度 α	包含因子 k	$u_{rel(B1.1)}$
GSB 04-1742-2004	0.007	2	0.0035

3.2.1.2 标准溶液移取的不确定度

标准溶液移取的不确定度主要来源于吸量管的容量误差引入的不确定度和温度变化引入的不确定度。

根据JJG 196—2006《常用玻璃量器检定规程》的规定，A级10mL流出式分度吸量管20℃容量允差为±0.05mL，即区间半宽度为0.05，按三角分布，包含因子$k=\sqrt{6}$，吸量管的容量误差引入的标准不确定度：

$$u_{(B1.1)} = \frac{0.05}{\sqrt{6}} = 0.020(\text{mL})$$

根据JJG 196—2006检定温度为20℃，试验环境温度为(20±2)℃，即区间半宽度为2℃，温度变化产生的不确定度通过温度变化范围和体积膨胀系数计算。玻璃体积膨胀远小于液体体积膨胀，因此可忽略不计。水体积膨胀系数为2.1×10^{-4}/℃，假设温度变化是矩形分布，包含因子$k=\sqrt{3}$，则标准溶液移取过程中温度变化引入的标准不确定度：

$$u_{(B1.2)} = \frac{2.1\times10^{-4}\times2\times10}{\sqrt{3}} = 0.0024(\text{mL})$$

标准溶液移取过程中引入的相对标准不确定度：

$$u_{rel(B1.2)} = \frac{\sqrt{u_{(B1.1)}^2 + u_{(B1.2)}^2}}{10} = 0.0021$$

3.2.1.3 标准溶液定容的不确定度

标准溶液定容的不确定度主要来源于容量瓶的容量误差引入的不确定度和温度变化引入的不确定度。

根据JJG 196—2006《常用玻璃量器检定规程》的规定，A级100mL单标线容量瓶在20℃容量允差为±0.10mL，即区间半宽度为0.10，按三角分布，包含因子$k=\sqrt{6}$，容量瓶的容量误差引入的标准不确定度：

$$u_{(B1.3)} = \frac{0.10}{\sqrt{6}} = 0.041(\text{mL})$$

根据JJG 196—2006检定温度为20℃，试验环境温度为(20±2)℃，即区间半宽度为2℃，温度变化产生的不确定度通过温度变化范围和体积膨胀系数计算。玻璃体积膨胀远小于液体体积膨胀，因此可忽略不计。水体积膨胀系数为2.1×10^{-4}/℃，假设温度变化是矩形分布，包含因子$k=\sqrt{3}$，则标准溶液定容过程中温度变化引入的标准不确定度：

$$u_{(B1.4)} = \frac{2.1\times10^{-4}\times2\times100}{\sqrt{3}} = 0.024(\text{mL})$$

标准溶液移取过程中引入的相对标准不确定度：

$$u_{rel(B1.3)} = \frac{\sqrt{u_{(B1.3)}^2 + u_{(B1.4)}^2}}{100} = 0.00048$$

标准溶液的相对合成不确定度：

$$u_{rel(B1)} = \sqrt{u_{rel(B1.1)}^2 + u_{rel(B1.2)}^2 + u_{rel(B1.3)}^2} = \sqrt{0.0035^2 + 0.0021^2 + 0.00048^2} = 0.0041$$

3.2.2 样品溶液的不确定度

滤膜样品经消解后，全部转移至50mL容量瓶中，定容待测。样品溶液的不确定度主要来源于容量瓶的容量误差引入的不确定度和温度变化引入的不确定度。

根据JJG 196—2006《常用玻璃量器检定规程》的规定，A级50mL单标线容量瓶在20℃容量允差为±0.05mL，即区间半宽度为0.05，按三角分布，包含因子 $k=\sqrt{6}$，容量瓶的容量误差引入的标准不确定度：

$$u_{(B2.1)} = \frac{0.05}{\sqrt{6}} = 0.020(\mathrm{mL})$$

根据JJG 196—2006检定温度为20℃，试验环境温度为(20±2)℃，即区间半宽度为2℃，温度变化产生的不确定度通过温度变化范围和体积膨胀系数计算。玻璃体积膨胀远小于液体体积膨胀，因此可忽略不计。水体积膨胀系数为 2.1×10^{-4}/℃，假设温度变化是矩形分布，包含因子 $k=\sqrt{3}$，则标准溶液定容过程中温度变化引入的标准不确定度：

$$u_{(B2.2)} = \frac{2.1\times10^{-4}\times2\times50}{\sqrt{3}} = 0.012(\mathrm{mL})$$

样品溶液的相对不确定度为：

$$u_{rel(B2)} = \frac{\sqrt{u_{(B2.1)}^2 + u_{(B2.2)}^2}}{50} = 0.00047$$

3.2.3 仪器的不确定度

原子吸收分光光度计测定结果的不确定度主要是由测量重复性引入的不确定度，已在测量重复性不确定度评定时予以考虑，故不重复估计。

采样过程中，以100L/min的流量，采集10m³环境空气。采样计时器及标况体积换算引入的不确定度可忽略不计，中流量智能TSP采样器引入的不确定度主要来源于流量示值误差和流量重复性引入的不确定度，按矩形分布，评定结果如下：

检定证书编号	检定项目	区间半宽度 α	包含因子 k
HYHH20-01753	流量示值误差	0.01	$\sqrt{3}$
	流量重复性	0.002	$\sqrt{3}$

流量示值误差引入的不确定度：

$$u_{rel(B3.1)} = \frac{0.01}{\sqrt{3}} = 0.0058$$

流量重复性引入的不确定度：

$$u_{rel(B3.1)} = \frac{0.002}{\sqrt{3}} = 0.0012$$

仪器的相对合成不确定度：

$$u_{rel(B3)} = \sqrt{u_{rel(B3.1)}^2 + u_{rel(B3.2)}^2} = \sqrt{0.0058^2 + 0.0012^2} = 0.0059$$

3.2.4 数值修约的不确定度

采集10m³环境空气，样品采集所用滤膜全部用于测定，测得试样中铅浓度为

16.2μg/L，按数学模型计算环境空气中铅的浓度为0.081μg/m³。按标准要求，当测定值小于1μg/m³时，结果保留两位小数，则修约后结果为0.08μg/m³。数值修约的半宽度为0.005μg/m³，按矩形分布，数值修约的相对标准不确定度：

$$u_{rel(B4)} = \frac{0.005}{\sqrt{3} \times 0.081} = 0.036$$

4　合成相对标准不确定度

将各相对标准不确定度分量汇总于表4中。

表4　相对标准不确定度分量

不确定度来源	相对标准不确定度分量	量值
测量重复性的不确定度	$u_{rel(A1)}$	0.0045
标准曲线拟合的不确定度	$u_{rel(A2)}$	0.035
标准溶液的不确定度	$u_{rel(B1)}$	0.0041
样品溶液的不确定度	$u_{rel(B2)}$	0.00047
仪器的不确定度	$u_{rel(B3)}$	0.0059
数值修约的不确定度	$u_{rel(B4)}$	0.036

由于各分量的不确定度来源彼此独立，互不相关。因此相对合成标准不确定度：

$$u_{rel} = \sqrt{u^2_{rel(A1)} + u^2_{rel(A2)} + u^2_{rel(B1)} + u^2_{rel(B2)} + u^2_{rel(B3)} + u^2_{rel(B4)}} = 0.051$$

5　扩展不确定度与测量结果的表示

置信概率为95%，包含因子$k=2$，检测结果的相对扩展不确定度为$U_{rel}=k \cdot u_{rel}=2 \times 0.051=0.11$。

检测结果的扩展不确定度为$U = C \cdot U_{rel} = 0.08 \times 0.11 = 0.01(\mu g/m^3)$。

则环境空气中铅的测量结果为$(0.08 \pm 0.01)\mu g/m^3$，$k=2$。

案例51　固体吸附/热脱附-气相色谱法测定环境空气中苯系物的测量不确定度评定

北京奥达清环境检测有限公司　马燕山　郭　岳

1　概述

1）方法依据：

JJF 1059.1—2012《测量不确定度评定与表示》；

HJ 583—2010《环境空气　苯系物的测定　固体吸附/热脱附-气相色谱法》。

2）测量方法：

在常温条件下，使用Tenax采样管富集环境空气或室内空气中苯系物，采样管连入热脱附仪，加热后将吸附成分导入带有氢火焰离子化检测器（FID）的气相色谱仪测定分析。

3）环境条件：常温条件。

4）试验仪器：

气相色谱仪：配有 FID 检测器；

采样装置：无油采样泵，能在 0.01 ~0.1L/min 和 0.1 ~0.5L/min 流量稳定；

热脱附仪：带有二级热脱附功能的热脱附仪；

Tenax 采样管：采样管内装不少于 200 mg 的 Tenax(60 ~80 目)吸附剂，或其他等效吸附剂。

微量进样器。

5）被测对象：环境空气中苯系物。

6）测量过程：设置气相色谱柱温：80℃恒温，进样口温度 150℃，检测器温度 250℃；把制作好的校准系列采样管按吸附标准溶液时相反的方向连入热脱附仪进行分析，制作校准曲线。按照制作校准曲线的条件分析实际样品，根据保留时间定性，峰面积外标法定量。

2 建立数学模型

按式（1）计算气体中目标化合物浓度

$$\rho = \frac{W - W_0}{V_{nd} \times 1000} \tag{1}$$

式中 ρ——气体中被测组分浓度，mg/m^3；

W——由校准曲线计算的被测组分的质量，ng；

W_0——由校准曲线计算的空白管中被测组分的质量，ng；

V_{nd}——标准状态下(101.325kPa，0℃)的采样体积，L。

在本次测定中，空白管中被测组分的质量均小于检出限，故 W_0 的不确定度不予评定，数学模型可简化为

$$\rho = \frac{W}{V_{nd} \times 1000} \tag{2}$$

3 评估不确定度分量（以甲苯为例）

3.1 换算至标准状态下采样体积引入的不确定度 u（V_{nd}）

标况采样体积计算公式为

$$V_{nd} = \frac{273.15PV}{101.325(273.15 + t)} = 2.696\frac{PV}{273.15 + t} \tag{3}$$

式中 P——采样时大气压，kPa；

V——实际采样体积，L；

t——采样温度,℃。

标准采样体积不确定度主要来源于采样时的大气压，实际采样体积和采样温度三个分量。

3.1.1 求灵敏系数

对各影响量求偏导数，得到各影响量的灵敏系数：

$$c_P = \frac{\partial V_{nd}}{\partial P} = \frac{2.696 \times V}{273.15 + t}$$

$$c_V = \frac{\partial V_{nd}}{\partial V} = \frac{2.696 \times P}{273.15 + t}$$

$$c_t = \frac{\partial V_{nd}}{\partial t} = -\frac{2.696 \times P \times V}{(273.15 + t)^2}$$

3.1.2 采样时大气压的不确定度 $u_{(p)}$

采样时大气压用空盒气压表读取，不确定度主要来自于校准误差。依据校准证书，气压表的最大误差为0.5kPa，按均匀分布处理，不确定度满足：

$$u_{(p)} = \frac{0.5}{\sqrt{3}} = 0.289(\text{kPa})$$

3.1.3 实际采样体积的不确定度 $u_{(V)}$

采样时使用EM-150气体采样器，依据检定证书，流量示值误差最大不超过±5%，当采样体积为12L时，最大误差为0.6L，按均匀分布处理，采样体积不确定度满足：

$$u_{(v)} = \frac{0.6}{\sqrt{3}} = 0.346(\text{L})$$

3.1.4 采样温度不确定度 $u_{(t)}$

采样温度使用电子温湿度计读取，不确定度主要来自温度计的校准误差和系统的不稳定性。

温度计校准的不确定度：依据校准证书，温度计的最大误差是0.4℃，按均匀分布处理，不确定度满足：

$$u_{(t1)} = \frac{0.4}{\sqrt{3}} = 0.231(℃)$$

系统不稳定性引入的不确定度：经过长期观察，由系统不稳定性引起读数最大变化为0.1℃，按均匀分布处理，不确定度满足：

$$u_{(t2)} = \frac{0.1}{\sqrt{3}} = 0.058(℃)$$

采样温度引入的不确定度满足：

$$u_{(t)} = \sqrt{u_{(t1)}^2 + u_{(t2)}^2} = \sqrt{0.231^2 + 0.058^2} = 0.238(℃)$$

3.1.5 标况采样体积的不确定度 $u_{(V_{nd})}$

实际采样时，采样体积为12L，温度21.6℃，大气压101.5kPa，各影响量的灵敏系数 $c_p = 0.110\text{L} \cdot \text{kPa}^{-1}$，$c_v = 0.928$，$c_t = -0.038\text{L} \cdot \text{K}^{-1}$，标况采样体积不确定度满足：

$$u_{(V_{nd})} = \sqrt{[c_p u_{(p)}]^2 + [c_v u_{(v)}]^2 + [c_t u_{(t)}]^2} = 0.323(\text{L})$$

3.2 标准溶液的不确定度 u_{rel}（标）

根据苯系物标物证书，甲醇中甲苯的不确定度 $U_{rel} = 5\%$，包含因子 $k = 2$，因此，甲苯标准溶液的相对标准不确定度满足：

$$u_{rel}(标) = \frac{u_{rel}}{k} = \frac{5\%}{2} = 2.5\%$$

3.3 标准溶液稀释过程的不确定度 u_{rel}（稀释）

用于制作甲苯校准曲线标准系列的配制过程：分别使用 5μL、25μL、50μL 和 100μL 的微量进样器抽取标准溶液(1000μg/mL)5μL、10μL、20μL、50μL 和 100μL 苯系物标准溶液放入 1mL 容量瓶中，用甲醇稀释至刻度，配制浓度为 5μg/mL、10μg/mL、20μg/mL、50μg/mL 和 100μg/mL 的标准系列溶液。

稀释标准溶液时使用的 1mL 容量瓶中，根据检定证书，达到 A 级，最大允差 ±0.010mL。按均匀分布，标准不确定度满足：

$$u(1) = \frac{0.010}{\sqrt{3}} = 0.0058\text{mL}$$

相对标准不确定度

$$u_{rel}(1) = \frac{0.0058}{1} \times 100\% = 0.6\%$$

量取标准溶液时分别使用了 5μL、25μL、50μL 和 100μL 的微量进样器。根据校准证书，5μL 微量进样器的不确定度 $U_{rel}=2\%$，包含因子 $k=2$。不确定度满足：

$$u_{rel}(5) = \frac{u_{rel}}{k} = \frac{2.0\%}{2} = 1.0\%$$

根据校准证书，25μL 微量进样器的不确定度 $U_{rel}=1\%$，包含因子 $k=2$。不确定度满足：

$$u_{rel}(25) = \frac{u_{rel}}{k} = \frac{1.0\%}{2} = 0.5\%$$

根据校准证书，50μL 微量进样器的不确定度 $U_{rel}=1\%$，包含因子 $k=2$。不确定度满足：

$$u_{rel}(50) = \frac{u_{rel}}{k} = \frac{1.0\%}{2} = 0.5\%$$

根据校准证书，100μL 微量进样器的不确定度 $U_{rel}=1\%$，包含因子 $k=2$。不确定度满足：

$$u_{rel}(100) = \frac{u_{rel}}{k} = \frac{0.6\%}{2} = 0.3\%$$

因此，标准溶液稀释过程引入的不确定度满足：

$$u_{rel}(\text{稀释}) = \sqrt{u_{rel}(1)^2 + u_{rel}(5)^2 + u_{rel}(25)^2 + u_{rel}(50)^2 + u_{rel}(100)^2}$$

$$= \sqrt{0.006^2 + 0.01^2 + 0.005^2 + 0.005^2 + 0.003^2} = 1.4\%$$

3.4 校准曲线拟合对于被测量 W 的影响量 $u(W)$

用微量进样器取上述标准系列溶液 1μL 注入活化好的采样管中，用载气以100mL/min 的流量吹扫 5min，得到 5ng、10ng、20ng、50ng、100ng 五个浓度点的校准系列溶液采样管，将校准系列溶液采样管按吸附标准溶液时相反的方向连入热脱附仪分析，根据目标组分质量和对应的响应值制作校准曲线。结果如表 1。

表 1　校准曲线的制作

甲苯含量(ng)	5	10	20	50	100
峰面积	4381	6011	10534	24610	50518

用最小二乘法拟合，得到校准曲线：$Y = 488.8X + 1123.9$；

拟合曲线的斜率 $b = 488.8$，截距 $a = 1123.9$；

进而可以得到残差：

$$s = \sqrt{\frac{\sum_{i=1}^{n}[y_i - (a + b \times x_i)]^2}{n - 2}} = 389$$

式中，n 为了得到拟合直线，测试校准点的总次数。

环境空气中甲苯的测定采用单次测量，测定结果 $W = 35\text{ng}$。样品中甲苯的浓度为 $35\text{ng}/12\text{L} = 0.0029\text{mg/m}^3$。采用下面公式可以得到被测结果的标准不确定度：

$$u(W) = \frac{s}{b}\sqrt{\frac{1}{p} + \frac{1}{n} + \frac{(y - \bar{y})^2}{s_{xx}}} = \frac{389}{488.8}\sqrt{\frac{1}{1} + \frac{1}{5} + \frac{(35 - 37)^2}{6180}} = 0.87(\text{ng})$$

式中：

$$s_{xx} = \sum_{i=1}^{n}(y_i - \bar{y}) = 6180$$

p——测试 y 的次数；

$\bar{y}$ ——不同校准点甲苯含量的平均值（n 次）；

y——从校准曲线中计算出的甲苯的含量。

4 合成不确定度

不确定度分量明细表，见表2。

表2 不确定度分量明细表

序号	影响量	符号 $u(X)$	各影响量的不确定度	值(X)	相对标准不确定度 $u_{rel}(X) = u(X)/X$
1	换算至标准状态下采样体积	$u(V_{nd})$	0.323L	11.1L	0.029
2	标准溶液的不确定度	u_{rel}(标)	—	—	0.025
3	标准溶液稀释	u_{rel}(稀释)	—	—	0.014
4	校准曲线拟合	$u(W)$	0.87ng	35ng	0.025
5	环境空气中甲苯浓度	$u(\rho)$	0.0002mg/m^3	0.0032mg/m^3	0.048

合成相对标准不确定度满足：

$$u_{crel}(\rho) = \sqrt{u_{rel}^2(W) + u_{rel}^2(V_{nd}) + u_{rel}^2(\text{标}) + u_{rel}^2(\text{稀释})}$$

$$= \sqrt{0.025^2 + 0.029^2 + 0.025^2 + 0.014^2} = 0.048$$

5 扩展不确定度与测量结果的表示

取置信概率 $P = 95\%$，$k = 2$，计算扩展不确定度

$$U = k\rho u_{crel}(\rho) = 2 \times 0.0029 \times 0.048 = 0.00028$$

$$= 0.0003\text{mg/m}^3$$

因此，环境空气中甲苯的浓度为 $\rho = (0.0029 \pm 0.0003)\text{mg/m}^3$，$k = 2$。

案例 52　固相吸附-热脱附　气相色谱-质谱法测定固定污染源废气挥发性有机物测量不确定度评定

北京奥达清环境检测有限公司　佀慧娜　贾建平

1　概述

1）评定依据：JJF 1059. 1—2012《测量不确定度评定与表示》；

2）测量方法：HJ 734—2014《固定污染源废气　挥发性有机物的测定　固相吸附-热脱附/气相色谱-质谱法》；

3）环境条件：温度 24℃，相对湿度 42%；

4）试验仪器：气相色谱-质谱联用仪，二级热脱附仪；

5）被测对象：固定污染源废气 挥发性有机物；

6）测量过程：使用填充了合适吸附剂的吸附管直接采集固定污染源废气中挥发性有机物（或先用气袋采集然后将气袋中的气体采集到固体吸附管中），将吸附管置于热脱附仪中进行二级热脱附，脱附气体经气相色谱分离后用质谱检测，根据保留时间、质谱图或特征离子定性，内标法或外标法定量。

2　建立数学模型

气中 VOCs 计算公式为

$$\rho_i = \frac{m_i}{v_{nd}} \tag{1}$$

式中　ρ_i——气体中 VOC_S，mg/m^3；

m_i——样品中第 i 种目标化合物的含量，ng；

v_{nd}——标准状态下(0℃，101. 325kPa)干采气体积，L。

使用内标物进行定量时相对响应因子（RRF_i）和平均相对响应因子 $\overline{RRF}$ 的计算目标化合物 i 的相对响应因子 RRF_i 的计算：

$$RRF_i = \frac{A_i \times m_{is}}{A_{is} \times m_i} \tag{2}$$

式中　A_i——目标化合物 i 的峰面积；

M_i——目标化合物 i 的含量；

A_{is}——内标化合物 i 的峰面积；

M_{is}——内标化合物 i 的含量。

目标物的平均相对响应因子 $\overline{RRF}$ 的计算：

$$\overline{RRF_i} = \frac{\sum_{i=1}^{n} RRF_i}{n} \tag{3}$$

式中　n——校准系列点数。

用平均相对因子计算

$$m_i = \frac{A_i \times m_{is}}{RRF \times A_{is}} \tag{4}$$

式中　A_i——目标化合物 i 的峰面积；

M_i——目标化合物 i 的含量；

A_{is}——内标化合物 i 的峰面积；

M_{is}——内标化合物 i 的含量。

3　不确定度分量的来源分析

由检测方法和数学模型分析，温湿度引入的相对不确定度可忽略，其不确定度来源有以下几个方面：

（1）重复测定样品引入的不确定度 $u_{rel}(\bar{x})$

（2）市售标准溶液引入的不确定度 $u_{rel(V_0)}$

（3）样品测定引入的不确定度 $u_{rel(C)}$，其中样品测定引入的不确定度又包括以下几个方面

① 将标准溶液稀释至标准中间液引入的不确定度 $u_{rel(f_1)}$；

② 将中间液稀释至标准系列的不确定度 $u_{rel(f_2)}$；

③ 曲线拟合引入的不确定度 $u_{rel(曲线)}$。

（4）气相色谱-质谱联用仪信噪比引入的不确定度 $u_{rel(信噪比)}$

（5）采集样品所用流量计所引入的不确定度 $u_{rel(流量计)}$

4　不确定度分量的评估

4.1　A 类标准不确定度评定 u_A

A 类标准不确定度是通过试验方法用重复测量的分散性得出的，可以直接计算标准偏差。

样品测量重复性引入的不确定度，重复测量标准溶液 6 次，结果见表 1。

表 1　样品重复测定 6 次的结果

序号	1	2	3	4	5	6
含量/ng	42.6	41.5	45.9	40.2	44.7	43.9

$$\bar{x} = 43.1\text{ng}$$

标准不确定度

$$s_{(X)} = s_R / \sqrt{3} = \sqrt{\frac{\sum_{i=1}^{n}(x_i - \bar{x})^2}{n-1}} \Big/ \sqrt{3} = 2.1097\text{ng}$$

相对标准不确定度

$$u_{rel(\bar{x})} = \frac{s_{(x)}}{\bar{x}} = \frac{2.1097}{43.1} = 0.0489$$

4.2　B 类标准不确定度评定 u_B

4.2.1　标准溶液引入的不确定度

查阅标准物质证书给定的扩展相对不确定度为 2.4%，取置信因子 $k=2$（置信概率 95%），得相对标准不确定度为

$$u_{rel(标准溶液)} = 0.024/2 = 0.012$$

4.2.2　内标溶液引入的不确定度

查阅标准物质证书给定的扩展相对不确定度为 5.0%，取置信因子 $k=2$（置信概率 95%），得相对标准不确定度为

$$u_{rel(s)} = 0.05/2 = 0.025$$

4.2.3　配制标准曲线过程中标准物质稀释引入的不确定度

4.2.3.1　将标准溶液稀释至标准中间液引入的不确定度

（1）1000μL 微量注射器引入的不确定度

使用 1000μL 微量注射器配制标准中间液的不确定度主要来自：一是体积刻度的不确定度，1000μL 微量进样器在 500 刻度容量允许差为 ±5.0μL，按均匀分布考虑，取包含因子 $k=\sqrt{3}$，标准不确定度为 $5.0\mu L/\sqrt{3}=2.8868\mu L$；二是 1000μL 微量注射器至 500 刻度的不确定度为 0.3%，取置信因子 $k=2$，得到相对不确定度为 0.003/2 =0.0015μL。此两项合成标准不确定度为

$$u(v1000) = \sqrt{2.8868^2 + 0.0015^2} = 2.8868(\mu L)$$

相对标准不确定度为

$$u_{rel(v1000)} = 2.8868\mu L/500.0\mu L = 0.00577$$

（2）1.0mL 容量瓶引入的不确定度

体积刻度，容量允差为 ±0.010mL，按均匀分布考虑，标准不确定度为 $0.010mL/\sqrt{3}=0.00577mL$。

相对标准不确定度为

$$u_{rel}(v1.0mL) = 0.00577mL/1.0mL = 0.00577$$

将标准溶液稀释至标准中间液引入的不确定度为

$$u_{rel(f_1)} = \sqrt{u_{rel}^2(v1000) + u_{rel}^2(v1.0mL)} = 0.00816$$

4.2.3.2　将标准中间液稀释至使用液引入的标准不确定度

（1）1.0mL 容量瓶的标准不确定度：

$$u_{rel(v1.0mL)} = 0.00577mL/1.0mL = 0.00577$$

（2）1μL 微量注射器引入的标准不确定度

1.0μL 微量注射器在 1.0 刻度时的允差为 ±0.12μL，按均匀分布考虑，$0.12\mu L/\sqrt{3}=0.0693\mu L$；在 1.0 刻度时的不确定度为 4.0%，得到相对不确定度为 0.04/2 = 0.02（μL）。此两项合成标准不确定度为

$$u(1)=\sqrt{0.0693^2+0.02^2}=0.07213(\mu L)$$

相对标准不确定度为

$$u_{rel(v1.0)}=0.07213\mu L/1.0\mu L=0.07213$$

（3）10μL 微量注射器引入的标准不确定度

10μL 微量注射器在 5.0 刻度时的允差为 ±0.40μL，按均匀分布考虑，$0.40\mu L/\sqrt{3}=0.2309\mu L$；在 5.0 刻度时的不确定度为 2.0%，得到相对不确定度为 0.02/2 = 0.01μL。此两项合成标准不确定度为

$$u(2)=\sqrt{0.2309^2+0.01^2}=0.2311(\mu L)$$

相对标准不确定度为

$$u_{rel(v5.0)}=0.2311\mu L/5.0\mu L=0.04622$$

10μL 微量注射器在 10.0 刻度时的允差为 ±0.80μL，按均匀分布考虑，$0.80\mu L/\sqrt{3}=0.4618\mu L$；在 10.0 刻度时的不确定度为 2.0%，得到相对不确定度为 0.02/2 = 0.01μL。此两项合成标准不确定度为

$$u(3)=\sqrt{0.4618^2+0.01^2}=0.4619(\mu L)$$

相对标准不确定度为

$$u_{rel(v10.0)}=0.4619\mu L/10.0\mu L=0.04619$$

4.2.3.3 100μL 微量注射器引入的标准不确定度

100μL 微量注射器在 50.0 刻度时的允差为 ±1.50μL，按均匀分布考虑，$1.50\mu L/\sqrt{3}=0.8660\mu L$；在 50.0 刻度时的不确定度为 0.3%，得到相对不确定度为 0.003/2 = 0.0015μL。此两项合成标准不确定度为

$$u(4)=\sqrt{0.8660^2+0.0015^2}=0.8660(\mu L)$$

相对标准不确定度为

$$u_{rel(v50.0)}=0.8660\mu L/50.0\mu L=0.01732$$

100μL 微量注射器在 100.0 刻度时的允差为 ±2.0μL，按均匀分布考虑，$2.0\mu L/\sqrt{3}=1.1547\mu L$；在 100.0 刻度时的不确定度为 0.3%，得到相对不确定度为 0.003/2 = 0.0015μL。此两项合成标准不确定度为

$$u(5)=\sqrt{1.1547^2+0.0015^2}=1.1547(\mu L)$$

相对标准不确定度为

$$u_{rel(v100.0)}=1.1547\mu L/100.0\mu L=0.01155$$

将中间液稀释至使用液引入的相对不确定度为

$$\begin{aligned}u_{rel(f_2)}&=\sqrt{u^2_{(v1.0_{ml})}+u^2_{(v1.0)}+u^2_{(v5.0)}+u^2_{(v10.0)}+u^2_{(v50.0)}+U^2_{(v100.0)}}\\&=\sqrt{0.00577^2+0.07213^2+0.04622^2+0.04619^2+0.01732^2+0.01155^2}\\&=0.9970\end{aligned}$$

4.2.4 由标准曲线拟合引入的标准不确定度（以曲线上的苯为例）

含量/ng	峰面积	内标峰面积（50ng）	峰面积比	浓度比
5.0	8551	50212	0.1703	0.1
10.0	11140	41809	0.2664	0.2
20.0	25690	55321	0.4644	0.4
50.0	47883	36735	1.3035	1.0
100.0	171883	66716	2.5763	2.0

$y=1.288334x$，斜率 $b=1.288334$；相关系数 $r=0.9994$。

曲线上浓度点数 5 个点：

$$①\ 0.1703-1.288334\times 0.10=0.04147$$

$$②\ 0.2664-1.288334\times 0.20=0.00873$$

$$③\ 0.4664-1.288334\times 0.40=-0.04893$$

$$④\ 1.3035-1.288334\times 1.00=0.01517$$

$$⑤\ 2.5763-1.288334\times 2.00=-0.00037$$

$$s_R=\sqrt{\frac{\sum_{i=1}^{5}(y-ax)^2}{n-2}}$$

曲线拟合的相对标准不确定度为

$$u_{rel(曲线)}=\frac{0.0384}{\bar{x}}=\frac{0.0384}{37.0}=0.00104$$

$$\bar{x}=\frac{5.0+10.0+20.0+50.0+100.0}{5}=37\text{ng}$$

4.2.5 气相色谱-质谱联用仪仪器信噪比引入的不确定度

由北京市计量检测科学研究院提供信噪比校准结果的相对扩展不确定度为 10%，取置信因子 $k=2$（置信概率 95%），得相对标准不确定度为

$$u_{rel(信噪比)}=0.1/2=0.05$$

4.2.6 采集样品所用流量计引入的不确定度

由采样器流量校准引入的相对扩展不确定度为 3%，取置信因子 $k=2$（置信概率 95%），得相对标准不确定度为

$$u_{rel(流量计)}=0.03/2=0.015$$

5 合成相对标准不确定度

不确定度分量来源，相对标准不确定度，结果见表 2。

表 2 不确定度分析结果汇总表

序号	名称	符号	相对不确定度 $u_{rel}(x)$
1	样品重复测定	$u_{rel}(\bar{x})$	0.0489
2	标准溶液	$u_{rel(标准溶液)}$	0.012
3	内标溶液	$u_{rel(s)}$	0.025

续表

序号	名称	符号	相对不确定度 $u_{rel}(x)$
4	标准溶液稀释至标准中间液	$u_{rel(f_1)}$	0.00816
5	将中间液稀释至标准系列	$u_{rel(f_2)}$	0.09970
6	曲线拟合	$u_{rel(曲线)}$	0.00104
7	仪器信噪比	$u_{rel(信噪比)}$	0.05
8	流量计	$u_{rel(流量计)}$	0.015

样品质量浓度

$$\frac{43.1\text{ng}}{512\text{mL}} = 0.084\text{mg/m}^3$$

合成标准不确定度：

$$\frac{U_c(\rho)}{\rho} = \sqrt{0.0489^2 + 0.012^2 + 0.025^2 + 0.00816^2 + 0.0997^2 + 0.00104^2 + 0.05^2 + 0.015^2}$$

$$= 0.126$$

$$U_c(\rho) = c \times \frac{U_c(\rho)}{\rho} = 0.084\text{mg/m}^3 \times 0.126 = 0.0106\text{mg/m}^3$$

6 扩展不确定度与测量结果的表示

取包含因子 $k=2$，则扩展不确定度为 $U = kU_c(\rho) = 2 \times 0.0106\text{mg/m}^3 = 0.021\text{mg/m}^3$。

固相吸附-热脱附 气相色谱-质谱法测定固定污染源废气挥发性有机物测量结果为

$$\rho = (0.084 \pm 0.021)\text{mg/m}^3,\ k = 2。$$

案例53 室内空气中甲醛浓度的测量不确定度评定

中国建材检验认证集团秦皇岛有限公司 康 俊 赵文涛

1 概述

1）评定依据：JJF 1059.1—2012《测量不确定度评定与表示》。

2）测量方法：GB/T 18204.2—2014《公共场所卫生检验方法 第2部分：化学污染物》7.2 酚试剂分光光度法测定甲醛。

3）环境条件：实验室温度21.0℃，相对湿度40.5%。

4）试验仪器：GilAir Plus 空气采样泵、UVmini-1240 紫外可见分光光度计。

5）被测对象：室内空气中甲醛浓度。

6）测量过程：将5mL吸收液装入气泡吸收管，以0.5L/min流量采样，采气10L。将样品溶液全部转入比色管中，用少量吸收液洗涤吸收管，合并使总体积为5mL。加入0.4mL硫酸铁铵溶液后放置15min。在630nm波长下，用1cm比色皿，以水作参比，测定样品溶液的吸光度。

2 建立数学模型

$$C = \frac{m}{V_0} \tag{1}$$

式中 C——室内空气中甲醛的浓度，mg/m³；

m——样品溶液中甲醛的含量，μg；

V_0——标准状态（273K，101.325kPa）下的采气体积，L。

由测量过程和数学模型可知，测定过程不确定度主要来源于样品重复性分析、工作曲线拟合、标准溶液的不确定度、样品溶液的不确定度、采样仪器和检测仪器的不确定度及数值修约的不确定度。

3 不确定度分量的评估

3.1 不确定度的 A 类评定

3.1.1 测量重复性的不确定度

重复性不确定度主要来源于样品不均匀、环境变化、溶液配制、仪器响应等。现将各种重复性分量合并考虑，按测定方法对样品进行 6 次重复测定，结果见表 1。

表 1 样品中甲醛含量重复 6 次测定结果

测定次数	甲醛含量/μg	测定次数	甲醛含量/μg
1	0.419	4	0.422
2	0.416	5	0.419
3	0.424	6	0.427

检测数据平均值为 0.421μg，测量结果的标准偏差采用贝塞尔公式计算：

$$s = \sqrt{\frac{\sum_{i=1}^{n}(x_i - \bar{x})^2}{n-1}} = 0.0040(\mu g) \tag{2}$$

该方法的重复性标准不确定度：

$$u_{(A1)} = \frac{s}{\sqrt{n}} = 0.0016(\mu g)$$

相对标准不确定度：

$$u_{rel(A1)} = \frac{u_{(A1)}}{\bar{x}} = 0.0038$$

3.1.2 标准曲线拟合产生的不确定度

配制甲醛含量分别为 0.0μg、0.1μg、0.2μg、0.4μg、0.6μg、0.8μg、1.0μg、1.5μg、2.0μg 的甲醛标准溶液，采用酚试剂分光光度法对其进行 3 次重复测定，数据见表 2。

表 2 工作曲线参数统计

序号	x/μg	吸光度 y_i			平均吸光度 y
		1	2	3	
1	0.00	0.042	0.042	0.043	0.042

续表

序号	x/μg	吸光度 y_i			平均吸光度 y
		1	2	3	
2	0.1	0.087	0.086	0.088	0.087
3	0.2	0.122	0.122	0.121	0.122
4	0.4	0.197	0.198	0.195	0.197
5	0.6	0.274	0.274	0.273	0.274
6	0.8	0.350	0.351	0.348	0.350
7	1.0	0.425	0.425	0.426	0.425
8	1.5	0.598	0.599	0.597	0.598
9	2.0	0.803	0.803	0.804	0.803

对表2中的数据进行线性回归：$y = a + bx$，其中 $r = 0.9997$，$a = 0.0467$，$b = 0.3754$。

标准曲线拟合标准偏差：

$$s = \sqrt{\frac{\sum_{i}^{n}[y_i - (a + bx_i)]^2}{n - 2}} = 0.0052(\mu g) \tag{3}$$

标准曲线拟合引入的标准不确定度：

$$u_{(A2)} = \frac{s}{b}\sqrt{\frac{1}{p} + \frac{1}{n} + \frac{(\overline{x'} - \overline{x})^2}{\sum_{i}^{n}(x_i - \overline{x})^2}} = 0.0066(\mu g) \tag{4}$$

相对标准不确定度：

$$u_{rel(A2)} = \frac{u_{(A2)}}{\overline{x'}} = 0.016$$

式中　p——未知样品重复测定次数（采用表1中的数据）$p = 6$；

n——标准溶液重复测定次数 $n = 27$；

$\overline{x'}$——未知样品测定平均值（采用表1中测定结果），$\overline{x'} = 0.421\mu g$；

$\overline{x}$——标准溶液浓度的平均值，$\overline{x} = 0.73\mu g$；

3.2　不确定度的B类评定

不确定度的B类评定是根据有关的信息或经验，判断被测量的可能值区间 $[\overline{x} - \alpha, \overline{x} + \alpha]$，假设被测量值的概率分布，根据概率分布和要求的概率 p 确定 k，则B类标准不确定度 $u_B = \alpha/k$。

3.2.1　标准溶液的不确定度

试验过程中，将浓度为1000μg/mL的甲醛标准贮备液进行逐级稀释，配制成甲醛含量1μg/mL的标准使用液，稀释过程中主要使用10mL分度吸量管和100mL容量瓶。则标准溶液的不确定度主要来源于标准贮备液的不确定度、标准溶液移取的不确定度、标准溶液定容的不确定度。

3.2.1.1 标准贮备液的不确定度

标准贮备液为有证标准物质，依据标准物质证书进行不确定度评定，相对标准不确定度结果见表3。

表3 结果

标准物质编号	区间半宽度 α	包含因子 k	$u_{rel(B1.1)}$
BW20040-1000-W-20	0.01	2	0.005

3.2.1.2 标准溶液移取的不确定度

标准溶液移取的不确定度主要来源于吸量管的容量误差引入的不确定度和温度变化引入的不确定度。

根据 JJG 196—2006《常用玻璃量器检定规程》，A 级 10mL 流出式分度吸量管 20℃容量允差为 ±0.05mL，即区间半宽度为 0.05，按三角分布，包含因子 $k=\sqrt{6}$，吸量管的容量误差引入的标准不确定度：

$$u_{(B1.1)}=\frac{0.05}{\sqrt{6}}=0.020(\text{mL})$$

根据 JJG 196—2006 检定温度为 20℃，试验环境温度为(20 ±2)℃，即区间半宽度为 2℃，温度变化产生的不确定度通过温度变化范围和体积膨胀系数计算。玻璃体积膨胀远小于液体体积膨胀，因此可忽略不计。水体积膨胀系数为 2.1×10^{-4}/℃，假设温度变化是矩形分布，包含因子 $k=\sqrt{3}$，则标准溶液移取过程中温度变化引入的标准不确定度：

$$u_{(B1.2)}=\frac{2.1\times10^{-4}\times2\times10}{\sqrt{3}}=0.0024(\text{mL})$$

标准溶液移取过程中引入的相对标准不确定度：

$$u_{rel(B1.2)}=\frac{\sqrt{u_{(B1.1)}^2+u_{(B1.2)}^2}}{10}=0.002$$

3.2.1.3 标准溶液定容的不确定度

标准溶液定容的不确定度主要来源于容量瓶的容量误差引入的不确定度和温度变化引入的不确定度。

根据 JJG 196—2006《常用玻璃量器检定规程》，A 级 100mL 单标线容量瓶在 20℃容量允差为 ±0.10mL，即区间半宽度为 0.10，按三角分布，包含因子 $k=\sqrt{6}$，容量瓶的容量误差引入的标准不确定度：

$$u_{(B1.3)}=\frac{0.10}{\sqrt{6}}=0.041(\text{mL})$$

根据 JJG 196—2006 检定温度为 20℃，试验环境温度为(20 ±2)℃，即区间半宽度为 2℃，温度变化产生的不确定度通过温度变化范围和体积膨胀系数计算。玻璃体积膨胀远小于液体体积膨胀，因此可忽略不计。水体积膨胀系数为 2.1×10^{-4}/℃，假设温度变化是矩形分布，包含因子 $k=\sqrt{3}$，则标准溶液定容过程中温度变化引入的标准不确定度：

$$u_{(B1.4)}=\frac{2.1\times10^{-4}\times2\times100}{\sqrt{3}}=0.024(\text{mL})$$

标准溶液移取过程中引入的相对标准不确定度：

$$u_{rel(B1.3)} = \frac{\sqrt{u^2_{(B1.3)} + u^2_{(B1.4)}}}{100} = 0.00048$$

标准溶液的相对合成不确定度：

$$u_{rel(B1)} = \sqrt{u^2_{rel(B1.1)} + u^2_{rel(B1.2)} + u^2_{rel(B1.3)}} = \sqrt{0.005^2 + 0.002^2 + 0.00048^2} = 0.0054$$

3.2.2　样品溶液的不确定度

样品溶液全部转入 10mL 具塞比色管，用少量吸收液洗吸收管，合并使总体积为 5mL。样品溶液的不确定度主要来源于具塞比色管的容量误差引入的不确定度和温度变化引入的不确定度。

根据 JJG 10—2005《专用玻璃量器检定规程》的规定，10mL 比色管在 20℃容量允差为 ±0.10mL，即区间半宽度为 0.10mL，按三角分布，包含因子 $k - \sqrt{6}$，容量瓶的容量误差引入的相对标准不确定度：

$$u_{rel(B2.1)} = \frac{0.10}{\sqrt{6}} = 0.041(mL)$$

根据 JJG 196—2006 检定温度为 20℃，试验环境温度为(20 ±2)℃，即区间半宽度为 2℃，温度变化产生的不确定度通过温度变化范围和体积膨胀系数计算。玻璃体积膨胀远小于液体体积膨胀，因此可忽略不计。水体积膨胀系数为 2.1×10^{-4}/℃，假设温度变化是矩形分布，包含因子 $k = \sqrt{3}$，则标准溶液定容过程中温度变化引入的相对标准不确定度：

$$u_{rel(B2.2)} = \frac{2.1 \times 10^{-4} \times 2 \times 5}{\sqrt{3}} = 0.0012$$

样品溶液的相对不确定度：

$$u_{rel(B2)} = \frac{\sqrt{u^2_{(B2.1)} + u^2_{(B2.2)}}}{5} = 0.0082$$

3.2.3　仪器的不确定度

紫外可见分光光度计测定结果的不确定度主要是由测量重复性引入的不确定度，已在测量重复性不确定度评定时予以考虑，故不重复估计。

采样过程中，以 0.5L/min 的流量，采集 10L 室内空气。采样计时器及标况体积换算引入的不确定度可忽略不计，GilAir Plus 空气采样泵引入的不确定度主要来源于流量示值误差和流量重复性引入的不确定度，按矩形分布，评定结果如下：

检定证书编号	检定项目	区间半宽度 α	包含因子 k
EB19Z-EC000472	流量示值误差	0.01	$\sqrt{3}$
	流量重复性	0.001	$\sqrt{3}$

流量示值误差引入的不确定度：

$$u_{rel(B3.1)} = \frac{0.01}{\sqrt{3}} = 0.0058$$

流量重复性引入的不确定度为：

$$u_{\mathrm{rel(B3.2)}} = \frac{0.001}{\sqrt{3}} = 0.00058$$

仪器的相对合成不确定度：

$$u_{\mathrm{rel(B3)}} = \sqrt{u_{\mathrm{rel(B3.1)}}^2 + u_{\mathrm{rel(B3.2)}}^2} = \sqrt{0.0058^2 + 0.00058^2} = 0.0058$$

3.2.4 数值修约的不确定度

采集 10L 室内空气，样品溶液全部用于测定，测得样品中甲醛含量为 0.421μg，按数学模型计算室内空气中甲醛的浓度为 0.0421mg/m³。报出结果修约为 0.042mg/m³。数值修约的半宽度为 0.0005mg/m³，按矩形分布，数值修约的相对标准不确定度：

$$u_{\mathrm{rel(B4)}} = \frac{0.0005}{\sqrt{3} \times 0.421} = 0.0007$$

4 合成相对标准不确定度

将各相对标准不确定度分量汇总于表 4 中。

表 4 相对标准不确定度分量

不确定度来源	相对标准不确定度分量	量值
测量重复性的不确定度	$u_{\mathrm{rel(A1)}}$	0.0038
标准曲线拟合的不确定度	$u_{\mathrm{rel(A2)}}$	0.016
标准溶液的不确定度	$u_{\mathrm{rel(B1)}}$	0.0054
样品溶液的不确定度	$u_{\mathrm{rel(B2)}}$	0.0082
仪器的不确定度	$u_{\mathrm{rel(B3)}}$	0.0058
数值修约的不确定度	$u_{\mathrm{rel(B4)}}$	0.0007

由于各分量的不确定度来源彼此独立，互不相关。因此相对合成标准不确定度：

$$u_{\mathrm{crel}} = \sqrt{u_{\mathrm{rel(A1)}}^2 + u_{\mathrm{rel(A2)}}^2 + u_{\mathrm{rel(B1)}}^2 + u_{\mathrm{rel(B2)}}^2 + u_{\mathrm{rel(B3)}}^2 + u_{\mathrm{rel(B4)}}^2} = 0.021$$

5 扩展不确定度与测量结果的表示

置信概率为 95%，包含因子 $k=2$，检测结果的相对扩展不确定度为 $U_{\mathrm{rel}} = k \cdot u_{\mathrm{crel}} = 0.042$。

检测结果的扩展不确定度为 $U = C \cdot U_{\mathrm{rel}} = 0.002\mathrm{mg/m^3}$。

则室内空气中甲醛的测量结果为(0.042 ±0.002)mg/m³。

案例 54 快速消解分光光度法测定水质化学需氧量测量不确定度评定

北京奥达清环境检测有限公司 张 蕊

1 概述

1）评定依据：JJF 1059.1—2012《测量不确定度评定与表示》。

2）测量方法：

① 方法依据：HJ/T 399—2007《水质 化学需氧量的测定 快速消解分光光度法》。

② 方法原理：试样中加入已知量的重铬酸钾溶液，在强硫酸介质中，以硫酸银作为催化剂，经高温消解后，用分光光度法测定COD（化学需氧量，以下略）值。当试样中COD值为100mg/L至1000mg/L时，在（600±20）nm波长处测定重铬酸钾被还原产生的三价铬（Cr^{3+}）的吸光度，试样中COD值与三价铬（Cr^{3+}）的吸光度的增加值呈正比例关系，将三价铬（Cr^{3+}）的吸光度换算成试样的COD值；当试样中COD值为15mg/L至250mg/L时，在（440±20）nm波长处测定重铬酸钾未被还原的六价铬（Cr^{6+}）和被还原产生的三价铬（Cr^{3+}）的两种铬离子的总吸光度；试样中COD值与六价铬（Cr^{6+}）的吸光度减少值呈正比例，与三价铬（Cr^{3+}）的吸光度增加值呈正比例，与总吸光度减少值呈正比例，将总吸光度值换算成试样的COD值。

3）环境条件：本方法对检测环境没有特殊的要求。分析仪器对室内环境的要求：温度控制在5℃～35℃，相对湿度<80%。本实验室配有经过校准的温湿度计。实验室配有冷暖型空调，能够调节温度和相对湿度及微生物实验室以满足仪器的需求。

4）试验仪器：CTL-12型化学需氧量速测仪。

5）被测对象：水质 化学需氧量的测定。

6）测量过程：

（1）操作步骤：

① 取均匀待测的水样（或稀释后水样）3mL于专用消解管中，每批样品需要做一支空白，空白操作过程与实际水样一致。

② 每支消解管内加入掩蔽剂1～2滴，摇匀，再加入专用氧化剂1.0mL，摇匀。最后垂直快速加入催化剂使用液5.0mL。若溶液上下液色不匀，可盖塞摇匀，否则将引起加热过程飞溅。

③ 将反应管置于仪器加热孔中（严禁加盖消解），此时加热孔温度会有所下降，为保证消解充分，稍后至温度由低到高回升到164.5℃以上时再按动“消解”键，此时消解指示灯亮。经过10min恒温消解，仪器发出蜂鸣声，指示水样已经消解充分。将反应管从仪器消解孔中取出，置于试管架上，室温冷却2min。

④ 每支反应管内加入纯水3.0mL后，再用水冷2min，盖塞摇匀。继续水冷至室温后，测定其吸光度，记录其吸光度值，并读出仪器响应浓度COD_{cr}值。

（2）标准曲线的绘制：

① 随机取反应管6支将其清洗干净（首先用10%硫酸洗液浸泡5～12h，取出后用纯水冲洗，沥干水分），并做好标记。准确称取邻苯二甲酸氢钾（基准试剂）0.5101g溶于水，置于500mL容量瓶中，以纯水定容至标线，摇匀备用。该标液的理论COD值为1200mg/L。

② 高浓度曲线的绘制（COD值为60～1200mg/L）：分别加入标液0mL，0.5mL，1.0mL，1.5mL，2.0mL，3.0mL，用纯水将各反应管一次补足至3mL，其相应的COD理论值为0mg/L，200mg/L，400mg/L，600mg/L，800mg/L，1200mg/L，每支试管内加入掩蔽剂2滴。按照（1）操作步骤②～④依次进行。

2 建立数学模型

水中化学需氧量浓度计算公式：

$$C = \frac{3 \times m}{V} \tag{1}$$

式中 m——由标准曲线得出的 COD 值；

V——水样试份体积，mL；

3——试份最大体积，mL。

3 不确定度分量的评估

3.1 由检测方法和数学模型分析其不确定度来源有以下几个方面

（1）测量重复性引入的不确定度 $u_{(1)}$；

（2）用万分之一天平称取邻苯二甲酸氢钾（基准试剂）0.5101g 配制成标准溶液引入的不确定度 $u_{(2)}$；

（3）配制标准溶液引入的不确定度 $u_{(3)}$；

（4）标准曲线引入的不确定度 $u_{(4)}$；

（5）检测仪器引入的不确定度 $u_{(5)}$。

3.1.1 测量重复性引入的不确定度 $u_{(1)}$

依据规范，在重复的条件下连续测量 6 次样品获得的结果（表 1），采用贝塞尔公式计算测量重复性标准差。

表 1 结果

次数	1	2	3	4	5	6
浓度(mg/L)	200	203	201	203	203	200
平均值 $\overline{C}$(mg/L)	202					
标准偏差(mg/L)	1.51					

标准不确定度：

$$u_{(1)} = s_{(1)} = \sqrt{\frac{\sum_{i=1}^{n}(x_i - \overline{x})^2}{n-1}} = 1.51(\text{mg/L})$$

相对标准不确定度：

$$u_{\text{rel}(1)} = \frac{s_{(1)}}{c} = \frac{1.51}{202} = 0.0075$$

3.1.2 用万分之一天平称取邻苯二甲酸氢钾（基准试剂）0.5101g 配制成标准溶液引入的不确定度 $u_{(2)}$

根据检定证书可知，所用天平的灵敏度为 0.0001g，按均匀分布，置信因子为$\sqrt{3}$。

标准不确定度：

$$u_{(2)} = \frac{0.0001}{\sqrt{3}} = 5.77 \times 10^{-5}(\text{g})$$

相对标准不确定度：

$$u_{rel(2)} \frac{u_{(2)}}{m} = \frac{5.77 \times 10^{-5}}{0.5101} = 1.13 \times 10^{-4}$$

3.1.3 配制标准溶液引入的不确定度 $u_{(3)}$

配制标准溶液过程使用一次500mL容量瓶，一次5mL分度吸量管及两次1mL分度吸量管。

① 配制500mL邻苯二甲酸氢钾标液的体积引入的不确定度 $u_{(500mL)}$：

500mL的容量瓶检定证书给出的最大容量允差为±0.25mL，按均匀分布计算：

标准不确定度：

$$u_{(500mL)} = \frac{0.25}{\sqrt{3}} = 0.144(mL)$$

相对标准不确定度：

$$u_{rel(500mL)} = \frac{u_{(500mL)}}{v} = \frac{0.144}{500} = 2.88 \times 10^{-4}$$

② 5mL分度吸量管引入的不确定度 $u_{(5mL)}$：

5mL的分度吸量管检定证书给出的最大容量允差为±0.025mL，按均匀分布计算：

标准不确定度：

$$u_{(5mL)} = \frac{0.025}{\sqrt{3}} = 0.0144(mL)$$

相对标准不确定度：

$$u_{rel(5mL)} = \frac{u_{(5mL)}}{v} = \frac{0.0144}{5} = 2.88 \times 10^{-3}$$

③ 1mL分度吸量管引入的不确定度 $u_{(1mL)}$：

1mL的分度吸量管检定证书给出的最大容量允差为±0.008mL，按均匀分布计算：

标准不确定度：

$$u_{(1mL)} = \frac{0.008}{\sqrt{3}} = 4.62 \times 10^{-3}(mL)$$

相对标准不确定度：

$$u_{rel(1mL)} = \frac{u_{(1mL)}}{v} = \frac{4.62 \times 10^{-3}}{1} = 4.62 \times 10^{-3}$$

由于本实验室是在20℃环境下进行的，因此温度对体积的影响可忽略不计。

所以配制标准溶液引入的相对标准不确定度：

$$\begin{aligned} u_{rel(3)} &= \sqrt{u_{rel(500mL)}^2 + u_{rel(5mL)}^2 + u_{rel(1mL)}^2 + u_{rel(1mL)}^2} \\ &= \sqrt{(2.88 \times 10^{-4})^2 + (2.88 \times 10^{-3})^2 + (4.62 \times 10^{-3})^2 + (4.62 \times 10^{-3})^2} \\ &= 7.15 \times 10^{-3} \end{aligned}$$

3.1.4 标准曲线引入的不确定度 $u_{(4)}$

按1概述内提到的标准曲线绘制方法，配制6个不同浓度的标准溶液，并用化学需氧量测定仪分析，记录各个浓度的吸光度 A，数据见表2。

表 2　吸光度数据

序号	1	2	3	4	5	6
浓度 C(mg/L)	0. 00	200	400	600	800	1200
吸光值 A	0. 000	0. 131	0. 263	0. 394	0. 511	0. 788

进行最小二乘法拟合后，得到拟合直线（图 1）：

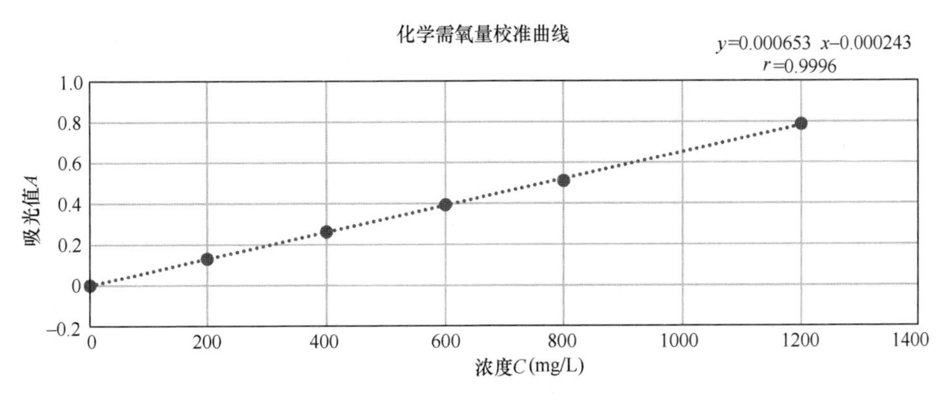

图 1　拟合直线

校准曲线：

$$A_j = C_i \cdot B_1 + B_0$$

式中　A_j——为了得到拟合直线，对校准标准溶液的第 j 次吸光度测量结果；

C_i——第 i 个校准标准溶液的浓度；

B_1——斜率；

B_0——截距。

其中，拟合直线的直线斜率 B_1 是 0. 000653，截距 B_0 是 −0. 0002。

进而可以得到残差 S：

$$s = \sqrt{\frac{\sum_{j=1}^{n} [A_j - (B_0 + B_1 \cdot C_j)]^2}{n-2}} = 0.003473$$

式中，n 是为了得到拟合直线，测试校准标准溶液的总次数。

被测样品测量一次，浓度 C_0 为 202mg/L。采用下面公式得到被测溶液浓度的标准不确定度：

$$u_{(4)} = \frac{s}{B_1}\sqrt{\frac{1}{p} + \frac{1}{n} + \frac{(C_0 - \bar{c})^2}{s_{xx}}} = \frac{0.003473}{0.000653}\sqrt{\frac{1}{1} + \frac{1}{6} + \frac{(202 - 533.3)^2}{933333.3}} = 6.03(\text{mg/L})$$

式中

$$s_{xx} = \sum_{j=1}^{n} (C_j - \bar{c}) = 933333.3$$

p——测试 C_0 的次数；

$\bar{c}$——不同校准标准溶液浓度的平均值（n 次）；

C_0——被测样品中化学需氧量的浓度。

相对标准不确定度：

$$u_{rel(4)} = \frac{u_{(C_0)}}{C_0} = \frac{6.03}{202} = 0.0299$$

3.1.5　检测仪器引入的不确定度 $u_{(5)}$

依据仪器校准证书，化学需氧量测定仪相对扩展不确定度 $U_{rel(5)} = 3.4\% (k = 2)$。

则相对标准不确定度：

$$u_{rel(5)} = \frac{U_{rel(5)}}{k} = \frac{3.4\%}{2} = 1.7\%$$

4　合成相对标准不确定度

将上述评定的不确定度分量内容逐项填入不确定度分量明细表（表3）。

表3　不确定度分量明细表

序号	影响量	符号	相对标准不确定度
1	测量重复性	$u_{rel(1)}$	0.0075
2	万分之一天平称取基准试剂	$u_{rel(2)}$	1.13×10^{-4}
3	配制标准溶液	$u_{rel(3)}$	7.15×10^{-3}
4	标准曲线	$u_{rel(4)}$	0.0299
5	检测仪器	$u_{rel(5)}$	1.7%

所以，合成标准不确定度：

$$\begin{aligned} u_{rel(c)} &= \sqrt{u_{rel(1)}^2 + u_{rel(2)}^2 + u_{rel(3)}^2 + u_{rel(4)}^2 + u_{rel(5)}^2} \\ &= \sqrt{0.0075^2 + (1.13 \times 10^{-4})^2 + (7.15 \times 10^{-3})^2 + 0.0299^2 + (1.7\%)^2} \\ &= 0.036 \end{aligned}$$

5　扩展不确定度与测量结果的表示

取置信概率95%，$k=2$，计算扩展不确定度，满足：

$$U = ku_{rel(c)} \cdot \bar{C} = 2 \times 0.036 \times 202 = 15(\text{mg/L})$$

快速消解分光光度法（HJ/T 399—2007）测定化学需氧量，本次测量结果：

$$C = (202 \pm 15)\text{mg/L};\ k = 2$$

案例55　定电位电解法测定固定污染源中二氧化硫的不确定度评定

中国建材检验认证集团秦皇岛有限公司　高彬鸿

1　概述

1）评定依据：JJF 1059.1—2012《测量不确定度评定与表示》。

2）测量方法：HJ/T 57—2017《固定污染源排气中二氧化硫的测定　定电位电解法》。

3）环境条件：温度 23.1℃，相对湿度 35.3%。

4）试验仪器：大流量低浓度烟尘/气测试仪。

5）被测对象：二氧化硫标准气体，16.0mg/m^3、98.0mg/m^3、504.3mg/m^3。

6）测量过程（图 1）：

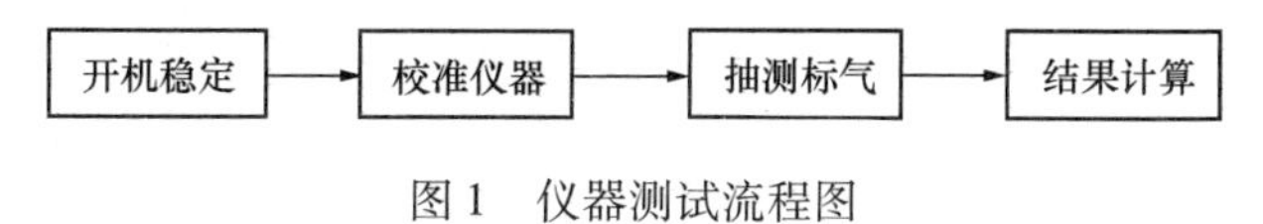

图 1　仪器测试流程图

① 根据设备作业指导书进行开机预热，检查状况并达到稳定状态；

② 根据仪器作业指导书和方法对设备进行设备校准和标气校准；

③ 按方法及操作规范进行实际测样操作；

④ 根据测量结果及换算参数进行计算。

2　建立数学模型

烟气分析仪测定为直接读数，烟气二氧化硫的排放浓度以 mg/m^3 表示，转化为标准状况下干气浓度，数学模型：

$$C' = \frac{64}{22.4} \times C \tag{1}$$

式中　C——烟气分析仪读数，mg/m^3；

C'——标准状况下烟气二氧化硫浓度，mg/m^3；

64——二氧化硫摩尔质量，mg/mol；

22.4——标准状况下气体摩尔体积，L/mol。

根据测量方法与仪器读取方式可认定为直接测量法：

$$u_c(\delta) = \sqrt{(u_A^2 + u_B^2)} \tag{2}$$

式中　u_A——A 类评定；

u_B——B 类评定。

根据分析方法及现场情况可知影响测量的因素有仪器的示值误差、仪器的稳定性、校准所用标准气体不确定度、操作人员的随机性等，均给测量带来测量不确定度。

3　不确定度分量的评估

3.1　不确定度的 A 类评定

根据日常监测浓度此次选用 0～600mg/m^3 范围评定，在相同条件下用仪器对每一标准气体进行重复测量 9 次，获得 9 个数据（$n=9$）（表 1），其平均值：

$$\bar{x} = \frac{1}{n} \cdot \sum_{i=1}^{n} x_i \tag{3}$$

单次测量结果的标准不确定度，用贝塞尔公式计算可得：

$$s(x_1) = \sqrt{\frac{\sum_{i=1}^{n} (x_i - \bar{x})^2}{n-1}} \tag{4}$$

重复性测量标准不确定度公式：

$$u_{(A)} = \frac{s(x_1)}{\sqrt{n}} \tag{5}$$

重复测量平均值的相对标准不确定度为

$$u_{rel(A)} = \frac{u_{(A)}}{\bar{x}} \tag{6}$$

由表1可知：

当测量范围≤50mg/m³ 时，测量平均值的相对标准不确定度 $u_{rel(A1)} = 0.0124$；

当测量范围＞50～100mg/m³ 时，测量平均值的相对标准不确定度 $u_{rel(A2)} = 0.0039$；

当测量范围＞100～600mg/m³ 时，测量平均值的相对标准不确定度 $u_{rel(A3)} = 0.0014$。

表1　测量重复性的标准不确定度

测量范围		≤50mg/m³	＞50～100mg/m³	＞100～600mg/m³
标气浓度（mg/m³）		16.0	98.0	504.3
测量值	1	16	96	500
	2	17	95	498
	3	16	98	497
	4	16	98	501
	5	17	97	503
	6	15	96	502
	7	16	96	501
	8	16	95	498
	9	16	97	499
平均值 $\bar{x}$/mg/m³		16.1	96.4	500.7
单次测量的标准不确定度		0.60	1.13	2.12
重复性标准不确定度		0.20	0.38	0.71
测量平均值的相对标准不确定度 $u_{rel(A)}$		0.0124	0.0039	0.0014

3.2　不确定度的B类评定

不确定度的B类评定是根据有关的信息或经验，判断被测量的可能值区间 $[\bar{x}-\alpha, \bar{x}+\alpha]$，假设被测量值的概率分布，根据概率分布和要求的概率 p 确定 k，则B类标准不确定度 $u_B = \alpha/k$。

3.2.1　仪器检定引入的标准不确定度

仪器通过计量检定，给出的相对扩展不确定度为0.02，包含因子 $k_1 = 2$，所以仪器检定产生的相对标准不确定度为

$$u_{rel(B检)} = \frac{u_{检}}{k_1} = \frac{0.02}{2} = 0.01。$$

3.2.2　标准气体的不确定度

按标准气体认定证书各浓度的相对扩展不确定度均为0.015，包含因子 $k_2 = 2$，相对标准不确定度：

$$u_{rel(B标)} = \frac{u_{标气}}{k_2} = 0.0075$$

不同浓度标准气体（二氧化硫）的标准不确定度见表2。

表 2　不同浓度标准气体（二氧化硫）的标准不确定度

测量范围	标气浓度/mg/m³	相对扩展不确定度	相对标准不确定度/ $u_{rel(B标)}$
≤50	16.0	0.015	0.0075
>50～100	98.0	0.015	0.0075
>100～600	504.3	0.015	0.0075

4　合成相对标准不确定度

由于各分量的不确定度来源彼此独立，互不相关。因此相对合成标准不确定度：

$$u_{rel} = \sqrt{u_{rel(A)}^2 + u_{rel(B检)}^2 + u_{rel(B标)}^2} \tag{7}$$

由式（7）可得：

当测量范围≤50mg/m³ 时，相对合成标准不确定度 $u_{rel(1)} = 0.0176$；

当测量范围>50～100mg/m³ 时，相对合成标准不确定度 $u_{rel(2)} = 0.0131$；

当测量范围>100～600mg/m³ 时，相对合成标准不确定度 $u_{rel(3)} = 0.0126$。

5　扩展不确定度与结果的表示

置信概率为 95 %，包含因子 $k=2$，检测结果的相对扩展不确定度：

$$U_{rel} = k \times u_{rel} \tag{8}$$

扩展不确定度：

$$U = U_{rel} \times \bar{x} \tag{9}$$

代入数据可得：

当测量范围≤50mg/m³ 时，$U_{rel(1)} = 0.0352$，扩展不确定度：

$$U_1 = 0.0352 \times 16.1 = 0.6\text{mg/m}^3$$

则二氧化硫测定结果为(16.1 ±0.6)mg/m³。

当测量范围>50～100mg/m³ 时，$U_{rel(2)} = 0.0261$，扩展不确定度：

$$U_2 = 0.0261 \times 96.4 = 3\text{mg/m}^3$$

则二氧化硫测定结果为(96.4 ±3)mg/m³。

当测量范围>100～600mg/m³ 时，$U_{rel(3)} = 0.0251$，扩展不确定度：

$$U_3 = 0.0251 \times 500.7 = 13\text{mg/m}^3$$

则二氧化硫测定结果为(500.7 ±13)mg/m³。

案例 56　定电位电解法测量一氧化碳不确定度评定

中国建材检验认证集团秦皇岛有限公司　李　伟

1　概述

1）评定依据：JJF 1059.1—2012《测量不确定度评定与表示》。

2）测量方法：定电位电解法测固定污染源排气中氮氧化物。

3）环境条件：温度 23.1℃，相对湿度 35.3%。

4）试验仪器：自动烟尘（气）测试仪 3012H 型，CO 的测量范围为 0 ~ 5000mg/L；≤精度 5%，分辨率 1mg/m³；

CO 标准气体：50. 1mg/m³、125. 0mg/m³。

5）被测对象：已知浓度的 CO 标准气体。

6）测量过程：测量依据《固定污染源废气 一氧化碳的测定 定电位电解法》（HJ 973—2018），步骤如下：

① 根据仪器作业指导书进行开机预热，检查状况并达到稳定状态；

② 根据仪器作业指导书和方法对设备进行仪器自校及标气标准；

③ 按方法及操作规范进行实际测样操作；

④ 根据测量结果及换算参数进行计算。

2 建立数学模型

自动烟尘（气）测试仪 3012H 型测定结果为直接读数，烟气一氧化碳的排放浓度以 mg /m³表示，转化为标准状况下干烟气浓度。数学模型：

$$C' = \frac{28}{22.4} \times C \tag{1}$$

式中 C——烟气分析仪读数，mg/m³；

28——一氧化碳摩尔质量，mg/mol；

C'——标准状况下烟气一氧化碳浓度，mg/m³；

22. 4——标准状况下气体摩尔体积，L/mol。

根据测量方法与仪器读取方式可认定为直接测量法：

$$\sigma = X - X_0 \tag{2}$$

式中 σ——烟气分析仪示值误差；

X——烟气分析仪示值；

X_0——标准气体浓度。

合成不确定度：

$$u_C(\delta) = \sqrt{u_A^2 + u_B^2}$$

式中 u_A——A 类评定；

u_B——B 类评定。

3 不确定度分量的评估

3.1 不确定度的 A 类评定

在相同条件下用仪器对标准气体进行重复测量 6 次，获取 6 个数据（$n=6$），其平均值：

$$\bar{x} = \frac{1}{n} \times \sum_{i=1}^{n} x_i \tag{3}$$

单次测量结果的标准偏差，用贝赛尔公式计算可得：

$$s(x_1) = \sqrt{\frac{\sum_{i=1}^{n}(x_i - \bar{x})^2}{n-1}} \tag{4}$$

重复性标准不确定度：

$$u_{重} = \frac{s(x_1)}{\sqrt{n}} \tag{5}$$

相对标准不确定度：

$$u_A = \frac{u_{重}}{\bar{x}} \tag{6}$$

测量重复性的标准不确定度，见表 1。

表 1　测量重复性的标准不确定度

量程	≤100	>101～200
标气浓度(mg/m^3)	50.1	125.0
测量值	50	126
	51	125
	49	124
	49	127
	51	124
	49	126
平均值(mg/m^3)	49.8	125.3
标准偏差(mg/m^3)	0.98	1.21
重复性标准不确定度 $u_{重}$	0.4001	0.4940
相对标准不确定度 u_A	0.0081	0.0040

3.2　不确定度的 B 类评定

不确定度的 B 类评定是根据有关的信息或经验，判断被测量的可能值区间 $[\bar{x}-\alpha, \bar{x}+\alpha]$，假设被测量值的概率分布，根据概率分布和要求的概率 p 确定 k，则 B 类标准不确定度 $u_B = \alpha/k$。

3.2.1　仪器检定引入的标准不确定度

通过查询仪器计量检定证书，可以看到仪器的相对扩展不确定度为 0.011，包含因子 $k=2$，因此仪器检定产生的相对标准不确定度：

$$u_{B检} = \frac{u_{检}}{k} = \frac{0.011}{2} = 0.0055$$

3.2.2　标准气体引入的标准不确定度

根据日常监测浓度，此次选用 0～200mg/m^3 来进行评定，按标准气体认定证书各浓度的相对不确定度均为 0.015，包含因子 $k=2$。

标气浓度相对标准不确定：

$$u_{B标} = \frac{u_c}{k}$$

不同浓度标准气体的标准不确定度，见表 2。

表2　不同浓度标准气体的标准不确定度

测量范围（mg/m³）	标气浓度（mg/m³）	相对不确定度 u_c	标气浓度相对标准不确定度 $u_{B标}$
≤100	50.1	0.015	0.0075
≥101～200	125.0	0.015	0.0075

4　合成相对标准不确定度

根据各分量的标准不确定度，由下式合成标准不确定度：

$$u_{\delta} = \sqrt{u_A^2 + u_{B标}^2 + u_{B检}^2}$$

当测量范围≤100mg/m³ 时，合成相对标准不确定度：

$$u_{\delta 1} = \sqrt{0.0081^2 + 0.0075^2 + 0.0055^2} = 0.0124$$

当测量范围≥101～200mg/m³ 时，合成相对标准不确定度：

$$u_{\delta} = \sqrt{0.0040^2 + 0.0075^2 + 0.0055^2} = 0.0102$$

5　扩展不确定度与测量结果的表示

①测量范围≤100mg/m³ 时，置信概率为95%，包含因子 $k=2$，检测结果的相对扩展不确定度为 $U_{rel1} = k \times u_{\delta 1} = 0.0248$。

检测结果的扩展不确定度为 $U_1 = C \times U_{rel1} = 1.3\text{mg/m}^3$。

则测定CO的结果为(50.1±1.3)mg/m³。

②测量范围≥101～200mg/m³ 时，置信概率为95%，包含因子 $k=2$，检测结果的相对扩展不确定度为 $U_{rel2} = k \times U_{\delta 2} = 0.0204$。

检测结果的扩展不确定度为 $U_2 = C \times U_{rel2} = 3.0\text{mg/m}^3$。

则测定CO的结果为(125.0±3.0)mg/m³。

第10章　有害物质

案例57　建筑材料放射性测量不确定度评定

苏州混凝土水泥制品研究院检测中心有限公司　王　娜

1　概述

采用低本底多道γ能谱仪测定建筑材料的放射性，依据的标准是GB 6566—2010《建筑材料放射性核素限量》。仪器可探测的能量范围为60keV～2000keV，在该范围内，将能量分为1024道、2048道、4096道，测定每道计数得到样品γ能谱图，再与镭、钍、钾标准源的γ能谱图拟合，从而计算得到样品中镭、钍、钾的放射性比活度及内外照射指数。中心均在4096道的模式下进行测量。

评定基本条件：

1）评定依据：JJF 1059.1—2012《测量不确定度评定与表示》；

2）测量方法：GB 6566—2010《建筑材料放射性核素限量》；

3）环境条件：实验室温度22℃，相对湿度55%；

4）试验仪器：计量电子秤0.1g，多本底多道γ能谱仪；

5）被测对象：硅钙板；

6）测量步骤：随机抽取样品两份，每份不少于2kg，一份封存，一份为检验样品。将样品破碎，磨细至粒径不大于0.16mm。将其放入与盛装标准样品的几何形状一致的样品盒中，称量、密封、待测。当检验样品中天然放射性衰变链达到平衡后，在与标准样品测量条件相同的情况下，采用低本底多道γ能谱仪进行测量。

2　建立数学模型

内照射指数：

$$I_{Ra}=\frac{C_{Ra}}{200}$$

式中　I_{Ra}——内照射指数；

C_{Ra}——石材中天然核素^{226}Ra的放射性比活度，Bq/kg；

200——GB 6566—2010《建筑材料放射性核素限量》规定的放射性核素^{226}Ra的比活度限量，Bq/kg。

外照射指数：$I_r=\frac{C_{Ra}}{370}+\frac{C_{Th}}{260}+\frac{C_K}{4200}$

式中　I_{Ra}——外照射指数；C_{Ra}、C_{Th}和C_K为石材中天然核素^{226}Ra、^{232}Th和^{40}K的放射性比活度，Bq/kg；

370、260 和 4200——仅考虑外照射情况下标准 GB 6566—2010《建筑材料放射性核素限量》规定的比活度限量，Bq/kg。

3　不确定度各分量的确定

3.1　不确定度的来源分析

用能谱法测定建筑材料放射性的测量不确定度，包括所使用的标准源的不确定度、能谱仪的系统不确定度，计量电子秤的不确定度，由每次测量所引起的，包含每次样品处于探头的不同位置、样品本身的不均匀性等因素的不确定度。检测时温度控制在能谱仪要求的范围内，(23 ±2)℃，因此温度变化引起的不确定度包含在能谱仪的系统不确定度内，忽略不计。不确定度的来源，见表 1。

表 1　不确定度的来源

A 类不确定度	测量重复性引起的不确定度
B 类不确定度	天平引入的相对不确定度 能谱仪所使用的标准源的不确定度 能谱仪的系统不确定度

3.2　各不确定度分量的计算

3.2.1　能谱仪所使用的标准源的不确定度

根据中国计量科学研究院的测试证书，能谱仪所使用的标准源的不确定度为 1.4% ~ 5.0% ($k=3$)，取其上限，$U_{源}=\frac{5.0\%}{3}=1.67\%$。

3.2.2　能谱仪的系统不确定度

根据中国计量科学研究院的检定证书，当测量范围为 20kOV ~ 3M EV 时，能谱仪系统的不确定度为 1.4% ~5.0% ($k=3$)，取其上限，$u_{仪}=\frac{5.0\%}{3}=1.67\%$。

3.2.3　计量电子秤的不确定度

根据计量电子秤的检定证书，其不确定度为 $u=0.3\text{g}(k=3)$。当称量为 336g 时，其相对不确定度 $u_{秤}=0.03\%$。

3.2.4　重复测量引起的不确定度

采用低本底多道 γ 能谱仪对同一样品进行 10 次称量，测试的时间均为 10000s。每次测试结束后将样品取出再重新放在探头上，重复测量。仪器测得的镭、钍、钾的比活度分别表示为 C_{Ra}、C_{Th}、C_K，内照射指数 $I_{Ra}=\frac{C_{Ra}}{200}$，外照射指数 $I_r=\frac{C_{Ra}}{370}+\frac{C_{Th}}{260}+\frac{C_K}{4200}$，结果见表 2。

表 2　同一样品 10 次重复性试验结果

测量次数 n	C_{Ra} (Bq/kg)	C_{Th} (Bq/kg)	C_K (Bq/kg)	内照射指数 I_{Ra}	外照射指数 I_r
1	116.3	98.6	978.4	0.58	0.93
2	119.2	96.1	987.4	0.60	0.93
3	117.4	95.4	1067.2	0.59	0.94
4	111.5	99.6	1045.3	0.56	0.93

续表

测量次数 n	C_{Ra} (Bq/kg)	C_{Th} (Bq/kg)	C_K (Bq/kg)	内照射指数 I_{Ra}	外照射指数 I_r
5	114. 8	94. 2	989. 5	0. 57	0. 91
6	115. 6	98. 1	988. 3	0. 58	0. 93
7	117. 9	94. 6	999. 5	0. 59	0. 92
8	113. 8	95. 8	1023. 8	0. 57	0. 92
9	116. 4	92. 4	1025. 6	0. 58	0. 91
10	110. 2	91. 8	1068. 3	0. 55	0. 91
平均值	115. 3	95. 7	1017. 3	0. 58	0. 92

3. 2. 4. 1 对镭的比活度 C_{Ra} 而言

$$s = \sqrt{\frac{\sum_{i=1}^{n}(c_i - \bar{c})^2}{n-1}} = 2.82(\text{Bq/kg})$$

其相对不确定度：$u_{C_{Ra}} = \frac{2.82}{115.3} \times 100\% = 2.45\%$

3. 2. 4. 2 对钍的比活度 C_{Th} 而言

$$s = \sqrt{\frac{\sum_{i=1}^{n}(c_i - \bar{c})^2}{n-1}} = 2.56(\text{Bq/kg})$$

其相对不确定度：

$$u_{C_{Th}} = \frac{2.56}{95.7} \times 100\% = 2.68\%$$

3. 2. 4. 3 对钾的比活度 C_K 而言

$$s = \sqrt{\frac{\sum_{i=1}^{n}(c_i - \bar{c})^2}{n-1}} = 33.87(\text{Bq/kg})$$

其相对不确定度：

$$u_{C_{Th}} = \frac{33.87}{1017.3} \times 100\% = 3.33\%$$

3. 2. 4. 4 对内照指数 I_{Ra} 而言

$$s = \sqrt{\frac{\sum_{i=1}^{n}(I_i - \bar{I})^2}{n-1}} = 0.01$$

其相对不确定度：

$$u_{I_{Ra}} = \frac{0.01}{0.58} \times 100\% = 1.72\%$$

3. 2. 4. 5 对 I_r 而言

$$s = \sqrt{\frac{\sum_{i=1}^{n}(I_i - \bar{I})^2}{n-1}} = 0.01$$

其相对不确定度：

$$u_{I_r} = \frac{0.01}{0.92} \times 100\% = 1.09\%$$

4　不确定度各分量的合成

4.1　镭的比活度其合成不确定度

$$u_c(C_{Ra}) = \sqrt{u_{源}^2 + u_{仪}^2 + u_{秤}^2 + u_{C_{Ra}}^2} = \sqrt{1.67^2 + 1.67^2 + 0.03^2 + 2.45^2} = 3.40\%$$

4.2　钍的比活度其合成不确定度

$$u_c(C_{Th}) = \sqrt{u_{源}^2 + u_{仪}^2 + u_{秤}^2 + u_{C_{Th}}^2} = \sqrt{1.67^2 + 1.67^2 + 0.03^2 + 2.68^2} = 3.57\%$$

4.3　钾的比活度其合成不确定度

$$u_c(C_K) = \sqrt{u_{源}^2 + u_{仪}^2 + u_{秤}^2 + u_{C_K}^2} = \sqrt{1.67^2 + 1.67^2 + 0.03^2 + 3.33^2} = 4.08\%$$

4.4　内照射指数其合成不确定度

$$u_c(I_{Ra}) = \sqrt{u_{源}^2 + u_{仪}^2 + u_{秤}^2 + u_{I_{Ra}}^2} = \sqrt{1.67^2 + 1.67^2 + 0.03^2 + 1.72^2} = 2.92\%$$

4.5　外照射指数其合成不确定度

$$u_c(I_r) = \sqrt{u_{源}^2 + u_{仪}^2 + u_{秤}^2 + u_{I_r}^2} = \sqrt{1.67^2 + 1.67^2 + 0.03^2 + 1.09^2} = 2.60\%$$

5　扩展不确定度

置信区间为95%时，包含因子 $k = 2$

（1）镭的比活度的相对扩展不确定度为 $u_{rel'Ra} = 2 \times 3.40\% = 7\%$；

镭的比活度的扩展不确定度为 $u_{Ra} = 115.3 \times 7\% = 8Bq/kg$。

（2）钍的比活度的相对扩展不确定度为 $u_{rel'Th} = 2 \times 3.57\% = 7\%$；

钍的比活度的扩展不确定度为 $u_{Th} = 95.7 \times 7\% = 7Bq/kg$。

（3）钾的比活度的相对扩展不确定度为 $u_{rel'K} = 2 \times 4.08\% = 8\%$；

钾的比活度的扩展不确定度为 $u_K = 1017.3 \times 8\% = 81Bq/kg$。

（4）内照射指数的相对扩展不确定度为 $u_{rel'I_{Ra}} = 2 \times 2.92\% = 6\%$；

内照射指数的扩展不确定度为 $u_{I_{Ra}} = 0.58 \times 6\% = 0.03$。

（5）外照射指数的相对扩展不确定度为 $u_{rel'I_\gamma} = 2 \times 2.60\% = 5\%$；

外照射指数的扩展不确定度为 $u_{I_r} = 0.92 \times 5\% = 0.05$。

6　不确定度报告

名称	C_{Ra} (Bq/kg)	C_{Th} (Bq/kg)	C_K (Bq/kg)	内照射指数 I_{Ra}	外照射指数 I_γ
结果	115.3	95.7	1017.3	0.58	0.92
$k = 2$ 时，扩展不确定度	8	7	81	0.03	0.05

案例58　建筑玻璃用功能膜挥发性有机化合物限量测量不确定度评定

中国建材检验认证集团秦皇岛有限公司　于　洋

1　概述

1）评定依据：JJF 1059.1—2012《测量不确定度评定与表示》；

2）测量方法：GB/T 29061—2012《建筑玻璃用功能膜》；

3）环境条件：温度（20±5）℃，相对湿度50%～70%；

4）试验仪器：烘箱 QCTC-A-033；电子天平 QCTC-A-231；微量水分测定仪 QCTC-A-036；

5）被测对象：建筑玻璃用功能膜；

6）测量过程：

① 试样：试样为50mm×50mm的功能膜，试验时去除保护膜；

② 总挥发物含量的测定：

称量试样的质量，然后将其放在托盘内，放入（100±5）℃的烘箱内，保温1h。然后将试样取出，放入干燥器内冷却至室温，称量其质量。试样放入烘箱前质量与试样放入烘箱后质量差值，称为试样总挥发物含量，记为 m_t；总挥发物含量为4块试样的平均值，修约至小数点后四位。

③ 水分含量测定

称量试样的质量，然后将其放入微量水分测定仪中，炉温控制在（100±5）℃，保持氮气流速（200±20）mL/min，测定试样的水分质量分数 r。将试样质量 m_3 与试样的水分质量分数 r 相乘，求得试样的水分含量，记为 m_w。水分含量为4块试样的平均值，修约至小数点后四位。

④ 挥发性有机物含量

试样的总挥发物含量减去试样的水分含量，称为试样的挥发性有机物含量，记为 m。

2　建立数学模型

建筑玻璃用功能膜挥发性有机化合物限量的测量结果满足公式：

1）试样总挥发物含量

$$m_t = m_1 - m_2$$

式中　m_t——试样总挥发物含量；

m_1——烘前试样质量；

m_2——烘后试样质量。

2）试样水分含量

$$m_w = m_3 r$$

式中　m_w——试样水分含量；

m_3——试样质量；

r——试样水分质量分数。

3）试样挥发性有机物含量

$$m = m_t - m_w = m_1 - m_2 - m_3 r$$

依据测量过程，以及采用的试验仪器，测量结果的数学模型满足公式：

$$m = m_1 - m_2 - m_3 r = m_1 - m_2 - 2\Delta_1 - (m_3 - \Delta_1) \times (r - \Delta_2)$$

式中　m——试样挥发性有机物含量；

Δ_1——电子天平的示值误差；

Δ_2——微量水分测定仪的示值误差。

由测量过程和数学模型可知，测定过程不确定度主要来源于天平称量的不确定度以及微量水分测定仪的不确定度。这里对测量结果的不确定度进行评估。

3　灵敏系数计算

对各项影响量求偏导数，得到各项影响量的灵敏系数：

$$c_{m_1} = \frac{\partial m}{\partial m_1} = 1$$

$$c_{m_2} = \frac{\partial m}{\partial m_2} = -1$$

$$c_{m_3} = \frac{\partial m}{\partial m_3} = -(r - \Delta_2) \approx -r$$

$$c_r = \frac{\partial m}{\partial r} = -(m_3 - \Delta_1) \approx -m_3$$

$$c_{\Delta_1} = \frac{\partial m}{\partial \Delta_1} = -2 + r - \Delta_2 \approx -2 + r$$

$$c_{\Delta_2} = \frac{\partial m}{\partial \Delta_2} = m_3 - \Delta_1 \approx m_3$$

4　不确定度分量的评估

对被测样品8次测量结果（表1），采用贝塞尔公式计算测量重复性标准差：

表1　样品挥发性有机物含量8次测定结果

次数	1				2			
m_1（g）	0.2299	0.2303	0.2313	0.2279	0.2273	0.2264	0.2295	0.2257
m_2（g）	0.2290	0.2295	0.2302	0.2265	0.2260	0.2252	0.2285	0.2243
m_t	0.0009	0.0008	0.0011	0.0014	0.0013	0.0012	0.0010	0.0013
$\overline{m}_t$	0.0010				0.0012			
m_3（g）	0.2296	0.2332	0.2320	0.2302	0.2276	0.2298	0.2262	0.2263
r（%）	0.0815	0.0808	0.0926	0.0827	0.0965	0.0863	0.0866	0.0948
m_w	0.0002	0.0002	0.0002	0.0002	0.0002	0.0002	0.0002	0.0002
$\overline{m}_w$	0.0002				0.0002			
m（g）	0.0008				0.0010			

续表

次数			3			4		
m_1（g）	0. 2289	0. 2293	0. 2247	0. 2230	0. 2321	0. 2307	0. 2282	0. 2291
m_2（g）	0. 2275	0. 2280	0. 2233	0. 2215	0. 2310	0. 2299	0. 2275	0. 2281
m_t	0. 0014	0. 0013	0. 0014	0. 0015	0. 0011	0. 0008	0. 0007	0. 0010
$\overline{m}_t$		0. 0014				0. 0012		
m_3（g）	0. 2225	0. 2284	0. 2260	0. 2339	0. 2262	0. 2231	0. 2252	0. 2255
r（%）	0. 0775	0. 0898	0. 0687	0. 0996	0. 1002	0. 0903	0. 0712	0. 0666
m_w	0. 0002	0. 0002	0. 0002	0. 0002	0. 0002	0. 0002	0. 0002	0. 0002
$\overline{m}_w$		0. 0002				0. 0002		
m（g）		0. 0012				0. 0011		
次数			5			6		
m_1（g）	0. 2269	0. 2310	0. 2344	0. 2326	0. 2246	0. 2259	0. 2267	0. 2293
m_2（g）	0. 2251	0. 2303	0. 2336	0. 2316	0. 2235	0. 2250	0. 2260	0. 2284
m_t	0. 0008	0. 0007	0. 0008	0. 0010	0. 0011	0. 0009	0. 0007	0. 0009
$\overline{m}_t$		0. 0008				0. 0009		
m_3（g）	0. 2288	0. 2303	0. 2254	0. 2271	0. 2332	0. 2320	0. 2305	0. 2293
r（%）	0. 0779	0. 0704	0. 0939	0. 0845	0. 0696	0. 0703	0. 0742	0. 0808
m_w	0. 0002	0. 0002	0. 0002	0. 0002	0. 0002	0. 0002	0. 0002	0. 0002
$\overline{m}_w$		0. 0002				0. 0002		
m（g）		0. 0006				0. 0007		
次数			7			8		
m_1（g）	0. 2273	0. 2264	0. 2288	0. 2303	0. 2276	0. 2323	0. 2350	0. 2311
m_2（g）	0. 2261	0. 2250	0. 2276	0. 2289	0. 2266	0. 2318	0. 2336	0. 2297
m_t	0. 0012	0. 0014	0. 0012	0. 0014	0. 0010	0. 0015	0. 0014	0. 0014
$\overline{m}_t$		0. 0013				0. 0013		
m_3（g）	0. 2277	0. 2309	0. 2332	0. 2261	0. 2314	0. 2339	0. 2303	0. 2260
r（%）	0. 0568	0. 0614	0. 0803	0. 0618	0. 0842	0. 0519	0. 1011	0. 1124
m_w	0. 0001	0. 0001	0. 0002	0. 0001	0. 0002	0. 0001	0. 0002	0. 0003
$\overline{m}_w$		0. 0001				0. 0002		
m（g）		0. 0012				0. 0011		

1）m_1的标准不确定度 $u(m_1)$

$$s(m_1)=\sqrt{\frac{\sum_{i=1}^{32}(m_{1i}-\overline{m}_1)^2}{32-1}}=0.0028(\mathrm{g})$$

平均值的标准不确定度 $u(m_1) = \dfrac{s(m_1)}{\sqrt{4}} = 0.0014(\text{g})$

2）m_2的标准不确定度 $u(m_2)$

$$s(m_2) = \sqrt{\frac{\sum_{i=1}^{32}(m_{2i} - \overline{m}_2)^2}{32 - 1}} = 0.0029\text{g}$$

平均值的标准不确定度 $u(m_2) = \dfrac{s(m_2)}{\sqrt{4}} = 0.00145\text{g}$

3）m_3的标准不确定度 $u(m_3)$

$$s(m_3) = \sqrt{\frac{\sum_{i=1}^{32}(m_{3i} - \overline{m}_3)^2}{32 - 1}} = 0.0032\text{g}$$

平均值的标准不确定度 $u(m_3) = \dfrac{s(m_3)}{\sqrt{4}} = 0.0016\text{g}$

4）r 的标准不确定度 $u(r)$

$$s(r) = \sqrt{\frac{\sum_{i=1}^{32}(m_{ri} - \overline{m}_r)^2}{32 - 1}} = 0.014\%$$

平均值的标准不确定度 $u(r) = \dfrac{s(r)}{\sqrt{4}} = 0.007\%$

5）电子天平示值误差的标准不确定度 $u(\Delta_1)$

根据电子天平的最大允许误差是 ±0.0005g，按矩形分布处理，其标准不确定度为 $u(\Delta_1) = \dfrac{0.0005}{\sqrt{3}} = 0.00029(\text{g})$

6）微量水分测定仪（Δ_2）的示值误差标准不确定度 $u(\Delta_2)$

根据微量水分测定仪的证书，相对扩展不确定度 $U_{rel} = 1.8\%$，$k = 2$，相对标准不确定度 $u_{rel}(\Delta_2) = \dfrac{U}{k} = 0.9\%$，标准不确定度 $u(\Delta_2) = u_{rel}(\Delta_2) \times \bar{r} = 0.9\% \times 0.0812\% = 0.073\%$

5　合成标准不确定度

将上述评定的不确定度分量内容逐项填入不确定度分量明细表，见表 2。

表 2　不确定度分量明细表

序号	影响量	符号	灵敏系数	影响量的不确定度	不确定度分量	相关性
1	m_1	m_1	c_{m_1}	$u(m_1)$	$c_{m_1} \cdot u(m_1)$	不相关
2	m_2	m_2	c_{m2}	$u(m_2)$	$c_{m_2} \cdot u(m_2)$	不相关
3	m_3	m_3	c_{m_3}	$u(m_3)$	$c_{m_3} \cdot u(m_3)$	不相关

续表

序号	影响量	符号	灵敏系数	影响量的不确定度	不确定度分量	相关性
4	r	r	c_r	$u(r)$	$c_r \cdot u(r)$	不相关
5	电子天平示值误差	Δ_1	c_{Δ_1}	$u(\Delta_1)$	$c_{\Delta_1} \cdot u(\Delta_1)$	不相关
6	微量水分测定仪示值误差	Δ_2	c_{Δ_2}	$u(\Delta_2)$	$c_{\Delta_2} \cdot u(\Delta_2)$	不相关

其中，$\overline{m_1} = 0.2289\text{g}$，$\overline{m_2} = 0.2278\text{g}$，$\overline{m_3} = 0.2288\text{g}$，$\bar{r} = 0.0812\%$，根据第3节的灵敏系数式子计算所有影响量的灵敏系数数值：

$$c_{m_1} = \frac{\partial m}{\partial m_1} = 1$$

$$c_{m_2} = \frac{\partial m}{\partial m_2} = -1$$

$$c_{m_3} = \frac{\partial m}{\partial m_3} = -(r - \Delta_2) \approx -r = -0.0812$$

$$c_r = \frac{\partial m}{\partial r} = -(m_3 - \Delta_1) \approx -m_3 = -0.2288$$

$$c_{\Delta_1} = \frac{\partial m}{\partial \Delta_1} = -2 + r - \Delta_2 \approx -2 + r = -2 + 0.0812 = -1.9188$$

$$c_{\Delta_2} = \frac{\partial m}{\partial \Delta_2} = m_3 - \Delta_1 \approx m_3 = 0.2288$$

因此可以得到不确定度分量明细表，见表3。

表3 不确定度分量明细表

序号	影响量	符号	灵敏系数	影响量的不确定度	不确定度分量	相关性
1	m_1	m_1	1	0.0014	0.0014	不相关
2	m_2	m_2	−1	0.00145	−0.00145	不相关
3	m_3	m_3	−0.0812	0.0016	−0.00013	不相关
4	r	r	−0.2288	0.007	−0.0016	不相关
5	电子天平示值误差	Δ_1	−1.9188	0.00029	−0.00056	不相关
6	微量水分测定仪示值误差	Δ_2	0.2288	0.073	0.00017	不相关

合成标准不确定度满足：

$$u_c(m) = \sqrt{[c_{m_1}u(m_1)]^2 + [c_{m_2}u(m_2)]^2 + [c_{m_3}u(m_3)]^2 + [c_r u(m_r)]^2 + [c_{\Delta_1}u(\Delta_1)]^2 + [c_{\Delta_2}u(\Delta_2)]^2}$$

$$= 0.003(\text{g})$$

6 扩展不确定度与测量结果的表示

置信概率为95 %，包含因子$k=2$，扩展不确定度：

$$U = k \cdot u_c(m) = 2 \times 0.003\text{g} = 0.006\text{g}$$

建筑玻璃用功能膜挥发性有机化合物限量测量结果的不确定度为 $U=0.006\text{g}$，$k=2$。

案例 59　陶瓷砖中铅含量测量不确定度评定

中国建材检验认证集团（陕西）有限公司　李东原　张宇静　许文禹

摘　要：根据标准 HJ 297—2021《环境标志产品技术要求陶瓷砖（板）》，对使用原子吸收光谱法测定陶瓷砖粉料中提取出的铅和镉的含量的测试进行不确定度评定，最终得到合理、准确的测量不确定度。

关键字：陶瓷；铅含量；测量不确定度

引言

测量不确定度是指“表征合理地赋予被测量之值的分散性，与测量结果相联系的参数”。不确定度越小，所述结果与被测量的真值越接近，质量越高，水平越高，其使用价值也越高；不确定度越大，测量结果的质量越低，水平越低，其使用价值也越低。

本书将对依据 HJ 297—2021《环境标志产品技术要求陶瓷砖（板）》，使用原子吸收光谱法测定陶瓷砖粉料中提取出的铅和镉的含量的测试进行不确定度评定。

1　方法原理和步骤

（1）硝酸溶液的配制：准确称量 250mL 硝酸（$\rho=1.42\text{g/mL}$）并移入 500mL 容量瓶中，定容；

（2）试样制备：试样经清洗、烘干、粉碎、缩分，研磨至通过 80μm 孔径筛，备用；

（3）称量：秤取 10g（精确至 0.0001g）上述粉料，转入 100mL 烧杯中；

（4）提取：烧杯中加入 25mL 硝酸溶液搅拌均匀，盖上表面皿。置于 200℃低温加热板上加热 2h，冷却静置 1h，立即过滤到 50mL 容量瓶中，用水稀释到刻度，摇匀；

（5）放置后，搅拌溶液使其足够均匀。取一部分测试样，选用适当的波长在 AA 仪器上进行分析，本试验采用最小二乘法校准曲线；

（6）陶瓷样品中铅的含量按下式计算：

$$c=\frac{(a_1-a_0)\times 50\times F}{m} \tag{1}$$

式中　c——可溶性铅含量，mg/kg；

a_0——试剂空白浓度，μg/mL；

a_1——从标准曲线上测得的铅试验溶液的浓度，μg/mL；

F——稀释因子；

m——称取的样品质量，g。

2　不确定度的来源

（1）影响铅含量测量结果的随机因素很多，主要来源于色谱仪和天平的变动性、溶液定容体积读数的随机性，样品不均匀等因素。

（2）称量、定容体积校准和校准曲线引入的不确定度分量。

3 评定不确定度的数学模型

在实际评定中很难分别定量地研究每个因素的影响。比较简便易行的方法是在重复性测量条件下测量同一批次的多个样品，计算该观测列的标准偏差，作为各种随机因素合成重复性不确定度分量。通常，将测量结果乘以重复性系数 f_{rep}，该数值等于 1，其标准偏差等于测量结果的相对合成标准不确定度。评定不确定度的数学模型：

$$c = \frac{(a_1 - a_0) \times 50 \times F}{m} f_{rep} \tag{2}$$

4 不确定度分量的评定

4.1 测量重复性标准不确定度

待测样品铅含量结果见表 1。

表 1 陶瓷样品中铅含量测定结果

样品号	1	2	3	4	5	6
$a_1 - a_0$（μg/mL）	0.354	0.361	0.359	0.342	0.372	0.362
C（mg/kg）	1.770	1.805	1.795	1.710	1.860	1.810

单次测量的试验标准偏差按下式计算：

$$s(a) = \sqrt{\frac{\sum_{i=1}^{n}(a_i - \bar{a})^2}{n-1}} = 0.0096$$

样品重复性测量相对标准不确定：

$$u(f_{rep}) = \frac{s(a)}{\bar{a}\sqrt{n}} = 0.0109$$

4.2 试样质量的标准不确定度

天平校准证书说明校准的扩展不确定度为 0.2mg，包含因子 $k=2$，因此其标准不确定度应为 0.1mg。试样质量为 10g，其相对标准不确定度应为 $u_{rel}(m) = 0.00001$ 。

4.3 定容体积的标准不确定度

检定规程 JJG 196—2006《常用玻璃量器》规定，B 级 500mL 和 50mL 容量瓶的允许误差分别为 1mL 和 0.1mL。假设为三角形分布，其相对标准不确定度分别应为：

$$u_{rel}(V_1) = \frac{1}{500\sqrt{6}} = 0.0008$$

$$u_{rel}(V_2) = \frac{0.1}{50\sqrt{6}} = 0.0008$$

4.4 标准溶液浓度的标准不确定度

标准溶液的浓度是在 20℃ 的温度下标定的，其相对不确定度为 0.2%，包含因子 $k=2$。因此其相对标准不确定度应为 u_{rel}（c_s）0.001。

实验室温度变化介于（20 ±5）℃，水的体积膨胀系数为 $2.1\times10^{-4}℃^{-1}$，假设为均匀分布，由温度的变化性引入标准溶液浓度的相对标准不确定度：

$$u_{\mathrm{rel}}(c_{\mathrm{t}}) = \frac{5\times2.1\times10^{-4}}{\sqrt{3}} = 0.00061$$

将上述两个分量合成得：

$$u_{\mathrm{rel}}(c_{\mathrm{s}}) = \sqrt{u_{\mathrm{rel}}^{2}(c_{\mathrm{s}}) + u_{\mathrm{rel}}^{2}(c_{\mathrm{t}})} = \sqrt{0.001^{2} + 0.00061^{2}} = 0.0012$$

4.5　使用线性最小二乘法引入的不确定度

用 100mg/mL 铅标准溶液配制 5 个标准溶液，其浓度分别为 0.02μg/mL、0.05μg/mL、0.1μg/mL、0.2μg/mL 和 0.3 μg/mL。使用线性最小二乘法拟合曲线程序的前提是假定横坐标的量的不确定度远小于纵坐标的量的不确定度，因此通常的 c_0 不确定度计算程序仅仅与吸光度不确定度有关，而与校准溶液浓度不确定度无关，也不与从同一溶液中逐次稀释产生必然的相关性。因而在本试验中，校准标准溶液浓度的不确定度足够小以至可以忽略。

5 个校准标准溶液分别被测量 3 次，结果见表 2。

表 2　铅标准系列溶液吸光度值

浓度（μg/mL）	吸光度值		
	1	2	3
0.00	0.000	0.000	0.001
0.02	0.005	0.006	0.005
0.05	0.023	0.023	0.021
0.1	0.043	0.044	0.044
0.2	0.086	0.086	0.084
0.3	0.130	0.131	0.131

经线性最小二乘法拟合后得到的回归方程为 $A=0.436C-0.0004$（$r=0.997$）。

实际标准差：

$$s = \sqrt{\frac{\sum_{j=1}^{n}[A_j - (B_0 + B_1\cdot C_j)]^2}{n-2}} = 0.0011$$

浓度的方差和：

$$s_{\mathrm{xx}} = \sum_{j=1}^{n}(c_j - \bar{c})^2 = 0.029$$

$$u(c_0) = \frac{s}{B_1}\sqrt{\frac{1}{p} + \frac{1}{n} + \frac{(c_0 - \bar{c})^2}{s_{\mathrm{xx}}}} = 0.006(\mu\mathrm{g/mL})$$

式中　B_1—— 斜率；

p——测试 c_0 的次数；

n——测试校准溶液的次数；

c_0——待检液中铅的浓度，μg/mL；

$\bar{c}$——不同校准标准溶液浓度的平均值，μg/mL。

4.6 计算合成标准不确定度

试样中铅含量 X 的合成标准不确定度计算如下：

$$U_{rel}(c)=\sqrt{u^2(f_{rep})+u_{rel}^2(m)+u_{rel}^2(V)+u_{rel}^2(c_s)+u_{rel}^2(c_0)}$$
$$=0.0126$$
$$U(c)=0.0126\times 1.792=0.023(mg/kg)$$

5 扩展不确定度

取包含因子 $k=2$，扩展不确定度：

$$U=2\times 0.023=0.046mg/kg$$

6 报告不确定度

当称量质量为 10.0010g 时，用石墨炉原子化法测定陶瓷样品中铅含量，结果的报告形式为

$$X=(1.792\pm 0.046)mg/kg,\ k=2$$

案例 60　内墙涂料中总铅的测量不确定度评定

上海众材工程检测有限公司　吴　炜

1 概述

1）评定依据：JJF 1059.1—2012《测量不确定度评定与表示》；

JJF 1135—2005《化学分析测量不确定度评定》。

2）测量方法：GB /T 30647—2014《涂料中有害元素总含量的测定》。

3）试验仪器：

Thermo ICE3000 火焰原子吸收分光光度计；

FA2004 电子分析天平（0.1mg）；

容量瓶（50mL、100mL）；

分度吸管（1mL）。

4）试剂与材料：

铅标准溶液（GSB 04-1714—2004）：浓度 1000μg/mL（批号：193006-3），有效期至 2021 年 4 月 8 日，国家有色金属及电子材料分析测试中心；

硝酸：优级纯（批号：20190911），国药集团化学试剂有限公司；

试验用水：超纯水机制备的超纯水。

5）被测对象：内墙涂料。

6）测量过程：将内墙涂料样品搅拌均匀，在玻璃板上制备厚度适宜的涂膜。待涂膜完全干燥后在室温下粉碎并且过 5mm 筛。称取过筛后 1.0g（精确至 0.1mg）样品置于 50mL 烧杯中，加入 7mL 硝酸，盖上表面皿，在电热板上加热使溶液保持 5 ~15min，继续加热直至产生白烟，但不能烧干。将烧杯从电热板上取下，冷却约 5min，缓慢滴加

1 ~ 2mL过氧化氢，再次放至电热板上加热，直至样品消解完全至残余溶液约 2mL 时，取下烧杯冷却至室温。加入约 10mL 超纯水稀释，用滤膜过滤并转移至 50mL 容量瓶中定容待测。

配制铅标准工作溶液，将铅标准溶液 1000μg/mL 用 1mL 分度吸管吸取（50μL，100μL，200μL，400μL，800μL），用 0.07mol/L 硝酸溶液定容至 100mL，配制成浓度为（0.5，1.0，2.0，4.0，8.0）μg/mL 的标准溶液系列。

使用火焰原子吸收分光光度计测定标准溶液和样品待测液。

2　建立数学模型

内墙涂料总铅含量测定计算公式：

$$W = \frac{C \times V \times F}{m}$$

式中　W——内墙涂料中总铅的含量，mg/kg；

C——样品测定液中总铅的浓度，mg/L；

V——定容体积，mL；

F——稀释倍数；

m——样品称样量，g。

3　不确定度分量的评估

3.1　测量不确定度来源分析

（1）标准物质的不确定度：包括标准储备液的不确定度和稀释过程以及温度所引入的不确定度。

（2）样品制备过程的不确定度：包括天平的最大允许误差、样品定容的体积以及温度引入的不确定度。

（3）曲线拟合所引起的不确定度：包括最小二乘法拟合 Pb 的校准曲线，得到 C_0时测量所产生的不确定度和标准溶液稀释时产生的不确定度。

（4）重复性试验（随机）变化：包括样品均匀性及重复性检验引入的不确定度。

3.2　不确定度各分量的评定

3.2.1　标准物质所引入的相对标准不确定度

（1）标准溶液的相对标准不确定度 $u_{rel}(p_{标})$

铅标准溶液为购买的标准样品，标称浓度为 1000mg/L，经查证书其不确定度为 0.7mg/L，k 值为 2，按均匀分布转化为相对不确定度：

$$u_{rel}(p_{标}) = (0.7/2)/1000 = 0.0004$$

（2）标准物质稀释过程引入的相对标准不确定度 $u_{rel}(V)$

铅的标准工作液用 1mL 分度移液管吸取，定容至 100mL 容量瓶中。采用经实验室检定符合要求的分度移液管（允差为 ±0.008mL）和容量瓶（允差为 ±0.040mL），为矩形分布。

$$u(V_{移}) = \frac{1\text{mL} \times 0.008}{\sqrt{3}} = 0.0046\text{mL}$$

$$u_{rel}(V_{移}) = \frac{u(V_{移})}{V_{移}} = \frac{0.0046\text{mL}}{1\text{mL}} = 0.0046$$

$$u(V_{容}) = \frac{0.040\text{mL}}{\sqrt{3}} = 0.023\text{mL}$$

$$u_{rel}(V_{容}) = \frac{u(V_{容})}{V_{容}} = \frac{0.023}{100} = 0.00023$$

稀释过程中引入的不确定度:

$$u_{rel}(V) = \sqrt{u_{rel}^2(V_{移}) + u_{rel}^2(V_{容})} = 0.004606$$

(3) 温度引入的相对不确定度 $u_{rel}(T)$

水的膨胀系数为 2.1×10^{-4}/℃，实验室温度控制在（20±5)℃，玻璃量具在 20℃时校准，温度变化是均匀的，为矩形分布。

$$u_{rel}(T_{移}) = \frac{u(T_{移})}{V_{移}} = \frac{V_{移}\times5\times2.1\times10^{-4}}{\sqrt{3}\times V_{移}} = 0.0006062$$

$$u_{rel}(T_{容}) = \frac{u(T_{容})}{V_{容}} = \frac{V_{容}\times5\times2.1\times10^{-4}}{\sqrt{3}\times V_{容}} = 0.0006062$$

$$u_{rel}(T) = \sqrt{u_{rel}^2(T_{移}) + u_{rel}^2(T_{容})} = 0.0008573$$

(4) 标准物质引入的相对标准不确定度 $u_{rel}(Sta)$

$$u_{rel}(\text{Sta}) = \sqrt{u_{rel}^2(p_{标}) + u_{rel}^2(V) + u_{rel}^2(T)} = 0.004702$$

3.2.2 样品制备过程中引入的相对不确定度

(1) 称量样品引入相对不确定度 $u_{rel}(m)$

天平检定证书上给出不确定度为 0.4mg，$k=2$，样品称量样品 1.0g 左右，则:

$$u_{rel}(m) = \frac{u(m)}{m} = \frac{0.0004/2}{1.0} = 0.0002$$

(2) 定容体积引入的相对不确定度 $u_{rel}(V_{定})$

样品定容至 50mL，计量校准证书上 50mL 容量瓶扩展不确定度为 0.030mL，$k=2$，则:

$$u_{rel}(V_{定}) = \frac{u(V_{定})}{V_{定}} = \frac{0.030/2}{50} = 0.0003$$

(3) 温度引入的相对不确定度 $u_{rel}(T_{定})$

按 3.2.1 (3) 方法计算得:

$$u_{rel}(T_{定}) = 0.0006062$$

(4) 样品制备过程引入的相对标准不确定度 $u_{rel}(\text{pre})$

$$u_{rel}(\text{pre}) = \sqrt{u_{rel}^2(m) + u_{rel}^2(V_{定}) + u_{rel}^2(T_{定})} = 0.000705$$

3.2.3 曲线拟合过程中引入的相对标准不确定度

该工作曲线采用 5 个浓度点对设备的吸收比曲线进行校准，每个数据点进行 3 次测量。结果见表 1。

表1　标准溶液浓度与吸光度结果

标准溶液浓度点（mg/L）	吸光度1	吸光度2	吸光度3
0.5	0.0075	0.0070	0.0069
1	0.0128	0.0132	0.0132
2	0.0269	0.0264	0.0267
4	0.0551	0.0548	0.0550
8	0.1119	0.1108	0.1086

进行最小二乘法拟合后，得到拟合直线见图1。

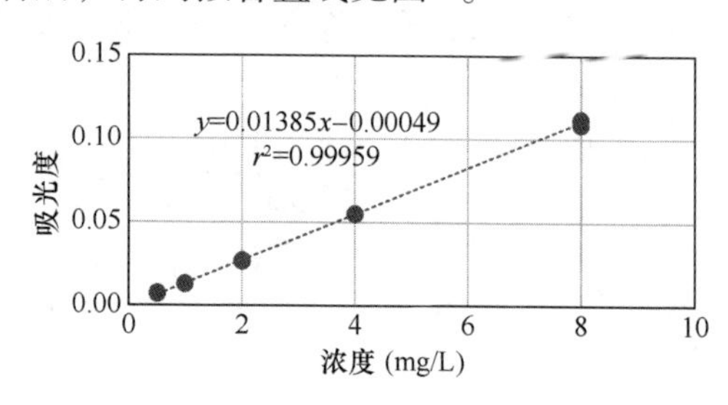

图1　拟合直线

曲线拟合不确定度：

$$u(C_0)=\frac{s(A)}{b}\sqrt{\frac{1}{p}+\frac{1}{n}+\frac{(A-\overline{C})^2}{s_{cc}}}=\frac{0.000822}{0.01385}\sqrt{\frac{1}{6}+\frac{1}{15}+\frac{(0.25-3.1)^2}{111.6}}=0.03285$$

式中　$s(A)=\sqrt{\frac{\sum_{j=1}^{n}[A_j-(a+bC_j)]^2}{n-2}}$ 为标准溶液吸光度的残差标准差，计算得 $s(A)=0.000822$；

$s_{cc}=\sum_{j=1}^{n}(C_j-\overline{C})^2$ 为标准溶液浓度的残差平方和，计算得 $s_{cc}=111.6$；

$\overline{C}=\frac{\sum_{j=1}^{n}C_j}{n}$ 为标准溶液平均浓度，计算得 $\overline{C}=3.1$；

式中　A——样品溶液测定浓度均值，经计算为0.25mg/L；

A_j——单次测定标准溶液的吸光度；

C_j——单次测定标准溶液的浓度值；

p——样品的测定次数，$p=6$；

n——标准溶液的测定次数，$n=15$；

a——拟合曲线截距，$a=-0.0005$；

b——拟合曲线斜率，$b=0.0139$。

则曲线拟合过程中引入的相对标准不确定度：

$$u_{rel}(C_0)=\frac{u(C_0)}{A}=\frac{0.03285}{0.25}=0.1314$$

3.2.4 重复性试验引入的相对标准不确定度

在统计控制状态下，对同一内墙涂料进行了 3 份样品总铅含量的平行测定，结果见表 2。

表 2 总铅含量重复性测试结果

样品号	1	2	3
样品称样量（g）	1.0003	1.0001	1.0012
总铅含量（mg/L）	0.2483	0.2475	0.2521
极差 R		0.0038	
平均值 A（mg/L）		0.25	

由表 2 的数据计算 3 次重复测定产生的标准不确定度：

$$u(S_p) = R/1.69 = 0.0023$$

$$u_{rel}(S_p) = u(S_p)/A = 0.0023/0.25 = 0.0092$$

4 合成相对标准不确定度 u_{crel}（W）

合成相对标准不确定度：

$$u_{rel}(W) = \sqrt{u_{rel}^2(\mathrm{Sta}) + u_{rel}^2(\mathrm{pre}) + u_{rel}^2(C_0) + u_{rel}^2(S_p)} = 0.1318$$

5 扩展不确定度 U_{95} 与测量结果 $\overline{W}$ 的表示

样品测试结果总铅的含量为 12.5mg/kg，取包含因子 $k=2$，则扩展不确定度：

$$U_{95} = u_{crel}(W) \times w \times k = 0.1318 \times 12.5 \times 2 = 3\mathrm{mg/kg}$$

内墙涂料中总铅含量的检测结果：

$$\overline{W} = (12.5 \pm 3)\mathrm{mg/kg}; k = 2$$

案例 61 电位滴定法测定水泥氯离子不确定度评定

中国建材检验认证集团股份有限公司 王 伟

1 概述

GB/T 176—2017《水泥化学分析方法》中列入了（自动）电位滴定法和离子色谱法测定水泥中氯离子的方法。

GB 175—2007《通用硅酸盐水泥》中规定了氯离子含量的化学品质指标（≤0.06%）。氯离子是水泥中的有害成分，超过一定的含量会对混凝土中的钢筋产生锈蚀，使钢筋锈蚀的同时还会产生膨胀，造成混凝土的破坏，所以需要准确测定水泥中氯离子的含量。随着我国水泥工业的不断发展和对混凝土建筑质量要求的提高，工程对水泥混凝土中氯离子含量的要求也越来越严格。因此准确测定水泥中的氯离子含量，对提高我国水泥和混凝土的质量具有重要意义。

本文对电位滴定法测量测定水泥氯离子方法的不确定度进行评定，以表明测定结果的离散程度，对测定结果的准确性进行评价。

电位滴定法测量测定水泥氯离子方法的基本信息如下：

1）评定依据：JJF 1059.1—2012《测量不确定度评定与表示》、JJG 196—2006《常用玻璃器皿》。

2）测定方法：GB/T 176—2017《水泥化学分析方法》第 6.31 节。

3）环境条件：温度为（20 ± 5）℃，相对湿度 50% ~ 70%。

4）试验仪器：电位滴定装置。

5）被测对象：水泥氯离子。

6）测定过程：用硝酸分解试样。定量加入少量氯离子标准溶液，以提高检测灵敏度。然后加入过氧化氢以氧化共存的干扰组分，如硫化物。加热溶液，冷却到室温，用氯离子电位滴定装置测量溶液的电位，用硝酸银标准滴定溶液滴定。

2　建立数学模型

电位滴定法测定水泥中氯离子质量分数的数学模型

$$w_{Cl^-} = \frac{T_{Cl^-} \times (V_{AgNO_3,1} - V_0)}{m \times 1000} \times 100\% \tag{1}$$

不确定度分量如下：

1）硝酸银标准滴定溶液对氯离子滴定度（T_{Cl^-}）的不确定度分量 $u(T_{Cl^-})$；

2）水泥中氯离子含量重复性测量的不确定度 u_A，包括测定方法、电位滴定装置重复性的不确定度；

3）滴定消耗溶液体积（$V_{AgNO_3,1}$）引入的不确定度 $u(V_{AgNO_3,1})$；

4）空白试验消耗溶液体积（V_0）引入的不确定度 $u(V_0)$；

5）称量试样质量（m）引入的不确定度 $u(m)$。

3　灵敏系数计算

在不确定度评定中灵敏系数是一个非常重要的参数。可以把灵敏系数理解为每个分量的不确定度对最终试验结果不确定度的影响。有些文献中又称灵敏系数为传递系数或传播系数。

当各输入量间均不相关时，相关系数为零。

被测量的估计值 y 的合成标准不确定度 u_c（y）：

$$u_c(y) = \sqrt{\sum_{i=1}^{N} \left[\frac{\partial f}{\partial x_i}\right]^2 u^2(x_i)} \tag{2}$$

式中　$u_c(y)$ ——合成的标准不确定度；

$\partial f/\partial x_i$ ——灵敏系数，它描述了输出估计值 y 如何随输入估计值 x_i 的变化。

电位滴定法测定水泥氯离子不确定度评定计算：

$$u_c(w_{Cl^-})^2 = \left[\frac{\partial w_{Cl^-}}{\partial T_{Cl^-}}\right]^2 u^2(T_{Cl^-}) + \left[\frac{\partial w_{Cl^-}}{\partial V_{AgNO_3,1}}\right]^2 u^2(V_{AgNO_3,1}) + \left[\frac{\partial w_{Cl^-}}{\partial V_{空白}}\right]^2 u^2(V_0)$$

$$+\left[\frac{\partial w_{Cl^-}}{\partial m}\right]^2 u^2(m) \tag{3}$$

测定水泥氯离子方法各输入量的实际数值见表 1 和表 3。

则式（3）中灵敏系数分别见式（4）~式（8）：

$$\left[\frac{\partial w_{Cl^-}}{\partial w_{Cl^-}}\right] = 1 \tag{4}$$

$$\left[\frac{\partial w_{Cl^-}}{\partial T_{Cl^-}}\right] = \frac{V_{AgNO_3,1} - V_0}{m \times 1000} \times 100\% = 0.037 \tag{5}$$

$$\left[\frac{\partial w_{Cl^-}}{\partial V_{AgNO_3,1}}\right] = \frac{T_{Cl^-}}{m \times 1000} \times 100\% = 0.015 \tag{6}$$

$$\left[\frac{\partial w_{Cl^-}}{\partial V_0}\right] = -\frac{T_{Cl^-}}{m \times 1000} \times 100\% = -0.015 \tag{7}$$

$$\left[\frac{\partial w_{Cl^-}}{\partial m}\right] = -\frac{T_{Cl^-} \times (V_{AgNO_3,1} - V_0)}{m^2 \times 1000} \times 100\% = -0.006 \tag{8}$$

4 不确定度分量的评定

1）硝酸银标准滴定溶液对氯离子滴定度（T_{Cl^-}）的标准不确定度分量 $u(T_{Cl^-})$。

① 氯离子滴定度的数学模型

氯离子滴定度的影响分量相对较多，将对其产生影响的不确定度分量进行评定并合成，作为滴定度的不确定度分量。因此对氯离子滴定度的数学模型为：

$$T_{Cl^-} = \frac{m_{NaCl} \times V_{NaCl,2} \times M_{Cl^-}}{M_{NaCl} \times V_{NaCl,1} \times V_{AgNO_3,2}} \tag{9}$$

不确定度分量分别为：

a）滴定度重复性的不确定度 $u(T_{Cl^-repeat})$；

b）称量基准氯化钠质量的不确定度 $u(m_{NaCl})$；

c）移液管容积的不确定度 $u(V_{NaCl,2})$；

d）Cl、NaCl 摩尔质量的不确定度 $u(M_{Cl^-})$ 和 $u(M_{NaCl})$；

e）容量瓶容积的不确定度 $u(V_{NaCl,1})$；

f）滴定管滴定体积的不确定度 $u(V_{AgNO_3,2})$；

g）NaCl 纯度引入的不确定度 $u(P_{NaCl})$。

② 氯离子标准溶液配制和标定

氯离子标准溶液［c=0.02mol/L］的配制：

称取 0.5844 g（m_{NaCl}）已于 105~110℃烘过 2h 的氯化钠（NaCl，基准试剂），置于烧杯中，加水溶解后，移入 500mL（$V_{NaCl,1}$）容量瓶中，定容。

硝酸银标准滴定溶液浓度的标定：

吸取 10.00mL 氯离子标准溶液（$V_{NaCl,2}$）放入 250mL 烧杯中，加入 2mL 硝酸（1+1），用水稀释至约 150mL，用硝酸银标准滴定溶液逐渐滴定（$V_{AgNO_3,2}$）。

③ 对氯离子滴定度不确定度分量的评定

a）滴定度重复性不确定度 $u(T_{Cl^-repeat})$

按照GB/T 601—2016《化学试剂　标准溶液的制备》两人八平行对硝酸银标准滴定溶液进行标定，对氯离子滴定度的测定结果见表1。

表1　两人各四平行测定氯离子滴定度的结果　　单位：mg/mL

序号	对氯离子滴定度（T_{Cl^-}）	
	第一人	第二人
1	0.705	0.705
2	0.705	0.704
3	0.707	0.707
4	0.705	0.703
单人四平行平均值	0.705	0.705
两人八平行平均值 $\bar{T}$	0.705	
标准偏差 $s(T)$	0.00136	

T_{Cl^-} 的标准偏差：

$$s(T)=\sqrt{\sum_{i=1}^{n}\frac{(T_{Cl^-}-\bar{T})^2}{n-1}}=\sqrt{\sum_{i=1}^{8}\frac{(T_{Cl^-}-\bar{T})^2}{8-1}}=0.00136 \tag{10}$$

滴定度重复测量平均值的不确定度 $u(T_{Cl^-repeat})$：

$$u(T_{Cl^-repeat})=\frac{s(T)}{\sqrt{n}}=\frac{s(T)}{\sqrt{8}}=4.80\times10^{-4}(mg/mL) \tag{11}$$

b）称量基准氯化钠质量的不确定度 $u(m_{NaCl})$

称量重复性包括天平本身的重复性和读数的重复性。称量重复性用标准差来表示，可通过多次称量进行统计，也可用经验的数值。对万分之一天平来说其标准不确定度约为0.05mg。

天平校准产生的不确定度一般都是由天平计量证书给出的。万分之一计量证书给出在0～20g范围内，测量误差为0.1mg，其按均匀分布标准不确定度。

用万分之一天平进行称量，称样要经过两次称取，其不确定度：

$$u(m_{NaCl})=\sqrt{0.05^2+\left(\frac{0.1}{\sqrt{3}}\right)^2\times2}=0.1(mg) \tag{12}$$

c）移液管容积的不确定度 $u(V_{NaCl,2})$

移液管容积不确定度主要取决于校准和重复性。

10mL移液管在20℃时的容积为（10.00±0.02）mL，假设偏差为矩形分布，移液管容积校准所导致的标准不确定度：

$$\frac{0.02}{\sqrt{3}}=0.012(mL) \tag{13}$$

对10mL移液管进行10次重复性容量测定，测得其标准偏差（即重复性标准不确定度）为0.02mL。

移液管容积的合成标准不确定度：

$$u(V_{NaCl,2}) = \sqrt{0.012^2 + \left(\frac{0.02}{\sqrt{3}}\right)^2} = 0.017mL \tag{14}$$

d）Cl^-、NaCl 摩尔质量的不确定度 $u(M_{Cl^-})$ 和 $u(M_{NaCl})$

从最新的 IUPAC 相对原子质量表：氯的相对原子质量 35.453，引用的不确定度 0.002，钠的相对原子质量 22.98976928，引用的不确定度 0.00000002，假设均匀分布。

氯的摩尔质量标准不确定度：

$$u(M_{Cl^-}) = \frac{0.002}{\sqrt{3}} = 1.155 \times 10^{-3} \tag{15}$$

氯化钠的摩尔质量标准不确定度：

$$u(M_{NaCl}) = \frac{\sqrt{0.002^2 + 0.00000002^2}}{\sqrt{3}} = 1.155 \times 10^{-3} \tag{16}$$

e）容量瓶容积的不确定度 $u(V_{NaCl,1})$

容量瓶容积不确定度主要取决于校准和重复性。

500mL 容量瓶在 20℃时的容积为（500 ±0.25）mL，假设偏差为矩形分布，容量瓶容积校准所导致的标准不确定度：

$$\frac{0.25}{\sqrt{3}} = 0.145(mL) \tag{17}$$

对 500mL 容量瓶进行 10 次重复性容量测定，测得其标准偏差（即重复性标准不确定度）为 0.02mL。

容量瓶容积的合成标准不确定度：

$$u(V_{NaCl,1}) = \sqrt{0.145^2 + \left(\frac{0.02}{\sqrt{3}}\right)^2} = 0.146(mL) \tag{18}$$

f）滴定管滴定体积不确定度 $u(V_{AgNO_3,2})$

滴定体积的重复性，该重复性已通过试验合成计入滴定度重复性中，在此不再考虑。

滴定管制造商提供的滴定管容量误差为 ±0.05mL，该线性分量近似于矩形分布，标准不确定度：

$$\frac{0.05}{\sqrt{3}} = 0.029(mL) \tag{19}$$

温度变化导致的标准不确定度：滴定管的校准温度为 20℃，实际使用温度可能变化的范围在 ±3℃，该不确定度分量近似于矩形分布，滴定样品消耗硝酸银标准滴定溶液的体积为 10.05mL，水的温度体积膨胀系数为 2.1×10^{-4}/℃，故温度变化导致的标准不确定度：

$$10.05 \times 2.1 \times 10^{-4} \times \frac{3}{\sqrt{3}} = 3.66 \times 10^{-3}(mL) \tag{20}$$

滴定管的合成标准不确定度 $u(V_{AgNO_3,2})$：

$$u(V_{AgNO_3,2}) = \sqrt{0.029^2 + 0.000366^2} = 0.030(mL) \tag{21}$$

g）NaCl 的纯度导致的标准不确定度 $u(P_{NaCl})$

氯化钠纯度按照供应商提供的证书，质量分数为 99.993%，扩展不确定度（$k=2$）

为0.008%，氯化钠纯度标准不确定度：

$$u(P_{NaCl}) = \frac{0.008\%}{2} = 0.004\% \tag{22}$$

滴定度测定过程中各个不确定的分量、测定数值、标准不确定度和相对不确定度汇总于表2。

表2　滴定度测定过程中数值与不确定度

符号	影响量	测定数值	标准不确定度	相对标准不确定度
repeat	重复性	1	4.80×10^{-4}mg/mL	0.00048
m_{NaCl}	NaCl 的质量	0.5844g	0.0001g	0.000171
$V_{NaCl,2}$	标定移取 NaCl 体积	10mL	0.017 mL	0.0017
M_{Cl^-}	Cl^-的摩尔质量	35.453	1.155×10^{-3}	0.000033
M_{NaCl}	NaCl 的摩尔质量	58.453	1.155×10^{-3}	0.00002
$V_{NaCl,1}$	NaCl 定容体积	500mL	0.146mL	0.000292
$V_{AgNO_3,2}$	标定 $AgNO_3$的体积	10.05mL	0.030mL	0.002985
P_{NaCl}	NaCl 的纯度	99.993%	0.004%	0.00004

滴定度的合成不确定度：

$$u_{rel}(T_{Cl^-}) = \sqrt{\left[\frac{u(T_{Cl^-repeat})}{T_{Cl^-repeat}}\right]^2 + \left[\frac{u(m_{NaCl})}{m_{NaCl}}\right]^2 + \left[\frac{u(V_{NaCl,2})}{V_{NaCl,2}}\right]^2 + \left[\frac{u(M_{Cl^-})}{M_{Cl^-}}\right]^2 + \left[\frac{u(M_{NaCl})}{M_{NaCl}}\right]^2 + \left[\frac{u(V_{NaCl,1})}{V_{NaCl,1}}\right]^2 + \left[\frac{u(V_{AgNO_3,2})}{V_{AgNO_3,2}}\right]^2 + \left[\frac{u(P_{NaCl})}{P_{NaCl}}\right]^2}$$

$$=0.0035 \tag{23}$$

式中　$u_{rel}(T_{Cl^-})$——相对不确定度。

滴定度合成标准不确定度：

$$u_c(T_{Cl^-}) = u_{rel}(T_{Cl^-}) \times T_{Cl^-} = 0.0035 \times 0.705 = 0.0025(\text{mg/mL}) \tag{24}$$

2）水泥中氯离子的含量重复性测量不确定度 u_A

对水泥试样进行10次平行测定，测定结果见表3。

表3　水泥中氯离子的测定结果

项目	1	2	3	4	5	6	7	8	9	10	平均值
m	5.0010	5.0001	5.0000	5.0012	5.0010	5.0013	5.0003	5.0011	5.0020	5.0001	5.0008
$V_{AgNO_3,1}$	3.83	3.85	3.91	3.92	3.85	3.86	3.89	3.82	3.93	3.89	3.88
w_{Cl^-}	0.025	0.026	0.027	0.027	0.026	0.026	0.026	0.025	0.027	0.026	0.026

注：表3中 m 是称取试样的质量（克）；$V_{AgNO_3,1}$是消耗硝酸银标准滴定溶液的体积（毫升）；w_{Cl^-}是试样中氯离子的质量分数。

氯离子含量重复性测量的相对标准偏差计算：

$$s(w_{Cl^-}) = \sqrt{\sum_{i=1}^{n}\frac{(w_{Cl^-} - \overline{w})^2}{n-1}} = \sqrt{\sum_{i=1}^{10}\frac{(w_{Cl^-} - \overline{w})^2}{10-1}} = 7.4\times10^{-4}\% \tag{25}$$

氯离子含量的重复测量的不确定度 $u(w_{Cl^-repeat})$：

$$u(w_{Cl^-repeat}) = \frac{s(w_{Cl^-})}{\sqrt{n}} = \frac{s(w_{Cl^-})}{\sqrt{10}} = 2.4 \times 10^{-4}\% \quad (26)$$

测定方法如下：

① 试样测定

称取约 5g 试样（ m ），置于 250mL 干烧杯中，加入 20mL 水，搅拌下加入 25mL 硝酸（1 + 1），加水稀释至 100mL。加入 2.00mL 氯离子标准溶液和 2mL 过氧化氢，盖上表面皿，加热煮沸，微沸 1 ~ 2min。冷却至室温，用硝酸银标准滴定溶液逐渐滴定（ $V_{AgNO_3,1}$ ）。

② 空白试验

吸取 2.00mL 氯离子标准溶液放入 250mL 烧杯中，加水稀释至 100mL。加入 2mL 硝酸（1 + 1）和 2mL 过氧化氢。盖上表面皿，加热煮沸，微沸 1 ~ 2min。冷却至室温。用硝酸银标准溶液滴定（ V_0 ）。

3）滴定体积的不确定度 $u(V_{AgNO_3,1})$

滴定体积的重复性，该重复性已通过试验合成计入氯离子质量分数重复性中，在此不再考虑。

滴定管制造商提供的 50mL 滴定管容量误差为 ±0.05mL，该线性分量近似于矩形分布，标准不确定度：

$$\frac{0.05}{\sqrt{3}} = 0.029(\text{mL}) \quad (27)$$

温度变化导致的标准不确定度：滴定管的校准温度为 20℃，实际使用温度可能变化的范围在 ±3℃，该不确定度分量近似于矩形分布，滴定样品消耗硝酸银标准滴定溶液的体积为 10.05mL，水的温度体积膨胀系数为 2.1×10^{-4}/℃，故温度变化导致的标准不确定度：

$$3.88 \times 2.1 \times 10^{-4} \times \frac{3}{\sqrt{3}} = 1.42 \times 10^{-3}(\text{mL}) \quad (28)$$

滴定管的合成标准不确定度 $u(V_{AgNO_3,1})$：

$$u(V_{AgNO_3,1}) = \sqrt{0.029^2 + 0.00142^2} = 0.030(\text{mL}) \quad (29)$$

4）空白试验引入的不确定度 $u(V_0)$

空白测定 3 次，分别为 2.02mL、2.04mL、2.03mL，$n = 3$，查表得极差系数 C 为 1.69，极差 $R = 2.04 - 2.02 = 0.02$，则标准不确定度计算：

$$\frac{R}{C\sqrt{n}} = \frac{0.02}{1.69 \times \sqrt{3}} = 6.84 \times 10^{-3}(\text{mL}) \quad (30)$$

滴定管制造商提供的 2mL 移液管容量误差为 ±0.01mL，该线性分量近似于矩形分布，移液管容量的不确定度：

$$\frac{0.01}{\sqrt{3}} = 0.006(\text{mL}) \quad (31)$$

温度变化导致的标准不确定度：滴定管的校准温度为 20℃，实际使用温度可能变化的范围在 ±3℃，该不确定度分量近似于矩形分布，滴定样品消耗硝酸银标准滴定溶液的体积为 2.00mL，水的温度体积膨胀系数为 2.1×10^{-4}/℃，故温度变化导致的标准不确定度：

$$2.00\times2.1\times10^{-4}\times\frac{3}{\sqrt{3}}=7.3\times10^{-4}(\text{mL}) \tag{32}$$

空白试验的合成标准不确定度：

$$u(V_0)=\sqrt{(6.84\times10^{-3})^2+0.006^2+(7.3\times10^{-4})^2}=0.010(\text{mL}) \tag{33}$$

5）称量试样导致的不确定度 $u(m)$

称量重复性包括天平本身的重复性和读数的重复性，称量重复性用标准差来表示，可通过多次称量进行统计，也可用经验的数值。对万分之一天平来说其标准不确定度约为 0.05mg。

天平校准产生的不确定度一般都是由天平计量证书给出。万分之一计量证书给出在 0～20g 范围内测量误差为 0.1mg，其按均匀分布标准不确定度。

用万分之一天平进行称量，称样要经过两次称取，其不确定度计算：

$$u(m)=\sqrt{0.05^2+\left(\frac{0.1}{\sqrt{3}}\right)^2\times2}=0.1(\text{mg}) \tag{34}$$

5　合成标准不确定度

不确定度分量 = 灵敏系数 × 影响量的不确定度，将不确定度分量、灵敏系数、影响量的不确定度列入表 4。

表 4　不确定分量明细表

项目	影响量	灵敏系数 c	影响量的不确定度	不确定度分量	相关性
$w_{Cl-repeat}$	测量重复性	1	2.4×10^{-4}	0.00024	无
T_{Cl^-}	滴定度	0.037	0.0025	0.0000925	无
$V_{AgNO_3,1}$	消耗 $AgNO_3$ 体积	0.014	0.030	0.00042	无
V_0	空白试验	0.014	0.010	0.00014	无
m	试样质量	0.005	0.0001	0.0000005	无

电位滴定法测定水泥中氯离子的合成标准不确定度的计算：

$$u_c(w_{Cl^-})=\sqrt{\left[\frac{\partial w_{Cl^-}}{\partial T_{Cl^-}}\right]^2u^2(T_{Cl^-})+\left[\frac{\partial w_{Cl^-}}{\partial V_{AgNO_3,1}}\right]^2u^2(V_{AgNO_3,1})+\left[\frac{\partial w_{Cl^-}}{\partial V_0}\right]^2u^2(V_0)+\left[\frac{\partial w_{Cl^-}}{\partial m}\right]^2u^2(m)}$$
$$=0.0006\% \tag{35}$$

6　扩展不确定度与测量结果的表示

取置信概率 95%，$k=2$，计算扩展不确定度：

$$U=k\times u_c(w_{Cl^-})=0.002\% \tag{36}$$

电位滴定法测定水泥中氯离子的扩展不确定度 $U=0.002\%$；$k=2$。

7　小结

GB/T 176—2017《水泥化学分析方法》中（自动）电位滴定法重复性限和再现性限

分别是 0.005% 和 0.010%，这与国际标准 ISO 29581—1：2009 一致，硫氰酸铵容量法测定氯离子重复性限和再现性限分别是 0.005% 和 0.010%，在 GB/T 176—2008 中磷酸蒸馏-汞盐滴定测定氯离子重复性限和再现性限分别是 0.003% 和 0.005%。本次评定电位滴定法测定水泥中氯离子的扩展不确定度为 $U=0.002\%$ （$k=2$），与国际标准相比较不确定度低于国际标准，说明测定结果的离散程度比较小，精密度比较高。

参 考 文 献

[1] 中华人民共和国国家质量技术监督检验检疫总局．测量不确定度评定与表示：JJF 1059.1—2012[S]．北京：中国标准出版社，2013.

[2] 国家质量监督检验检疫总局．常用玻璃器皿检定规程：JJG 196—2006[S]．北京：中国计量出版社，2007.

[3] 中华人民共和国国家质量监督检验检疫总局，中国国家标准化管理委员会．水泥化学分析方法：GB/T 176—2017[S]．北京：中国标准出版社，2017.

[4] 中华人民共和国国家质量监督检验检疫总局，中国国家标准化管理委员会．化学试剂　标准溶液的制备：GB/T 601—2016[S]．北京：中国标准出版社，2017.

案例 62　自动电位滴定法测量水泥中氯离子的测量不确定度评定

中国建材检验认证集团浙江有限公司　郭程铭　王庆云

1　概述

1）评定依据：JJF 1059.1—2012《测量不确定度评定与表示》；

JJF 1135—2005《化学分析测量不确定度评定》。

2）测量方法：GB/T 176—2017《水泥化学分析方法》国家标准中 6.31（自动）电位滴定法。

3）环境条件：20℃。

4）试验仪器：分析天平（精确至 0.0001g），自动电位滴定仪，玻璃烧杯（250mL），电炉，移液管（2mL）。

5）被测对象：水泥。

6）测量过程：用硝酸分解试样。加入氯离子标准溶液，提高检测灵敏度。然后加入过氧化氢以氧化共存的干扰组分，并加热溶液。冷却到室温，用氯离子电位滴定装置测量溶液的电位，用硝酸银标准滴定溶液滴定。

2　建立数学模型

$$w_{Cl^-} = \frac{T_{Cl^-} \times (V_1 - V_2) \times 0.1}{m}$$

式中　w_{Cl^-}——试样中氯离子的质量分数，%；

T_{Cl^-}——硝酸银标准滴定溶液对氯离子的滴定度，mg/mL；

V_1——滴定时消耗硝酸银标准滴定溶液的体积，mL；

V_2——滴定空白时消耗硝酸银标准滴定溶液的体积，mL；

m——试料的质量，g。

硝酸银标准滴定溶液的浓度按下式计算：

$$c(AgNO_3) = \frac{0.02 \times 10.00}{V} = \frac{0.2}{V}$$

式中　$c(AgNO_3)$——硝酸银标准滴定溶液的浓度，mol/L；

V——滴定时消耗硝酸银标准溶液的体积，mL；

0.02——氯离子标准溶液的浓度，mol/L；

10.00——加入氯离子标准溶液的体积，mL。

硝酸银标准滴定溶液对氯离子的滴定度按下式计算：

$$T_{Cl^-} = c(AgNO_3) \times 35.45$$

式中　T_{Cl^-}——硝酸银标准溶液对氯离子的滴定度，mg/mL；

$c(AgNO_3)$——硝酸银标准滴定溶液的浓度，mol/L；

35.45——Cl 的摩尔质量，g/mol。

3　不确定度分量的评估

（自动）电位滴定法测定水泥化学分析中氯离子含量不确定度的主要来源包括：

（1）测量重复性引入的相对不确定度；

（2）称量引入的相对不确定度；

（3）移液管吸取溶液体积引入的相对标准不确定度；

（4）滴定时消耗硝酸银标准溶液体积引入的相对标准不确定度；

（5）标定硝酸银标准溶液浓度引入的相对标准不确定度。

4　合成相对标准不确定度

对一水泥样品进行测试，试验数据见表 1。

表 1　试验数据

称样量	滴定度	空白	标准溶液消耗量	氯离子含量
5.0211g	0.7019mg/mL	2.01mL	4.55mL	0.036%

4.1　A 类不确定度评定

对同一批共 10 个相同的水泥样品进行检验，检验结果均符合 GB/T 176—2017 中允许误差范围的要求，检测结果见表 2。

表 2　检测结果

检验序号 i	1	2	3	4	5
检验结果 X_i	0.036%	0.036%	0.038%	0.036%	0.038%
检验序号 i	6	7	8	9	10
检验结果 X_i	0.036%	0.036%	0.036%	0.037%	0.036%

由于 $n=10$，X_i 的最佳评估值为 $\overline{X}$，计算如下：

$$\overline{X} = (\sum_{i=1}^{n} X_i)/n = 0.0365\%$$

由贝塞尔公式求单次测得值的试验标准差：

$$s(X) = \sqrt{\frac{\sum_{i=1}^{n}(X_i - \overline{X})^2}{n-1}} = 0.0008498\%$$

平均值 $\overline{X}$ 的试验标准差：

$$s(\overline{X}) = \frac{s(X)}{\sqrt{n}} = \frac{0.0008498\%}{\sqrt{10}} = 0.00026873\%$$

由重复试验引起的相对标准不确定度：

$$u(\overline{X}) = \frac{s(\overline{X})}{\overline{X}} = \frac{0.00026873\%}{0.0365\%} = 0.007364$$

4.2　B 类不确定度评定

由数学模型可知，B 类不确定度主要包括硝酸银溶液浓度 c 引入的不确定度、试验时体积 V 引入的不确定度、样品称量质量 m 引入的不确定度。

4.2.1　硝酸银溶液浓度引入的相对标准不确定度

由数学模型可知，硝酸银溶液的标定引入的不确定度包括基准氯化钠标准溶液的配制引入的不确定度，加入氯化钠标准溶液的体积引入的不确定度。

4.2.1.1　基准氯化钠标准溶液的配制引入的相对标准不确定度 $u_{\mathrm{rel(c)}}$

① 天平称量引入的相对标准不确定度 $u_{\mathrm{rel(m基)}}$

天平称量过程引入的不确定度主要由天平示值误差带入。本试验所使用的天平为 I 级天平，称样量 1.1688g，根据检定证书，其示值允许差为 0.3mg，考虑为矩形分布，则

$$u_{\mathrm{rel}(m基)} = \frac{3/11688}{\sqrt{3}} = 1.482 \times 10^{-4}$$

② 基准氯化钠纯度引入的相对标准不确定度 $u_{\mathrm{rel(p)}}$

所用基准氯化钠的纯度 p 为（100 ±0.05)%，考虑均匀分布，包含因子 $k=\sqrt{3}$，因此引入的相对标准不确定度：

$$u_{\mathrm{rel(p)}} = \frac{0.05\%}{\sqrt{3} \times 100\%} = 2.887 \times 10^{-4}$$

③ 基准氯化钠的摩尔质量引入的不确定度 $u_{\mathrm{rel}(M\mathrm{NaCl})}$

从 IUPAC 最新版的相对原子质量表中查得氯化钠组成元素的相对原子质量以及扩展不确定度，按均匀分布考虑，包含因子 $k=\sqrt{3}$，求得各元素相对原子质量的标准不确定度见表 3。

表 3　各元素相对原子质量的标准不确定度

元素	相对原子质量	扩展不确定度	标准不确定度
Na	22.989770	0.000002	1.16×10^{-6}
Cl	35.453	0.002	1.16×10^{-3}

$$u_{rel}(M_{NaCl}) = \frac{\sqrt{[u(M_{Na})]^2 + [u(M_{Cl^-})]^2}}{58.443} = 1.985 \times 10^{-5}$$

④ 容量瓶定容引入的相对标准不确定度 $U_{rel(V容)}$

容量计量器具（包括容量瓶、移液管、滴定管等）引入的不确定度包括定容体积准确性引入的不确定度和校准与使用时的温度不同所引入的不确定度。根据器具级别，可知 VmL 器具的最大允许差 xmL，其不确定度区间半宽为 xmL，允许出现在此区间服从均匀分布，所以定容体积准确性引入的不确定度为（$x/\sqrt{3}$）mL。校准与使用时的温度不同所引入的不确定度，可视校准与使用温差为5℃，水的膨胀系数为 2.1×10^{-4}/℃，则体积变化为（$V\times2.1\times10^{-4}\times5$℃）mL，在95%置信概率下，标准偏差为（$1.05\times10^{-3}V/1.96$）mL；故容量计量器具引入的相对标准不确定度：

$$u_{rel}(V) = \frac{\sqrt{\left(\frac{x}{\sqrt{3}}\right)^2 + \left(\frac{1.05\times10^{-3}V}{1.96}\right)^2}}{V}$$

本试验采用的A级1000mL容量瓶，其允许差 x 为 ±0.40mL，代入公式，则容量瓶定容引入的相对标准不确定度：

$$u_{rel}(V_{容}) = \frac{\sqrt{\left(\frac{x}{\sqrt{3}}\right)^2 + \left(\frac{1.05\times10^{-3}V_{容}}{1.96}\right)^2}}{V_{容}} = 5.83\times10^{-4}$$

综上所述，由基准氯化钠标准溶液的配制引入的相对标准不确定度 u_{rel}（c'）：

$$u_{rel(c')} = \sqrt{[u_{rel(m基)}]^2 + [u_{rel(p)}]^2 + [u_{rel}(M_{NaCl})]^2 + [u_{rel}(V_{容})]^2} = 3.251\times10^{-4}$$

4.2.1.2　加入氯化钠标准溶液体积引入的相对标准不确定度 u_{rel}（V'）

加入氯化钠标准溶液的体积使用的是A级10mL移液管，其允许差 x 为 ±0.020mL，代入公式，则加入氯化钠标准溶液的体积引入的相对标准不确定度：

$$u_{rel}(V') = \frac{\sqrt{\left(\frac{x}{\sqrt{3}}\right)^2 + \left(\frac{1.05\times10^{-3}V'}{1.96}\right)^2}}{V'} = 1.268\times10^{-3}$$

4.2.1.3　基准硝酸银溶液浓度引入的相对标准不确定度 u_{rel}（c）计算

$$u_{rel(c)} = \sqrt{[u_{rel(c')}]^2 + [u_{rel(V')}]^2} = 1.433\times10^{-3}$$

4.2.2　试样称量时引入的相对标准不确定度 u_{rel}（m）

天平称量过程中引入的不确定度主要由天平示值误差带入，本试验所使用的天平为Ⅰ级天平，称样量 m 为5.0211g，根据检定证书，其示值误差为0.3mg，考虑为矩形分布，则：

$$u_{rel}(m) = \frac{3/5.0211}{\sqrt{3}} = 3.45\times10^{-5}$$

4.2.3 B 类不确定度合成

$$u_{rel},B = \sqrt{[u_{rel(c)}]^2 + [u_{rel(m)}]^2} = 0.001433$$

4.3 不确定度合成

$$u_{rel}(Cl^-) = \sqrt{[u_{rel,A}]^2 + [u_{rel,B}]^2} = 0.007502$$

不确定度分量一览表，见表 4。

表 4　不确定度分量一览表

序号	不确定度分量	不确定度来源	量值	标准不确定度	相对标准不确定度
A	$u(\overline{X})$	样品不均匀、试验过程中操作等随机误差引入	0.0365%	8.495×10^{-4}%	7.364×10^{-3}
B1.1.1	u（m 基）	天平称量基准氯化钠引入的不确定度	1.1168g	0.1732mg	1.482×10^{-4}
B1.1.2	$u_{rel}(P)$	基准氯化钠纯度引入的不确定度	100%	0.02887%	2.887×10^{-4}
B1.1.3	$u(M)$	基准氯化钠的摩尔质量引入的不确定度	58.443	1.16×10^{-3}	1.985×10^{-5}
B1.1.4	$u(V_{容})$	容量瓶定容引入的不确定度	1000mL	0.583mL	5.830×10^{-4}
B1.2	$u(V')$	加入氯化钠标准溶液体积引入的不确定度	10mL	0.01268mL	1.268×10^{-3}
B2	$U(m)$	试样称量时引入的不确定度	5.0211g	0.1732mg	3.450×10^{-5}

5　扩展不确定度与测量结果的表示

取 $k=2$，则相对扩展不确定度 $U_{95rel}(Cl^-) = k\,u_{rel}(Cl^-)$，大约是置信概率近似为 95% 的区间半宽。

故可求得相对扩展不确定度：

$$U_{95rel}(Cl^-) = 2\,u_{rel}(Cl^-) = 2\times0.007502 = 0.015$$

在本次水泥中氯离子检测报告中应给出的结果为

$$U_{95rel} = u_{rel}(Cl^-)\times X_{Cl^-} = 0.015\times0.036\% = 0.00054\%$$

测量结果表示为 $(0.036\pm0.001)\%$，$k=2$。

案例 63　涂料中萘含量测量不确定度评定

中国建材检验认证集团苏州有限公司　刘昌宁

1　概述

1）评定依据：JJF 1059.1—2012《测量不确定度评定与表示》；

JJF 1135—2005《化学分析测量不确定度评定》；

JJG 196—2006《常用玻璃量器检定规程》；

CNAS—CL01：2018《检测和标准实验室能力认可准则》。

2）　测量方法：GB/T 36488—2018《涂料中多环芳烃的测定》。

3）　环境条件：温度(20 ±5)℃，相对湿度(50 ±5)%。

4）　试验仪器与试剂：

Trace 1300—ISQ 气相色谱与质谱联用仪（美国 Thermo Fisher 公司）；
电子天平（瑞士 Mettler Toledo 公司）；
DTC-27 多功能静音型台式超声波清洗仪（湖北鼎泰高科有限公司）；
台式高速离心机（湘仪离心机仪器有限公司）；
包括萘的 16 种多环芳烃混标（浓度 200μg/mL，不确定度 3%，美国 AccuStandard 公司）；
正己烷（色谱纯，美国 Tedia 公司）。

5）被测对象：涂料中萘含量。

6）测量过程：

① 多环芳烃标准储备液的配制

移取 16 种多环芳烃混标的标准溶液 1000μL 放入 50mL 容量瓶中，用正己烷定容，配制成 4 mg/L 的多环芳烃标准储备液；

② 标准曲线溶液的配制

分别移取一定体积的多环芳烃标准储备液，用正己烷定容至 25 mL 容量瓶中，配制成多环芳烃标准曲线溶液，具体如表 1 所示。

表 1　标准曲线溶液的配制

标准曲线序列	1	2	3	4	5	6
移取多环芳烃标准储备液体积（mL）	0	0.5	1.0	2.0	5.0	10.0
标准曲线浓度（mg/L）	0	0.08	0.16	0.32	0.80	1.60

③ 样品前处理

称取搅拌均匀的涂料约 2g（精确至 0.1mg），用 10mL 移液枪加入 10mL 正己烷于 20mL 带盖玻璃瓶中，超声萃取 30min。超声结束并冷却后经离心将上清液转移至 25mL 容量瓶中，沉降部分再用 10mL 移液枪加入 10mL 正己烷并超声萃取 30min。超声结束并冷却后经离心将上清液合并于 25mL 容量瓶中，用正己烷定容。最后用 0.45μm 微孔滤膜过滤，得涂料提取液，按标准曲线溶液的测试方法进行 GC-MS 分析。

2　建立数学模型

按 GB/T 36488—2018《涂料中多环芳烃的测定》，用外标法计算涂料多环芳烃中萘含量，其数学模型：

$$X = \frac{c \times V}{m} \times f$$

式中　X——涂料中萘含量，mg/kg；
c——由标准曲线求得的涂料提取液中萘浓度，mg/L；
V——涂料提取液的定容体积，mL；
m——涂料质量，g；
f——稀释因子（如需要）。

3　不确定来源分析

根据数学模型和测量过程，测量结果的不确定度分量主要来自多环芳烃标准曲线溶液的配制、样品前处理、测量重复性、标准曲线拟合、方法回收率等，具体如图 1 所示。

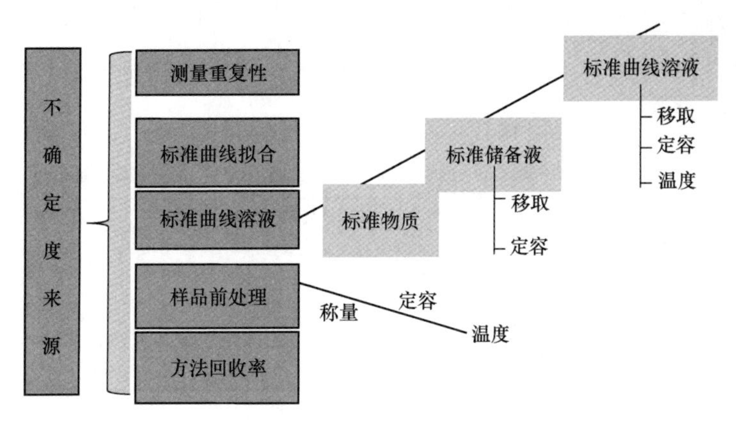

图 1　不确定度分量来源图

4　不确定度分量的评估

4.1　标准曲线溶液引入的相对标准不确定度

4.1.1　标准物质引入的相对标准不确定度 u_{rel}（s）

根据多环芳烃标准溶液证书，16 种多环芳烃标准溶液的浓度均为 200μg/mL，不确定度 U 均为 3%，按正态分布考虑，$k=3$，其相对标准不确定度：

$$u_{rel}(s) = \frac{U}{k} = \frac{3\%}{3} = 1.00 \times 10^{-2}$$

4.1.2　标准储备液引入的相对标准不确定度 u_{rel}（c）

使用 1000μL 可调移液器移取 16 种多环芳烃标准物质 1000μL 放入 50mL 容量瓶中，用正己烷定容得标准储备液。查计量检定证书，1000μL 可调移液器不确定度为 $U=0.3\%$，$k=2$；50mL 容量瓶不确定度为 $U=0.018\text{mL}$，$k=2$。各分量的不确定度：

1）1000μL 可调移液器的相对标准不确定度：$u_{rel}(1000\mu\text{L}) = \frac{U}{k} = \frac{0.3\%}{2} = 1.5 \times 10^{-3}$

2）50mL 容量瓶的相对标准不确定度：$u_{rel}(50\text{mL}) = \frac{U}{k \times V_{容量瓶}} = \frac{0.018}{2 \times 50} = 1.8 \times 10^{-4}$

由以上相对标准不确定度分量可得，标准储备液引入的相对标准不确定度：

$$u_{rel}(c) = \sqrt{u_{rel}(1000\mu\text{L})^2 + u_{rel}(50\text{mL})^2} = 1.51 \times 10^{-3}$$

4.1.3　标准曲线溶液配制过程中由玻璃量器引入的相对标准不确定度 u_{rel}（V）

标准曲线溶液配制过程中使用了容量瓶和一系列移液管等玻璃量器，按照 JJG 196—2006《常用玻璃量器检定规程》的要求，对所使用的玻璃量器有相应的最大允许误差，取均匀分布，可计算其相对标准不确定度。计算公式：

$$u_{rel}(V_x) = \frac{2\alpha}{2k \times V} = \frac{\alpha}{k \times V}$$

式中　α——最大允许误差半宽度；

V——玻璃量器体积；

k——$\sqrt{3}$。

标准曲线溶液配制过程中由玻璃量器引入的相对标准不确定度如表 2 所示，并按如下公式进行合成：

表 2　标准曲线溶液配制过程中由玻璃量器引入的相对标准不确定度

玻璃量器	使用次数	最大允许误差/mL	相对标准不确定度
25mL 单标线容量瓶	6	± 0.03	$u_{rel}(V_1)=6.93\times10^{-4}$
1mL 单标线移液管	2	± 0.007	$u_{rel}(V_2)=4.04\times10^{-3}$
2mL 单标线移液管	1	± 0.010	$u_{rel}(V_3)=2.89\times10^{-3}$
5mL 单标线移液管	1	± 0.015	$u_{rel}(V_4)=1.73\times10^{-3}$
10mL 单标线移液管	1	± 0.020	$u_{rel}(V_5)=1.15\times10^{-3}$

$$u_{rel}(V)=\sqrt{6u_{rel}(V_1)^2+2u_{rel}(V_2)^2+u_{rel}(V_3)^2+u_{rel}(V_4)^2+u_{rel}(V_5)^2}=6.94\times10^{-3}$$

4.1.4　标准曲线溶液配制过程中温度变化引入的相对标准不确定度 $u_{rel}(T)$

实验室所用的玻璃量器一般于 20℃ 下进行计量，本试验区域温度控制范围为 (20 ±5)℃，由膨胀系数可以求出由温度变化引起的不确定度。但是一般溶剂的膨胀系数远比玻璃的膨胀系数大，因此本书由温度变化引起的玻璃膨胀忽略不计。已知正己烷的膨胀系数 $\alpha=1.36\times10^{-3}$/℃，假设温度变化为均匀分布，计算公式：

$$u_{rel}(T_x)=\frac{V\times\alpha\times\Delta t}{k\times V}$$

式中　α——正己烷的膨胀系数；

V——玻璃量器体积；

Δt——温度变化的半宽度；

k——$\sqrt{3}$。

由此计算的相对标准不确定度见表 3，并按以下公式计算由温度变化引入的相对标准不确定度：

表 3　标准曲线溶液配制过程中由温度变化引入的相对标准不确定度

玻璃量器	使用次数	相对标准不确定度
25mL 单标线容量瓶	6	$u_{rel}(T_1)=3.93\times10^{-3}$
1mL 单标线移液管	2	$u_{rel}(T_2)=3.93\times10^{-3}$
2mL 单标线移液管	1	$u_{rel}(T_3)=3.93\times10^{-3}$
5mL 单标线移液管	1	$u_{rel}(T_4)=3.93\times10^{-3}$
10mL 单标线移液管	1	$u_{rel}(T_5)=3.93\times10^{-3}$

$$u_{rel}(T)=\sqrt{6u_{rel}(T_1)^2+2u_{rel}(T_2)^2+u_{rel}(T_3)^2+u_{rel}(T_4)^2+u_{rel}(T_5)^2}=1.30\times10^{-2}$$

4.2　样品前处理引入的相对标准不确定度

4.2.1　样品称量引入的相对标准不确定度 $u_{rel}(m)$

用精度为 0.1mg 天平准确称取样品 $m=2.0151$g，查天平计量证书，其不确定度为 $U=0.1$g，$k=2$，则称量引入的相对标准不确定度：

$$u_{rel}(m) = \frac{U}{k \times m} = \frac{0.1 \times 10^{-3}}{2 \times 2.0151} = 2.48 \times 10^{-2}$$

4.2.2 样品定容引入的相对标准不确定度 u_{rel} (V_s)

用正己烷对称量的样品进行超声过滤等前处理，最后定容至 25 mL 容量瓶中，已知 25 mL 容量瓶和正己烷温度变化的相对标准不确定度分别为 $u_{rel}(V_1) = 6.93 \times 10^{-4}$ 和 $u_{rel}(T_1) = 3.93 \times 10^{-3}$；因此，由样品定容引入的相对标准不确定度按以下公式计算，可得：

$$u_{rel}(V_s) = \sqrt{u_{rel}(V_1)^2 + u_{rel}(T_1)^2} = 3.99 \times 10^{-3}$$

4.3 测量重复性引入的相对标准不确定度 u_{rel} (X)

准确称取涂料并按照 2.3 进行前处理，对涂料提取液进行 GC-MS 重复测量 6 次，按 A 类评定方法中的贝塞尔公式计算涂料浓度、标准偏差、相对标准不确定度，计算公式如下。具体数据如表 4 所示。

$$u_{rel}(X_{repeat}) = \frac{s(X)}{\sqrt{n} \times \overline{X}}$$

表 4 测量重复性引入的相对标准不确定度

测量结果	测量次数 n						平均值	标准偏差 $s(X)$	$u_{rel}(X)$
	1	2	3	4	5	6			
峰面积 A	56541	52542	53621	58742	53651	55495	/	/	/
浓度 c_1 (mg/L)	0.213	0.198	0.202	0.222	0.202	0.209	$\overline{c_1} = 0.208$	/	/
含量 X (mg/kg)	0.661	0.614	0.626	0.687	0.627	0.649	$\overline{X} = 2.58$	0.109	1.72×10^{-2}

4.4 标准曲线拟合引入的相对标准不确定度 u_{rel} (Q)

对标准曲线溶液中每一个浓度点进行 GC-MS 测定 3 次，得到相应的峰面积，用最小二乘法拟合标准曲线溶液的浓度与峰面积曲线，并计算标准曲线中峰面积的标准差 s_A 和标准曲线拟合引入的相对标准不确定度 $u_{rel}(Q)$，具体数据如表 5 和表 6 所示。

标准曲线中峰面积的标准差 s_A：

$$s_A = \sqrt{\frac{\sum_{i=1}^{n}\sum_{j=1}^{m}[A_{i,j} - (ac_i + b)]^2}{mn - 2}}$$

式中 $A_{i,j}$——标准曲线溶液中第 i 个浓度水平下第 j 次测量的峰面积；

a——拟合标准曲线的斜率；

b——拟合标准曲线的截距；

c_i——标准曲线溶液中第 i 个浓度水平的浓度，mg/L；

n——标准曲线溶液浓度点的个数（$n = 6$）；

m——标准曲线溶液中浓度点的平行测定次数（$m = 3$）。

表5　标准曲线溶液的峰面积

测量次数	标准曲线系列溶液的峰面积					
	0mg/L	0.02mg/L	0.04mg/L	0.08mg/L	0.20mg/L	0.40mg/L
1	0	20110	42541	85143	223651	421536
2	0	21778	43214	86512	214126	415968
3	0	19891	41019	83210	203695	432011
平均值	0	20593	42258	84955	213824	418752
标准曲线方程	$A=2.62\times10^5c+6.40\times10^2$					
相关系数 r	0.9999					
s_A	5.12×10^3					

标准曲线拟合引入的相对标准不确定度为 $u_{rel}(Q)$：

$$u_{rel}(Q)=\frac{s_A}{\bar{c}_1\times a}\sqrt{\frac{1}{p}+\frac{1}{N}+\frac{(\bar{c}_1-\bar{c}_0)^2}{\sum_{i=1}^{N}(c_i-\bar{c}_0)^2}}$$

式中　s_A——标准曲线中峰面积的标准差；

$\bar{c}_1$——由标准曲线求得的涂料提取液浓度的平均值，mg/L，如表4所示；

a——拟合标准曲线的斜率；

p——涂料提取液的平行测量次数；

N——标准曲线溶液的总测量次数；

$\bar{c}_0$——标准曲线溶液总的浓度平均值，mg/L；

c_i——标准曲线溶液中第 i 个浓度水平的浓度，mg/L。

表6　标准曲线拟合引入的相对标准不确定度

s_A	a	p	N	$\bar{c}_1$	$\bar{c}_0$	$(\bar{c}_1-\bar{c}_0)^2$	$\sum_{i=1}^{N}(c_i-\bar{c}_0)^2$	$u_{rel}(Q)$
5.12×10^3	2.62×10^5	6	18	0.208	0.493	8.12×10^{-2}	3.577	4.65×10^{-2}

4.5　方法回收率引入的相对标准不确定度 $u_{rel}(R)$

由于测试涂料中萘含量需要经过一系列处理和测试过程，每一个步骤都可能会引入不确定度，逐步计算每个步骤的不确定度是相当困难的，因此本文用空白涂料样品做方法回收率测试，以确定检测过程中引入的相对标准不确定度，具体为重复测量6次空白涂料样品加标回收率，按A类评定方法中的贝塞尔公式计算回收率引入的相对标准不确定度：

$$u_{rel}(R)=\frac{s(R)}{\sqrt{n}\times\bar{R}}$$

对上述所得方法回收率结果进行显著性检验（t 检验），其中 t 按以下公式计算：

$$t=\frac{|100\%-\bar{R}|}{u_{rel}(R)}$$

在95%置信概率、自由度 $f=n-1=5$ 时，查 t 检验临界值分布表，t 分布临界值

$t_{(0.95,5)}=2.57$，即当检验值 $t\geq 2.57$ 时，回收率有显著性差异，回收率需带入计算以修正结果；反之则无需带入修正结果。结果见表 7，由表可知回收率需带入计算进行结果修正，修正结果 $X'=\frac{\overline{X}}{\overline{R}}$。

表 7　方法回收率引入的相对标准不确定度

回收率 (%)	平均值 $\overline{R}$(%) ($n=6$)	标准偏差 $s(R)$	相对标准不确定度 $u_{rel}(R)$	显著性检验 t	是/否用回收率修正	修正结果 X' (mg/kg)
98.56	97.46	7.88×10^{-3}	3.30×10^{-3}	7.69	是	2.65
96.75						
98.31						
96.75						
97.31						
97.08						

5　合成相对标准不确定度

根据上述不确定度的评定过程，得涂料中萘含量的相对标准不确定度分量，如表 8 所示。由于以上各不确定度分量相互独立，不考虑各分量间的相关性，按以下公式计算合成相对标准不确定度，结果如表 8 所示。

$$u_{rel}=\sqrt{\begin{array}{l}u_{rel}(s)^2+u_{rel}(c)^2+u_{rel}(V)^2+u_{rel}(T)^2+u_{rel}(m)^2\\+u_{rel}(V_s)^2+u_{rel}(X)^2+u_{rel}(Q)^2+u_{rel}(R)^2\end{array}}$$

表 8　涂料中萘含量的相对标准不确定度分量

序号	不确定度来源	符号	相对标准不确定度分量
1	标准物质	$u_{rel}(s)$	1.00×10^{-2}
2	标准储备液	$u_{rel}(c)$	1.51×10^{-3}
3	玻璃量器	$u_{rel}(V)$	6.94×10^{-3}
4	温度	$u_{rel}(T)$	1.30×10^{-2}
5	样品称量	$u_{rel}(m)$	2.48×10^{-2}
6	样品定容	$u_{rel}(V_s)$	3.99×10^{-3}
7	测量重复性	$u_{rel}(X)$	1.72×10^{-2}
8	标准曲线拟合	$u_{rel}(Q)$	4.65×10^{-2}
9	方法回收率	$u_{rel}(R)$	3.30×10^{-3}

根据表 7 中的修正结果，按以下公式计算合成标准不确定度，结果如表 9 所示。

$$u=u_{rel}\times X'$$

表 9　合成标准不确定度

合成相对标准不确定度	萘含量修正结果（mg/kg）	合成标准不确定度（mg/kg）
u_{rel}	X'	u
0. 053	2. 65	0. 143

6　扩展不确定度与测量结果的表示

在置信概率为 95% 时，取扩展因子 $k=2$，测量扩展不确定度 U 按以下公式计算：

$$U = u \times k = 0.143 \times 2 = 0.3\ (mg/kg);\ k=2$$

按照 GB/T 36488—2018《涂料中多环芳烃的测定》中的测量方法对涂料中的萘含量进行测定，结果：

$$X = (2.6 \pm 0.3)\ mg/kg;\ k=2$$

第11章　职业卫生

案例64　工作场所空气中粉尘游离二氧化硅含量的测量不确定度评定

中国建材检验认证集团秦皇岛有限公司　刘静静

1　概述

1）评定依据：JJF 1059.1—2012《测量不确定度评定与表示》。

2）测量方法：GBZ/T 192.4—2007《工作场所空气中粉尘测定 第4部分：游离二氧化硅含量》。

3）环境条件：实验室温度20.5°C，相对湿度35.6%。

4）试验仪器：恒温鼓风干燥箱、箱式电阻炉、分析天平。

5）被测对象：工作场所空气中粉尘。

6）测量过程：粉尘中的硅酸盐及金属氧化物能溶于加热到245～250℃的焦磷酸中，游离二氧化硅几乎不溶，从而实现分离。然后称量分离出来的游离二氧化硅，计算其在粉尘中的质量分数。

2　建立数学模型

$$w = \frac{(m_2 - m_3)}{m} \times 100\% \tag{1}$$

式中　w——粉尘中游离二氧化硅含量，%；

m——粉尘样品质量，g；

m_2——氢氟酸处理前残渣加坩埚的质量，g；

m_3——氢氟酸处理后残渣加坩埚的质量，g。

由测量过程和数学模型可知，测定过程不确定度主要来源于天平称量的不确定度。

3　不确定度分量的评估

3.1　不确定度的A类评定

重复性不确定度主要来源于样品不均匀、环境变化、天平称量等。现将各种重复性分量合并考虑，按测定方法对样品进行6次测定，结果见表1。

表 1　样品中游离二氧化硅含量重复 6 次测定结果

编号	单位	1	2	3	4	5	6	平均值
m	g	0.2014	0.2013	0.2016	0.2015	0.2012	0.2013	0.2014
m_2	g	25.3462	25.3350	25.3338	25.4192	25.5166	25.2994	25.3750
m_3	g	25.1699	25.1588	25.1584	25.2436	25.3399	25.1234	25.1990
w	%	87.54	87.53	87.00	87.16	87.82	87.43	87.41

检测数据平均值为 87.41%，测量结果的标准偏差采用贝塞尔公式计算：

$$s = \sqrt{\frac{\sum_{i=1}^{n}(x_i - \bar{x})^2}{n-1}} = 0.2934\% \tag{2}$$

平均值的标准不确定度：

$$u_{(A1)} = \frac{s}{\sqrt{n}} = 0.1198\%$$

相对标准不确定度：

$$u_{rel(A1)} = \frac{u_{(A1)}}{\bar{x}} = 0.0013$$

3.2　不确定度的 B 类评定

3.2.1　称取试样引入的相对标准不确定度

测量时称取试样 0.2g（精确到 0.0001g），万分之一天平感量为 0.0001g，按矩形分布处理，其标准不确定度为$\frac{0.0001}{\sqrt{3}}$=0.000058（g）。

线性分量应重复计算两次，一次为空盘，一次为毛重，产生的标准不确定度：

$$\sqrt{2 \times 0.000058^2} = 0.00008(g)$$

相对标准不确定度

$$u_{rel(B1)} = \frac{0.00008}{0.2014} = 0.0004$$

3.2.2　样品处理过程引入的相对标准不确定度

3.2.2.1　氢氟酸处理前残渣称量引入的标准不确定度

样品重复灼烧，反复称量两次，样品在氢氟酸处理前共称量 2 次。

万分之一天平感量为 0.0001g，按矩形分布处理，引入的标准不确定度：

$$u_{(前)} = \sqrt{2 \times \left(\frac{0.0001}{\sqrt{3}}\right)^2} = 0.00008(g)$$

3.2.2.2　氢氟酸处理后残渣称量引入的标准不确定度

样品重复灼烧，反复称量两次，样品在氢氟酸处理后共称量 2 次。

万分之一天平感量为 0.0001g，按矩形分布处理，引入的标准不确定度：

$$u_{(后)} = \sqrt{2 \times \left(\frac{0.0001}{\sqrt{3}}\right)^2} = 0.00008(g)$$

所以样品处理过程引入的相对标准不确定度：

$$u_{rel(B2)}=\frac{\sqrt{u_{(前)}^2+u_{(后)}^2}}{m_2-m_3}=\frac{\sqrt{(0.00008)^2+(0.00008)^2}}{25.3750-25.1990}=0.0006$$

4 合成相对标准不确定度

由于各分量的不确定度来源彼此独立，互不相关。相对合成标准不确定度：

$$u_{rel}=\sqrt{u_{rel(A1)}^2+u_{rel(B1)}^2+u_{rel(B2)}^2}=\sqrt{0.0013^2+0.0004^2+0.0006^2}=0.0015$$

5 扩展不确定度与测量结果的表示

置信概率为 95 %，包含因子 $k=2$，检测结果的相对扩展不确定度为

$$U_{rel}=2\times u_{rel}=2\times0.0015=0.0030$$

扩展不确定度 U 为

$$U=U_{rel}\times\overline{X}=0.0030\times87.41\%=0.3\%$$

粉尘中游离二氧化硅的质量分数为 $(87.41\pm0.3)\%$，$k=2$。

案例 65　工作场所噪声测量不确定度评定

中国建材检验认证集团秦皇岛有限公司　郭云鹤

1 概述

1）评定依据：JJF 1059.1—2012《测量不确定度评定与表示》。

2）测量方法：GBZ/T 189.8—2007《工作场所物理因素测量　第 8 部分：噪声》。

3）环境条件：工作场所温度 29.3℃，相对湿度 51.4%。

4）试验仪器：SV104 型个体噪声剂量计，AWA6221 型声校准器。

5）被测对象：连续稳定运转的空压机房。

6）测量过程：

测量前后，都应用声校准器对噪声剂量计进行校准。

测量时，传声器的摆放高度、指向方向、仪器固定等应按照 GBZ/T 189.8—2007《工作场所物理因素测量　第 8 部分：噪声》所规定的方法执行。测量方法为每 10min 记录 1 组，每组测量 3 次，取平均值，计算全天等效声级，共计算并记录 7 次。

2 建立数学模型

工作场所噪声测量为直读法，测量过程不确定度主要来源于测量重复性不确定度、噪声剂量计引入的不确定度、噪声测量方向偏差导致的不确定度以及数值修约的不确定度。

合成标准不确定度公式：

$$u_c=\sqrt{(u_A^2+u_B^2)}$$

式中　u_A ——A 类评定；

u_B ——B 类评定。

3　不确定度分量的评估

3.1　不确定度的 A 类评定

重复性不确定度主要来源于测量角度、工作环境、仪器响应等。现将各种重复性分量合并考虑，按测定方法对样品进行 7 次测定，结果见表 1。

表 1　空压机房噪声测量结果

测量次数	1	2	3	4	5	6	7
全天等效声级 $L_{Aeq,t}$ [dB(A)]	81.4	80.5	81.1	81.7	82.0	81.3	80.8

全天等效声级检测数据平均值为 81.3 dB（A），测量结果的标准偏差采用贝塞尔公式计算：

$$s=\sqrt{\frac{\sum_{i=1}^{n}(x_i-\bar{x})^2}{n-1}}=0.51[\mathrm{dB(A)}]$$

测量结果重复性的标准不确定度

$$u_{(A1)}=\frac{s}{\sqrt{n}}=0.19[\mathrm{dB(A)}]$$

A 类相对标准不确定度

$$u_{rel(A1)}=\frac{0.19}{81.3}=0.0024$$

3.2　不确定度的 B 类评定

不确定度的 B 类评定是根据有关的信息或经验，判断被测量的可能值区间 $[\bar{x}-\alpha,\bar{x}+\alpha]$，假设被测量值的概率分布，根据概率分布和要求的概率 p 确定 k，则 B 类标准不确定度 $u_B=\alpha/k$。

3.2.1　仪器的不确定度

噪声剂量计引入不确定度评定结果见表 2。

表 2　评定结果

校准证书编号	区间半宽度 α	包含因子 k	$u_{rel(B1)}$
LSsx2020-00685	0.3	2	0.0019

3.2.2　测量方向偏差导致的不确定度

根据 JJG 188—2017《声级计检定规程》及噪声剂量计操作手册，2 级声级计在偏离参考方向 10°以内时，指示声级变化 <0.5 dB(A)。这里绝对误差值取最大值 0.5 dB(A)，按矩形分布原则，取 $k=\sqrt{3}$，则

$$u_{(B2)}=\frac{0.5}{\sqrt{3}}=0.29\mathrm{dB(A)}$$

$$u_{rel(B2)}=\frac{0.29}{81.3}=0.0036$$

3.2.3 数值修约的不确定度

在计算全天等效声级平均值结果时，按照标准要求需保留小数点后一位有效数字。噪声测量数据结果约为 81.26dB(A)，修约后结果为 81.3dB(A)。按照半宽度取 0.05dB(A)，矩形分布 $k=\sqrt{3}$计算，数值修约的相对标准不确定度：

$$u_{\mathrm{rel(B3)}} = \frac{0.1}{\sqrt{3} \times 81.3} = 0.0008$$

4 合成相对标准不确定度

相对标准不确定度分量，见表 3。

表 3 相对标准不确定度分量

不确定度来源	相对标准不确定度分量	量值
测量重复性的不确定度	$u_{\mathrm{rel(A1)}}$	0.0024
仪器的不确定度	$u_{\mathrm{rel(B1)}}$	0.0019
测量方向偏差导致的不确定度	$u_{\mathrm{rel(B2)}}$	0.0036
数值修约的不确定度	$u_{\mathrm{rel(B3)}}$	0.0008

由于各分量的不确定度来源彼此独立，互不相关。因此相对合成标准不确定度：

$$u_{\mathrm{rel}} = \sqrt{u_{\mathrm{rel(A)}}^2 + u_{\mathrm{rel(B1)}}^2 + u_{\mathrm{rel(B2)}}^2 + u_{\mathrm{rel(B3)}}^2} = 0.0048$$

5 扩展不确定度与测量结果的表示

置信概率为 95 %，包含因子 $k=2$，检测结果的相对扩展不确定度为 $U_{\mathrm{rel}}=k \cdot u_{\mathrm{rel}}=0.0096$。

检测结果的扩展不确定度为 $U=L_{\mathrm{Aeq,t}} \cdot U_{\mathrm{rel}}=0.79$dB(A)。

则工作场所噪声的检测结果为(81.3 ±0.8)dB(A)。

案例 66 1,3-丁二烯溶剂解吸-气相色谱法测量不确定度评定

上海众材工程检测有限公司 顾玉婷

1 概述

1）评定依据：JJF 1059.1—2012《测量不确定度评定与表示》；

JJF 1135—2005《化学分析测量不确定度评定》。

2）测量方法：GBZ/T 300.61—2017《工作场所空气有毒物质测定 第 61 部分：丁烯、1，3-丁二烯和二聚环戊二烯》。

3）环境条件：室内温度 27.2℃，相对湿度 55%。

4）试验仪器：赛默飞 TARACE1310 气相色谱仪（FID 检测器）。

5）被测对象：车间空气中的 1,3-丁二烯。

6）测量过程：在车间选取一个采样点，用活性炭管以 200mL/min 流量采集 15min 作为样品。用微量进样针分别取 0μL、12.5μL、25μL、50μL、100μL、250μL 丁二烯标准溶液（2000mg/L），加入装有二氯甲烷的进样瓶中，总体积为 1mL，配制成浓度分别为 0μg/mL、25.0μg/mL、50.0μg/mL、100μg/mL、200μg/mL、500μg/mL 的丁二烯标准系列，绘制标准曲线。将采样后的活性炭倒入解吸瓶中，加入 1mL 二氯甲烷，振摇解吸 30min，取上清液检测。

2　建立数学模型

空气中 1,3-丁二烯浓度的结果：

$$C = \frac{c_0 \times v}{VD}$$

式中　C——空气中 1,3 丁二烯的浓度，mg/m^3；

c_0——测得的活性炭吸附管中样品溶液的浓度，μg/mL；

v——样品溶液的体积，mL；

V——采样体积，L；

D——解吸效率，%，本试验为 92.81%。

3　灵敏系数计算

本试验的数学模型具有联乘、没有加减的特性，可以不计算灵敏系数，采用相对标准差合成方法。

4　不确定度来源分析

本试验不确定度来源分析如表 1。

表 1　本试验不确定度来源分析

序号	不确定度来源	类别
1	标准溶液所引入的不确定度	B 类
2	标准曲线溶液配制过程中所引入的不确定度	B 类
3	标准曲线拟合及重复测定样品引入的不确定度	A 类
4	样品处理过程中引入的不确定度	B 类
5	样品采集过程中引入的不确定度	B 类
6	解析效率引入的不确定度	A 类

5　不确定度分量的评估

5.1　标准溶液引入的相对标准不确定度 u_{ref}（f_c）

1,3-丁二烯溶液采用有证的标准溶液，溶液浓度为 2000mg/L，溶剂为甲醇，误差为 ±20.64mg/L，按照均匀分布计算，则

$$u(\rho_1) = \frac{20.64}{\sqrt{3}} = 11.917(\mathrm{mg/L})$$

其相对不确定度 $u_{rel}(\rho_1) = u(\rho_1)/|\rho_1| = \frac{11.917}{2000} = 0.006$

5.2 标准曲线溶液配制过程中引入的相对标准不确定度u_{ref}（$f_{v'}$）

5.2.1 标准曲线溶液配制过程中体积校准引入的标准不确定度u（f_v）

本试验采用的是经过检定的50μL、100μL和1000μL的微量进样针，证书上的扩展不确定度分别为0.5μL、1.0μL与3.5μL（$k=2$），采用B类评定，按照均匀分布计算各自的标准不确定度，如下：

$$u(f_{50}) = 0.5/\sqrt{3} = 0.2887(\mu\mathrm{L})$$

$$u(f_{100}) = 1.0/\sqrt{3} = 0.5774(\mu\mathrm{L})$$

$$u(f_{1000}) = 3.5/\sqrt{3} = 2.0207(\mu\mathrm{L})$$

5.2.2 标准溶液配制时实验室温度所引起的标准不确定度u（f_T）

实验室温度变化一般在±2℃，以二氯甲烷为溶剂，其膨胀系数为1.37×10^{-3}℃$^{-1}$，用1000μL徽量进样针移取二氯甲烷，按照均匀分布，温度变化引入的标准不确定度：

$$u(f_{T1000}) = 2\times1.37\times10^{-3}\times\frac{1000}{\sqrt{3}} = 1.5819(\mu\mathrm{L})$$

标准溶液是甲醇中的丁二烯，相较溶剂甲醇，丁二烯的含量较低，故只考虑甲醇受温度影响发生的膨胀，其膨胀系数为1.26×10^{-3}℃$^{-1}$，用50μL、100μL和1000μL微量进样针移取标准溶液，按照均匀分布，温度变化引入的标准不确定度分别为：

$$u(f_{T50}) = 2\times1.26\times10^{-3}\times50/\sqrt{3} = 0.07275(\mu\mathrm{L})$$

$$u(f_{T100}) = 2\times1.26\times10^{-3}\times\frac{100}{\sqrt{3}} = 0.14549(\mu\mathrm{L})$$

$$u(f_{T1000}) = 2\times1.26\times10^{-3}\times\frac{1000}{\sqrt{3}} = 1.4549(\mu\mathrm{L})$$

由于在配制标准曲线溶液过程中溶剂二氯甲烷与标准溶液同时发生膨胀，抵消了一部分受温度影响引入的标准不确定度，故使用两者的膨胀系数引入的相对标准不确定度之差来计算。

标准曲线溶液配制过程中不确定度如下：

标准溶液移取：

$$u(f_{50'}) = \sqrt{0.2887^2 + 0.07275^2} = 0.2977\mu\mathrm{L}$$

$$u(f_{100'}) = \sqrt{0.5774^2 + 0.14549^2} = 0.5945\mu\mathrm{L}$$

$$u(f_{1000'}) = \sqrt{2.0207^2 + 1.4549^2} = 2.4900\mu\mathrm{L}$$

溶剂移取：

$$u(f_{1000'}) = \sqrt{2.0207^2 + 1.5819^2} = 2.5662\mu\mathrm{L}$$

浓度	50μL 微量进样针移取	100μL 微量进样针移取	1000μL 微量进样针移取	1000μL 微量进样针移取溶剂	$u(f_{v'})$	$u(f_{v'})$	$u_{rel}(f_{v'})$	$u_{rel}(f_{v'})$	相对标准不确定度之差
0.00	—	—	—	1000	—	2.5662	0.000	0.003	-0.003
25.0	12.5	—	—	987.5	0.2977		0.012	0.003	0.009
50.0	—	25	—	975	0.5945		0.012	0.003	0.009
100	—	50	—	950	0.5945		0.006	0.003	0.003
200	—	100	—	900	0.5945		0.012	0.003	0.009
500	—	—	250	750	2.4900		0.010	0.003	0.007

5.3　采用最小二乘法拟合标准曲线求得样品浓度及重复测定引入的相对标准不确定度 $u_{ref}(c_0)$

采用气相色谱测定 1,3-丁二烯，使用 5 种浓度的标准溶液对设备的标准曲线进行校准，每个数据点进行 3 次测量。标准曲线不同浓度点的峰面积见表 2。

表 2　标准曲线不同浓度点的峰面积

浓度（μg/mL）	峰面积 1	峰面积 2	峰面积 3
0.00	0.000	0.000	0.000
25.0	0.292	0.286	0.286
50.0	0.595	0.566	0.599
100	1.296	1.308	1.302
200	2.614	2.647	2.703
500	6.508	6.420	6.604

进行最小二乘法拟合后，得到拟合工作曲线，得 1,3-丁二烯的线性回归方程：$y = 0.0131x - 0.0198$。拟合工作曲线，见图 1。

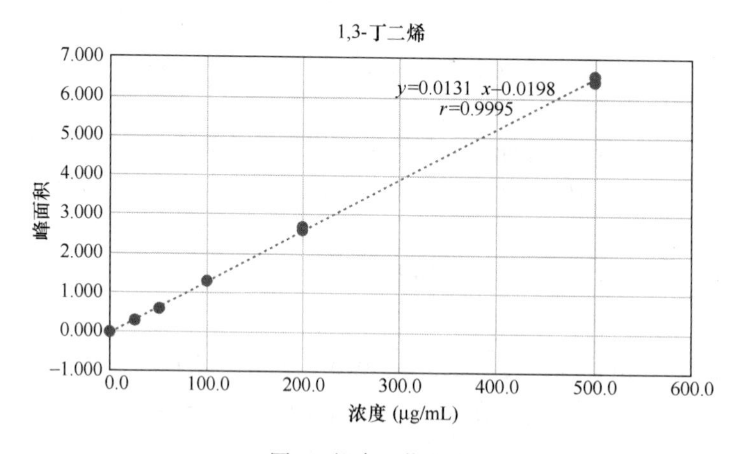

图 1　拟合工作曲线

校准曲线：

$$A_i = C_i \cdot b + a$$

式中　A_i——为了得到拟合直线，对校准标准溶液的第 i 次吸光度测量结果；

C_i——第 i 个校准标准溶液的浓度；

B——斜率；

a——截距。

其中，拟合直线的直线斜率 b 是 0.0131，截距 a 是 0.0198。进而可以得到残差 s：

$$s_R = \sqrt{\frac{\sum_{i=1}^{n}[A_i - (a + b \cdot C_i)]^2}{n_2 - 2}} = 0.056084378$$

式中，n 是为了得到拟合直线，测试校准溶液的总次数。

被测量的解吸液，测量 5 次，浓度 c_0 为 23.95μg/mL。采用下面公式可以得到被测浓度的标准不确定度：

$$u(c_0) = \frac{s_R}{b}\sqrt{\frac{1}{p} + \frac{1}{n} + \frac{(c_0 - \bar{c})^2}{s_{xx}}}$$

$$= \frac{0.056084378}{0.0131}\sqrt{\frac{1}{5} + \frac{1}{18} + \frac{(23.95 - 145.8)^2}{526562.5}} = 2.3(\mathrm{mg/m^3})$$

式中　$s_{xx} = \sum_{i=1}^{n}(C_i - \bar{c}) = 526562.5$；

p——测试 c_0 的次数；

$\bar{c}$——不同校准标准溶液的平均值（n 次）；

c_0——解吸液中 1,3-丁二烯的浓度。

其相对不确定度 $u_{rel}(c_0) = u(c_0)/|c_0| = \frac{2.3}{23.95} = 0.096$。

5.4　样品处理中解吸液体积引入的相对标准不确定度 u_{ref}（v）

移液枪经过上海市计量测试技术研究院的检定，1mL 的相对误差为 -0.1%，即有 -1μL误差。假设为均匀分布，计算不确定度。本例中体积为 1mL，体积的不确定度分量按下式合成：

$$u(v) = \frac{-1}{\sqrt{3}} = -0.58\mu\mathrm{L} = -0.00058(\mathrm{mL})$$

其相对不确定度为 $u_{rel}(v) = u(v)/|v| = \frac{-0.00058}{1} = -0.00058$。

5.5　采样体积中引入的相对标准不确定度 u_{ref}（V）

气体采样器采样受仪器等因素影响，本试验采用《大气采样器采样体积的不确定度分析》采样体积的扩展不确定度，其值为 8.2%。当采样体积为 3L 时，有 ±0.002L 的偏差，假设为均匀分布，计算不确定度。

$$u(V) = \frac{0.002}{\sqrt{3}} = 0.0012(\mathrm{L})$$

其相对不确定度 $u_{rel}(V) = u(V)/|V| = \frac{0.0012}{3} = 0.0004$

5.6　活性炭解析效率引入的相对标准不确定度 u_{ref}（D）

解析效率的标准不确定度为 A 类，其标准偏差 $s(D)$ 为 0.90%，测量次数为 6 次，平均值为 92.81%，则平均值的标准差 $s(\overline{D}) = \frac{s(D)}{\sqrt{n}} = \frac{0.90}{\sqrt{6}} = 0.37\%$，其标准不确定度：

$$u(D) = s(\overline{D}) = 0.37\%$$

其相对不确定度为 $u_{rel}(D) = u(D)/|D| = \frac{0.37}{92.81} = 0.004$。

6　合成相对标准不确定度

1，3-丁二烯不确定度合成表，见表 3。

表 3　1，3-丁二烯不确定度合成表

分量	描述	相对不确定度 $u(x)/\|x\|$
f_c	标准物质浓度	0.006
$f_{v'}$	标准曲线浓度点 1 配制	-0.003
	标准曲线浓度点 2 配制	0.009
	标准曲线浓度点 3 配制	0.009
	标准曲线浓度点 4 配制	0.003
	标准曲线浓度点 5 配制	0.009
	标准曲线浓度点 6 配制	0.007
c_0	测得的活性炭吸附管中 1,3-丁二烯的浓度	0.096
v	解吸液体积	-0.00058
V	采样体积	0.0004
$D\%$	解析效率	0.004

$$u_{rel}(C) = \frac{u_c(C)}{|C|} = \sqrt{\left[\frac{u(c_0)}{c_0}\right]^2 + \left[\frac{u(v)}{v}\right]^2 + \left[\frac{u(V)}{V}\right]^2 + \left[\frac{u(D)}{D}\right]^2 + \left[\frac{u(f_c)}{f_c}\right]^2 + \sum_{i=1}^{n}\left[\frac{u(f_{v'})}{f_{v'}}\right]^2} = 9.9\%$$

$$C = \frac{c_0 \times v}{VD} = \frac{23.95 \times 1}{3 \times 92.81\%} = 8.6(\mathrm{mg/m})^3$$

空气中 1,3-丁二烯浓度 C 为 8.6（$\mathrm{mg/m^3}$）；则其合成不确定度为 $u_c(C) = u_{rel}(C) \times 9.9\% = 0.86(\mathrm{mg/m^3})$。

7　扩展不确定度与测量结果的表示

取包含因子 $k=2$，置信水平为 95%，则扩展不确定度：

$$U(C) = k \times u_c(C) = 1.7(\mathrm{mg/m^3})$$

空气中 1,3-丁二烯的测量结果表示：

$$(8.6 \pm 1.7)\mathrm{mg/m^3}(k = 2)$$

案例 67　汽车玻璃丝网印刷工序空气中甲苯浓度测定的不确定度评定

中国建材检验认证集团秦皇岛有限公司　刘逸群　王颖杰

1　概述

1）评定依据：JJF 1059.1—2012《测量不确定度评定与表示》。

2）测量方法：GBZ/T 300.66—2017《工作场所空气有毒物质测定　第 66 部分：苯、甲苯、二甲苯和乙苯》。

3）环境条件：采样环境温度 21.4℃，大气压 101.325kPa；实验室环境温度 23.2℃，相对湿度 40.2%。

4）试验仪器：GilAir Plus 空气采样泵、GC-2014 气相色谱仪。

5）被测对象：工作场所空气中蒸气态甲苯。

6）测量过程：工作场所空气中蒸气态甲苯用活性炭采集，用二硫化碳解吸后进样，经气相色谱柱分离，氢焰离子化检测器检测，以保留时间定性，峰面积定量。

2　建立数学模型

$$C = \frac{cv}{V_0 D} \tag{1}$$

式中　C——空气中甲苯的浓度，mg/m^3；

c——样品溶液中甲苯的浓度，μg/mL；

v——解吸液体积，mL；

V_0——标况采样体积（293K、101.325kPa）下的采样体积，L；

D——解吸效率，%。

$$V_0 = v_1 t_1 \times \frac{293}{273 + t} \times \frac{P}{101.325} \tag{2}$$

式中　V_0——标况采样体积（293K、101.325kPa）下的采样体积，L；

v_1——采样流速，L/min；

t_1——采样时间，min；

t——采样环境温度，℃；

P——采样环境大气压，kPa。

3　不确定度分量的评估

工作场所空气中甲苯测定的不确定度来源，见图 1。

不确定度分量主要来源于采样流速、采样时间、采样环境温度、采样环境大气压、解吸液体积、解吸效率、标准溶液的浓度和稀释、标准曲线求样品溶液浓度、GC 进样量、

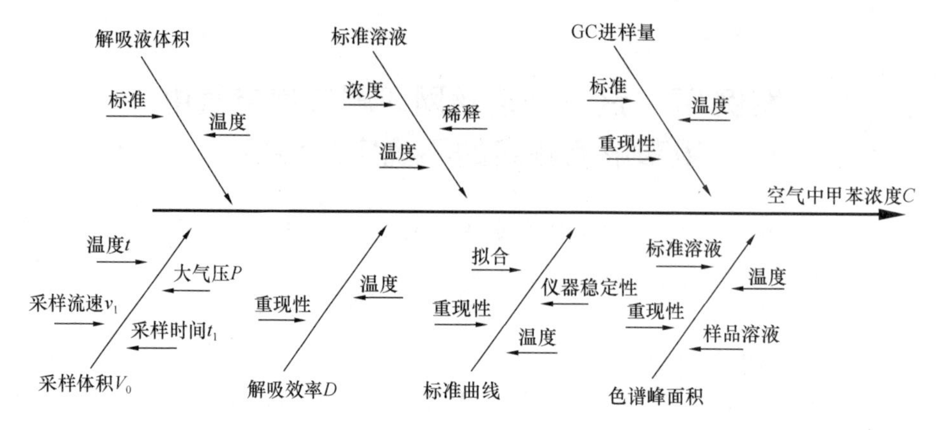

图 1　工作场所空气中甲苯测定的不确定度来源

测量重复性等几个过程。

3.1　标况采样体积 V_0 的相对不确定度 $u_{V_0 rel}$

3.1.1　采样体积

使用 GilAir Plus 空气采样泵以 0.1L/min 的流量采集工作场所空气 15min，共计采样体积 1.5L。空气采样泵流量校准扩展不确定度 1.9%（$k=2$），则

$$u_{v_1}=1.9\%/2=0.0095, u(V)=0.0095\times1.5=0.01425(\mathrm{L})$$

采样计时器的不确定度在本法中可忽略不计。

3.1.2　采样环境温度和大气压

样品采集时，环境温度 21.4℃，大气压 101.35kPa，采样体积 $V=1.5$L，由式（2）可得 $V_0=1.49$L。环境温度用数字温度计测量，根据校准要求，该设备最大允许误差为 ±0.4℃；大气压用数字压力计测量，根据校准要求，该设备最大允许误差为 ±0.25kPa。以均匀分布计算设备引入的不确定度如下：

采样环境温度引入的不确定度：

$$u_{(t)}=0.4/\sqrt{3}=0.231(℃), u_{(t)\mathrm{rel}}=0.231/21.4=0.0108;$$

大气压引入的不确定度

$$u_{(P)}=0.25/\sqrt{3}=0.144(\mathrm{kPa}), u_{(P)\mathrm{rel}}=0.144/101.325=0.00142。$$

由式（2）得：

$$u_{V_0}=\sqrt{\left[\frac{\partial V_0}{\partial V}\right]^2u_{(V)}^2+\left[\frac{\partial V_0}{\partial t}\right]^2u_{(t)}^2+\left[\frac{\partial V_0}{\partial P}\right]^2u_{(P)}^2}$$

$$=\sqrt{\left[\frac{293P}{(273+t)\times101.325}\right]^2u_{(V)}^2+\left[\frac{293PV}{101.3\times(273+t)^2}\right]^2u_{(t)}^2+\left[\frac{293V}{(273+t)\times101.325}\right]^2u_{(P)}^2}$$

代入上述数值可得：$u_{V_0}=0.0144$（L），$u_{V_0\mathrm{rel}}=0.0144/1.49=0.0097$。

3.2　解吸液体积 v 的不确定度 $u_{v\mathrm{rel}}$

用 1000μL 微量注射器吸取 1.0mL 二硫化碳加入解吸瓶中进行解吸。微量注射器吸取 1000μL 时的最大允许误差为 ±2%，以三角分布计算可得：

$$u_v=0.02/\sqrt{6}=0.0082, u_{v\mathrm{rel}}=0.0082/1.0=0.0082$$

3.3 解吸效率 D 的不确定度 u_{Drel}

依据标准可知本法解吸效率 >90%，本方法采用95%的解吸效率，按照 JJF 1059.1—2012 计算：

$$b_+ = (100 - 95)\% = 5\%, b_- = (95 - 90)\% = 5\%$$

$$u_D^2 = \frac{(b_+ + b_-)^2}{12} = \frac{(5\% + 5\%)^2}{12}$$

可得：$u_D = 0.0289$

$$u_{Drel} = \frac{u_D}{95\%} = \frac{0.0289}{0.95} = 0.030$$

3.4 重复性测定引入的不确定度

对样品的解吸液进行 6 次重复测定，测定结果见表 1。

表 1 解吸液重复 6 次测定结果

测定次数	峰面积	样品浓度（μg/mL）	测定次数	峰面积	样品浓度（μg/mL）
1	32524	26.8	4	33045	27.2
2	32985	27.1	5	32478	26.8
3	32742	27.0	6	32722	26.9

检测样品峰面积平均值为 32749，浓度平均值为 27.0μg/mL。测量结果的标准偏差采用贝塞尔公式计算：

$$s = \sqrt{\frac{\sum_{i=1}^{n}(x_i - \bar{x})^2}{n-1}} = 0.18(\mu g/mL)$$

该方法的重复性标准不确定度

$$u(A_1) = \frac{s}{\sqrt{n}} = \frac{0.18}{\sqrt{6}} = 0.074(\mu g/mL)$$

相对标准不确定度

$$u_{A_1 rel} = \frac{u(A_1)}{\bar{x}} = \frac{0.074}{27.0} = 0.0027$$

3.5 标准溶液引入的不确定度

选用有证标准物质：二硫化碳中甲苯溶液标准物质（编号：GBW（E）081625），由证书可知，浓度为 1000μg/mL，相对扩展不确定度为 2%（$k = 2$），则

$$u_{c_1 rel} = 0.02/2 = 0.01$$

3.6 标准曲线引入的不确定度

3.6.1 标准系列配制

以 1000μL 微量注射器分别吸取一定量的标准溶液和二硫化碳混合配制标准系列，用量及浓度见表 2。

表 2　标准系列配制情况

级别	标准溶液用量（μL）	二硫化碳用量（μL）	浓度（μg/mL）
1	0	1000	0
2	20	980	20
3	50	950	50
4	100	900	100
5	200	800	200
6	300	700	300

由此引入的相对不确定度按照微量注射器最大允许误差 3%，吸取两次，按三角分布计算，得

$$u_{Srel} = \frac{\sqrt{2 \times (0.03 \div \sqrt{6})^2}}{1} = 0.017$$

3.6.2　标准曲线拟合

甲苯系列标准系列采用气相色谱法进行 3 次重复测定，数据见表 3。

表 3　工作曲线参数统计

级别	x（μg/mL）	峰面积 y_i			平均峰面积 y
		1	2	3	
1	0	0	0	0	0
2	20	23976	23784	24907	24222
3	50	63431	62601	63521	63184
4	100	129644	130888	129994	130175
5	200	269401	270215	256945	265520
6	300	389625	386716	390123	388821

气相色谱工作站依据表 3 中的数据得到线性方程：$y = a + bx$，其中 $r^2 = 0.9997$，$a = 729.3$，$b = 1307.9$。

标准曲线拟合标准偏差：

$$s = \sqrt{\frac{\sum_{i}^{n}[y_i - (a + bx_i)]^2}{n - 2}} = 3719.17$$

标准曲线拟合引入的标准不确定度：

$$u(A_2) = \frac{s}{b}\sqrt{\frac{1}{p} + \frac{1}{n} + \frac{(\bar{x}' - \bar{x})^2}{\sum_{i}^{n}(x_i - \bar{x})^2}} = 1.63$$

相对标准不确定度：

$$u_{A_2rel} = \frac{u(A_2)}{\bar{x}'} = 0.061$$

式中 p——未知样品重复测定次数（采用表 1 中的数据）$p=6$；

n——标准溶液重复测定次数 $n=18$；

$\overline{x'}$——未知样品测定平均值（采用表 1 中测定结果），$\overline{x'}=27.0\mu g/mL$；

$\overline{x}$——标准溶液浓度的平均值，$\overline{x}=111.7\mu g/L$。

4 合成相对标准不确定度

将各相对标准不确定度分量列于表 4 中。

表 4 相对标准不确定度分量

序号	不确定度来源	相对不确定度分量	量值
1	标况采样体积 V_0	$u_{V_0\text{rel}}$	0.0097
2	解吸液体积 v	$u_{v\text{rel}}$	0.0082
3	解吸效率 D	$u_{D\text{rel}}$	0.030
4	重复性测定	$u_{\text{A}_1\text{rel}}$	0.0027
5	标准溶液	$u_{c_1\text{rel}}$	0.01
6	标准系列配制	$u_{S\text{rel}}$	0.017
7	标准曲线拟合	$u_{\text{A}_2\text{rel}}$	0.061

比较各相对标准不确定度分量，可知影响甲苯浓度测定不确定度的主要分量为标准曲线的拟合。

合成相对不确定度：

$$u_{\text{rel}}=\sqrt{u_{V_0\text{rel}}^2+u_{v\text{rel}}^2+u_{D\text{rel}}^2+u_{\text{A}_1\text{rel}}^2+u_{c_1\text{rel}}^2+u_{S\text{rel}}^2+u_{\text{A}_2\text{rel}}^2}=0.072$$

5 扩展不确定度与测量结果的表示

根据式（1）求得甲苯浓度为 $19.1mg/m^3$，计算合成标准不确定度：

$$u_c=u_{\text{rel}}\times 19.1=0.072\times 19.1mg/m^3=1.4mg/m^3$$

取置信概率为 95%，包含因子 $k=2$，则检测结果的扩展不确定度：

$$U=1.4mg/m^3\times 2=3mg/m^3$$

则该汽车玻璃丝网印刷工序空气中甲苯浓度为 $(19.1\pm 3)mg/m^3$。

第12章　食　　品

案例68　电感耦合等离子体质谱仪（ICP-MS）测定大米中砷含量的不确定度评定

上海众材工程检测有限公司　陈飞燕

1　概述

1）评定依据：JJF 1059.1—2012《测量不确定度评定与表示》；

2）仪器与设备：

PerkinElmer NexION 2000 电感耦合等离子体质谱仪；

purist UV ultrapure 超纯水制备系统；

Multiwave PRO 微波消解仪；

FA2004 分析天平（0.1mg）；

赶酸器；

可调移液器（0.1mL、1mL、5mL）；

容量瓶（50mL）。

3）试剂与材料：

砷标准溶液（GSB 04-1714-2004）：浓度1000μg/mL（批号：193006-3），有效期至2021年4月8日，国家有色金属及电子材料分析测试中心；

内标溶液：锗标准溶液（GNM-SGE-002-2013），浓度100μg/mL（批号：19D6570），有效期至2020年6月12日，国家有色金属及电子材料分析测试中心；

大米中成分分析标准物质［GBW10010，(0.102±0.008) mg/kg］；

硝酸，优级纯（批号：20190911），国药集团化学试剂有限公司；

质谱调谐液：浓度1μg/L（Mg、In、Ce、Be、Co），美国珀金埃尔默公司；

试验用水：超纯水机制备的超纯水。

4）测试方法

GB 5009.268—2016《食品安全国家标准　食品中多元素的测定》中的电感耦合等离子体质谱法。

（1）标准溶液的配制

① 50μg/L锗标准溶液的配制：移取25μL浓度为100μg/mL锗标准溶液放入50mL容量瓶中，用1% HNO_3溶液定容至刻度，混匀备用。

② 砷标准系列溶液的配制：分别移取一定体积的砷标准溶液（1000μg/mL）放入50mL容量瓶中，用1% HNO_3溶液配制成0μg/L、1μg/L、5μg/L、10μg/L、30μg/L、

50μg/L 的标准系列溶液。

（2）样品前处理

称取粉状大米样品 0.3584g 于微波消解罐中，加入 5mL 硝酸，在赶酸器上于 100℃预消解至不冒棕黄烟。冒白烟后取下稍冷，旋紧罐盖，按照如下过程进行微波消解：120℃保持 5min，160℃保持 10min，180℃保持 20min，最后降温至 60℃结束消解。冷却后取出，缓慢打开罐盖排气，用少量水冲洗内盖，将消解罐放在赶酸器上，于 100℃赶酸，冷却后用水定容至 50mL，混匀备用，同时做空白试验。

（3）仪器工作条件

用质谱调谐液检查仪器各项指标，待符合要求后按操作规程开始测定。内标用 Ge，选用在线加入内标的方式。仪器工作条件如下：

射频功率：1600W；积分时间：10ms；进样时间：50s；等离子体气流量：15L/min；载气流量：1.2L/min；辅助气流量：0.94L/min；蠕动泵：35r/min；雾化器：同心雾化器；重复次数：3 次。

（4）样品的测定

取消解好的大米待测样液注入 ICP-MS 进行测定，用标准工作曲线进行定量，经计算得出大米中的砷含量。

2 建立数学模型

大米试样中砷的含量按下式计算：

$$X = \frac{C \times V \times f}{m \times 1000}$$

式中 X——大米试样中砷的含量，mg/kg；

C——试样溶液中砷扣除空白后的质量浓度，μg/L；

V——定容体积，mL；

f——试样稀释倍数；

m——大米称取质量，g；

1000——换算系数。

3 不确定度来源的分析

根据测试过程和数学模型分析，该测试方法的不确定度 A 类评定主要来源于样品消解、标准曲线拟合、样品重复性测量；B 类评定主要来源于样品的称量、定容体积、标准溶液的稀释、分析仪器等。

4 不确定度分量的评估

4.1 大米样品称量引入的相对标准不确定度 u_1

采用经检定合格的电子天平进行称量，根据仪器检定证书，该天平在（0～1）g 范围内，其称量误差为 ±0.0005g，称量的不确定度按矩形分布：

$$u_m = \frac{0.0005}{\sqrt{3}} = 0.00029(\text{g})$$

试验样品称样质量为0.3584g，则

$$u_1 = \frac{0.00029}{0.3584} = 0.00081$$

4.2 大米样品定容引入的相对标准不确定度 u_2

样品定容体积的不确定度主要受定容所用的容量瓶和定容时实验室温度变化的影响，其中50 mL容量瓶的允许误差为±0.03mL，假设为矩形分布：

$$u_V = \frac{0.03}{\sqrt{3}} = 0.01732(\text{mL})$$

容量瓶在20℃校准，假设实验室温度在（20±3)℃变动，水的体积膨胀系数 2.1×10^{-4}/℃，按矩形分布，则

$$u_T = \frac{50\times3\times2.1\times10^{-4}}{\sqrt{3}} = 0.01819(\text{mL})$$

由于两个影响因素 u_V 和 u_T 互不相关，则其合成不确定度：

$$\sqrt{0.01732^2 + 0.01819^2} = 0.02512(\text{mL})$$

$$u_2 = \frac{0.02512}{50} = 0.00050$$

4.3 样品消解引入的相对标准不确定度 u_3

样品在消解过程中，待测元素砷可能存在污染、损失、消解不完全等情况，整个消解过程中引入的不确定度可用标准物质的回收率来衡量，回收率为101.67%～107.75%，平均回收率为104.71%，采用极差法评定，当 $n=2$ 时，极差系数 $C=1.13$，则由样品消解带来的标准不确定度：

$$u_R = \frac{R}{C\sqrt{n}} = \frac{107.75\% - 101.67\%}{1.13\sqrt{2}} = 0.03804$$

$$u_3 = \frac{0.03804}{104.71\%} = 0.03633$$

4.4 标准溶液配制引入的相对标准不确定度 u_4

标准溶液配制引入的不确定度包括标准物质本身引入的不确定度和标准物质配制标准工作溶液稀释时引入的不确定度两部分，均属于B类。

（1）砷标准物质的相对标准不确定度

砷标准溶液浓度为1000μg/mL，根据证书，其扩展不确定度为0.7%（包含因子 $k=2$），按正态分布考虑，砷标准物质的标准不确定度：

$$\frac{0.7\%}{2} = 0.0035(\mu\text{g/mL})$$

砷标准物质的相对标准不确定度

$$u_b = \frac{0.0035}{1000} = 3.5\times10^{-6}$$

（2）标准物质配制标准工作溶液稀释时引入的不确定度

标准物质配制标准工作溶液稀释时的不确定度主要由可调移液器、容量瓶校准、实验室温度变化等因素引起。其中不同规格的可调移液器和容量瓶根据计量校准证书，容器的最大允差为 $\pm v$，容量瓶引入的不确定度假设为三角分布，则其引起的标准溶液的标准不

确定度为$\frac{v}{\sqrt{6}}$mL。不同规格的可调移液器，假设为正态分布，$k=2$，当容器规格为 VmL 时，则其引起的标准溶液的标准不确定度为$\frac{v}{2}$ mL，其相对标准不确定度：

$$u_V = \frac{v}{\sqrt{6}V}\text{mL 或 } u_V = \frac{v}{2V}\text{mL}$$

实验室温度变化引入的不确定度同 4.2 相同评定方法，按矩形分布，则因为温度变动而引起的标准溶液不确定度为$\frac{v \times 3 \times 2.1 \times 10^{-4}}{\sqrt{3}}$mL，相对标准不确定度：

$$v_t = \frac{v \times 3 \times 2.1 \times 10^{-4}}{\sqrt{3}V}$$

则由标准溶液稀释产生的合成相对不确定度：

$$u_x = \sqrt{u_V^2 + u_t^2}$$

具体计算见表 1：

表 1　具体计算

仪器	规格（mL）	允差（mL）	u_v	u_t	合成相对标准不确定度 u_x
可调移液器	0.1	0.00001	0.00005	3.367×10^{-8}	5.0×10^{-5}
可调移液器	1	0.00005	0.000025	1.819×10^{-8}	2.5×10^{-5}
可调移液器	5	0.00035	0.000035	2.546×10^{-8}	3.5×10^{-5}
容量瓶	50	0.03	0.000245	2.182×10^{-7}	2.4×10^{-4}

则标准溶液配制过程中引入的合成相对标准不确定度：

$$u_4 = \sqrt{(3.5 \times 10^{-6})^2 + (5.0 \times 10^{-5})^2 + (2.5 \times 10^{-5})^2 + (3.5 \times 10^{-5})^2 + (2.4 \times 10^{-4})^2}$$
$$= 0.000025 \approx 0.00003$$

4.5　标准曲线拟合引入的相对标准不确定度 u_5

分别对空白溶液及砷标准系列溶液进行 3 次重复测定，测定结果见表 2。用最小二乘法得到砷的线性回归方程为 $y=0.0342x+0.0006$（见图 1，其中 y 为被测元素砷与内标元

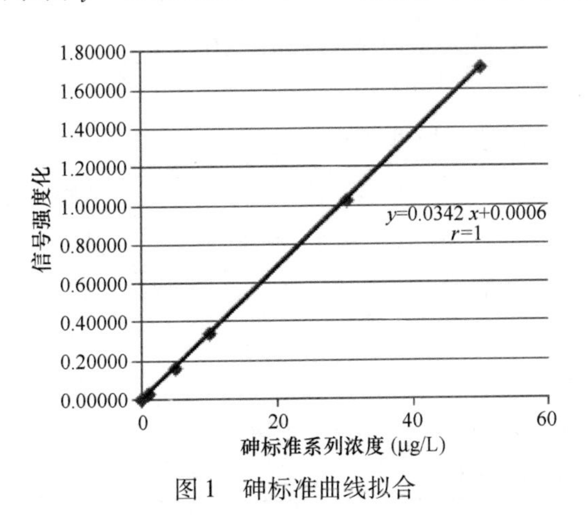

图 1　砷标准曲线拟合

素锗的信号强度比，x为砷标准系列溶液浓度值，相关系数$r=1$，斜率$b=0.0342$，截距$a=0.0006$）。按试验方法对样品溶液测量10次，结果见表3。根据拟合曲线测定样品浓度平均值c_0为1.6915 μg/L。

表2　测定结果

砷标准系列浓度 x_i（μg/L）	y_i（被测元素砷与内标元素锗的信号强度比）			平均值
	1	2	3	
0.00	0.00153	0.00149	0.00141	0.00148
1.00	0.03573	0.03511	0.03593	0.03559
5.00	0.16850	0.16818	0.16908	0.16859
10.00	0.34217	0.33991	0.34508	0.34239
30.00	1.02411	1.01794	1.05067	1.03091
50.00	1.71116	1.71016	1.70752	1.70961

残差标准差s：

则标准曲线拟合引入的标准不确定度为：

$$u_s=\frac{s}{b}\sqrt{\frac{1}{p}+\frac{1}{n}+\frac{(c_0-\bar{x})}{\sum_{i=1}^{n}(x_i-\bar{x})}}=0.0943$$

式中　u_s——为标准曲线拟合引入的标准不确定度；

p——样品测量次数，本试验$p=10$；

n——标准溶液测量总次数，本试验$n=18$；

c_0——样品溶液中砷的浓度，μg/L；

x_i——标准溶液中砷浓度的测定值，μg/L；

$\bar{x}$——标准溶液中砷浓度的测定平均值，μg/L。

$$u_5=\frac{u_s}{C_0}=0.05575$$

4.6　分析仪器引入的相对标准不确定度 u_6

根据仪器计量证书显示，当$k=2$时，其不确定度为（0.8～2.3）ng/L，则：

$$u_6=\frac{0.8\times10^{-3}}{C_0}=\frac{0.8\times10^{-3}}{1.6915}=0.00047$$

4.7　样品重复性测定引入的相对标准不确定度 u_7

对样品进行10次重复测定，结果见表3。

表3　结果

次数p	测定浓度C（μg/L）	砷含量X（mg/kg）	As响应值	Ge响应值
1	1.6751	0.233	2542.89	43184.28
2	1.6813	0.234	2532.89	42810.39
3	1.6916	0.236	2535.56	42600.63
4	1.7065	0.238	2580.90	42994.88

续表

次数 p	测定浓度 C（μg/L）	砷含量 X（mg/kg）	As 响应值	Ge 响应值
5	1.7183	0.239	2554.23	42268.40
6	1.6907	0.236	2524.22	42436.84
7	1.7026	0.237	2548.56	42554.65
8	1.6581	0.231	2503.89	42907.99
9	1.7160	0.239	2567.23	42539.16
10	1.6745	0.233	2491.22	42285.47
平均值	1.6915	0.236	2538.16	42658.27
标准偏差 s		0.00273		306.19
相对标准偏差		0.01158		0.00718
平均值标准偏差		0.00086		96.82427
平均值相对标准偏差		0.00366		0.00227

由于采用内标法测定，则样品重复性的不确定度包括样品中砷测定的不确定度和内标锗测定的相对不确定度两个分量：

根据贝塞尔法计算的样品中砷测定的相对不确定度：

$$u_{\text{As}} = \frac{s_{\text{As}}}{X_{\text{As}}\sqrt{p}} = 0.00366$$

内标锗测定的相对不确定度

$$u_{\text{Ge}} = \frac{s_{\text{Ge}}}{X_{\text{Ge}}\sqrt{p}} = 0.00227$$

样品重复性测量的合成相对不确定度

$$u_7 = \sqrt{(u_{\text{As}})^2 + (u_{\text{Ge}})^2} = 0.00431$$

5 合成相对标准不确定度

影响砷测定的各个不确定度分量见表4，据此，得到的相对合成不确定度：

$$\begin{aligned} u_8 &= \sqrt{(u_1)^2 + (u_2)^2 + (u_3)^2 + (u_4)^2 + (u_5)^2 + (u_6)^2 + (u_7)^2} \\ &= \sqrt{(0.00081)^2 + (0.00050)^2 + (0.03633)^2 + (0.00025)^2 + (0.05575)^2 + (0.00047)^2 + (0.00431)^2} \\ &= 0.06652 \end{aligned}$$

表4 合成不确定度分量一览表

不确定度来源	评定方法	相对标准不确定度	贡献率（%）
样品的称量（u_1）	B类	0.00081	0.82
样品定容体积（u_2）	B类	0.00050	0.51
样品消解（u_3）	A类	0.03633	37.00
标准溶液的配制（u_4）	B类	0.00003	0.03
标准曲线拟合（u_5）	A类	0.05575	56.77
分析仪器（u_6）	B类	0.00047	0.48
样品重复性测量（u_7）	A类	0.00431	4.39

6　扩展不确定度与测量结果的表示

扩展不确定度选 $k=2$ 时置信概率95%，得到大米中砷含量测定的扩展不确定度

$$U = X_{As} \times u_8 \times 2 = 0.236 \times 0.06652 \times 2 = 0.03 (mg/kg)$$

则大米中砷含量测定结果可以表示如下：

$$X = (0.236 \pm 0.03)\ mg/kg\ (k=2)$$

7　结论

通过对大米中砷测定不确定评定的计算和贡献率分析可得出，电感耦合等离子体质谱仪测定中，不确定度主要来源于样品消解和标准曲线拟合两个方面，其他方面分量影响很小。因此，在样品消解过程中应尽量避免样品中待测元素污染、挥发、损失及消解不完全；在上机测定时应选择合适的标准系列拟合，以减少这两个分量所引入的不确定度，提高测量的准确度。